A+U 高校建筑学与城市规划专业教材

建筑物理实验

西安建筑科技大学
刘加平 戴天兴 编著

中国建筑工业出版社

图书在版编目（CIP）数据

建筑物理实验/刘加平，戴天兴编著. —北京：中国建筑工业出版社，2006（2022.9重印）
A+U 高校建筑学与城市规划专业教材
ISBN 978-7-112-08087-8

Ⅰ.建... Ⅱ.①刘...②戴... Ⅲ.建筑学：物理学-实验-高等学校-教材 Ⅳ.TU11-33

中国版本图书馆 CIP 数据核字（2005）第 152175 号

本书为《建筑物理》的配套教学用书，共 10 章，内容包括：测量基本知识、测量误差与数据处理、温度测量、其他热工参数测量、建筑节能检测、建筑光学测量、建筑声学测量、建筑热环境实验、建筑光环境实验、建筑声环境实验。

本书可供高等学校建筑学、城市规划、风景园林、建筑技术等专业的师生之用，也可作为广大专业人士工程实践和学术交流之用。

责任编辑：陈　桦
责任设计：崔兰萍
责任校对：刘　梅　张　虹

A+U 高校建筑学与城市规划专业教材
建筑物理实验
西安建筑科技大学
刘加平　戴天兴　编著
*
中国建筑工业出版社出版、发行（北京西郊百万庄）
各地新华书店、建筑书店经销
北京建筑工业印刷厂印刷
*
开本：787×1092 毫米　1/16　印张：13¼　字数：319 千字
2006 年 3 月第一版　2022 年 9 月第十次印刷
定价：**19.00** 元
ISBN 978-7-112-08087-8
　　（14041）

版权所有　翻印必究
如有印装质量问题，可寄本社退换
（邮政编码 100037）

前言

《建筑物理实验》一书与《建筑物理》的配套教材相配合使用以独立成书的一本教材。本书自发行到国内外建筑院校多年来建筑物理实验教学使用，参考国内建筑院校学生以及培养和委员会对建筑物理的教学大纲，依据非常多各建筑物理实验教学经验与而写的。本书可作为高等院校建筑学及有关专业本科生的建筑物理实验教材，与一般工科专业的作为建筑技术科学专业及有关专业的研究生也可以作为建筑物理实验参考书。

建筑物理实验是建筑物理学中有关实验的重要环节，因为只有通过建筑物理实验和建筑物理教学相比较，建筑物理课教学才能有所进步；也才能够发挥并且确认加深，进一步掌握建筑物理课程的基本知识，光采用课和其他实验设计的方面的设计，以加深建筑物理课和与建筑设计中相结合的问题各用所学建筑设计的目的和方式中，同时，通过建筑物理实验这种技巧的测定和数据的整理和分析，培养建筑学学生的观测能力。

本书分为10章。第1和第2章介绍了实验测试的数据数据处理和通用的基础知识，对于建筑光电设备，做了一般性的介绍。第3章至第7章介绍了建筑热工学、建筑光学和建筑声学设计中采用现代先进多数测的测量基础和仪器，各种程度、温度、气流速度、太阳辐射、辐射度、照度、亮度，声级和仪器，每也很基本内容都得到了介绍。第5章介绍了建筑热能测试的基本原理和使用方法。第8章至第10章详细介绍了建筑热工、建筑光学和建筑声学各项实验项目，每各实验项目的涉及内容，书中共列出了25个实验项目，供各院校设备情况选设各类实验项目，可以为本科生可以分开为其他的分类选择选取可作为研究生实验项目。

在本书的写作过程中，建筑物理实验专家组、清华大学土木工程建筑学院在有关了大量支持，并指定工作在1989年出版的《建筑材料物理测试》一书中的许多都曲做大家考，同时得了书中的内容与它相同的重要的工作的。北京工业大学建筑学院的工程机的要格到了大量的支持，对书中的建筑物理实验教材的许多表改表示了衷心的感谢。

本书由西安建筑科技大学建筑物理教学与科研家学院中心主任刘加平本编写组员。天津建筑科技大学建筑学和中国建筑设计的为刘加平，第1、3、4、6、7、9、10章编写为本林天华，其中绵阳家的为刘加平。第2、5、8章编写成家刘加平，书中几处参加图中编制甲薛靓由同济所绘后，各文再由刘加平主编工校阅。

刘加平
2005年于西安建筑科技大学

目 录

1 测量基本知识 1
　1.1 概述 1
　1.2 测量系统 4
　1.3 测量仪表的误差与特性 6
　1.4 计量的误差概念 8
2 测量误差与数据处理 11
　2.1 测量误差 11
　2.2 测量误差产生原因与分类 12
　2.3 随机误差分析 14
　2.4 系统误差分析 18
　2.5 测量数据处理 20
3 温度测量 24
　3.1 温度测量原理 24
　3.2 测温仪表分类与发展 27
　3.3 膨胀式温度计 28
　3.4 热电偶温度计 32
　3.5 热电阻温度计 40
　3.6 非接触测温 44
　3.7 红外辐射仪以测温技术 46
　3.8 用石英晶片传感器测量温度场 49
4 其他热工参数测量 51
　4.1 湿度测量 51
　4.2 气流速度测量 59
　4.3 粘度的测量 62
　4.4 太阳辐射的测定 66
5 建筑节能（热工）检测 69
　5.1 用热流计法测定建筑物围护结构传热系数的原理 69
　5.2 由建筑施工及测定过程引起的传热系数的误差 70
　5.3 建筑耗能量及多参数的测定方法 70
6 建筑光学测量 82
　6.1 建筑光学测量概述 82
　6.2 照度的测量 85
　6.3 亮度的测量 90

7 建筑声学测量

7.1 建筑声学测量系统 … 94
7.2 声级计及其分类 … 100
7.3 声强测量 … 105
7.4 振动测量仪器 … 107
7.5 噪声测量 … 107

8 建筑热环境实验

8.1 室内热环境参数测定 … 110
8.2 室外热环境参数测定 … 118
8.3 多层平壁稳定传热测定 … 120
8.4 导热系数测量实验 … 122
8.5 建筑日照实验 … 127
8.6 太阳辐射测量实验 … 129
8.7 热箱法测试构件总传热系数 … 134

9 建筑光环境实验

9.1 采光测量实验 … 136
9.2 人工天穹采光试验 … 141
9.3 室内表面反射系数的测量 … 144
9.4 透光系数测量 … 146
9.5 室内照明测量 … 146
9.6 道路照明测量 … 150
9.7 光源光通量测量 … 158
9.8 灯具配光曲线的测定 … 163
9.9 照明模型实验 … 166

10 建筑声环境实验

10.1 城市区域环境噪声的测量 … 169
10.2 城市交通噪声测量 … 172
10.3 环境噪声监测实验 … 174
10.4 建筑施工场界噪声测量 … 175
10.5 混响时间测定 … 176
10.6 吸声系数的测量 … 182
10.7 建筑隔声测量 … 189
10.8 楼板撞击声隔声测量 … 195
10.9 声源声功率测量 … 198

1 测量基本知识

1.1 概 述

人们不断探索和揭示客观世界的规律性，其方法有二：一是理论分析的方法；二是实验的方法。严格地讲，这两种方法都离不开测量。人们通过对客观事物大量的观察和测量（观察也是一种测量过程），形成了定性和定量的认识，通过归纳、整理建立起各种定理和定律。而后还要通过测量来验证这些认识、定理和定律是否符合客观实际，经过如此反复，逐步认识事物的客观规律。实验测量不仅能定性地验证理论分析的正确性，而且能够定量地验证理论结果的正确性和可靠性，并且能够精确地测量出许多理论公式中的待定常数。俄国科学家门捷列夫说："科学始于测量"。英国科学家库克认为："测量是技术生命的神经系统"。人类的历史也证明：科学的进步，生产的发展，与测量理论、技术、手段的发展和进步是相互依赖、相互促进的。测量技术水平是一个历史时期、一个国家的科学技术水平的一面镜子。有位科学家讲："评价一个国家的科技状态，最快捷的方法就是审视那里所进行的测量，以及由测量所积累的数据是如何被利用的。"同样，建筑物理测量技术水平也是建筑技术水平的一面镜子。

1.1.1 测量

测量是从客观事物中提取有关信息的认识过程，是为确定被测对象的量值而进行的实验过程。测量要运用专门的工具，选择合理的实验方法，按照一定的程序，以同性质的被测量与标准量比较，确定被测量与标准量的倍数，其全部操作过程称为测量，把具有试验性质的测量称为测试。测量的定义也可公式来表示：

$$L = X/U \qquad (1-1)$$

式中 L——比值，即测量值；

X——被测量；

U——标准值（测量单位）。

一个较完整的测量应包括五要素：1 测量对象；2 测量仪器与测量方法；3 测量结果；4 测量单位；5 测量条件。

测量对象，就是被测物体或被测现象，是测量过程中首先应确定的。

测量仪器与设备，是在测量过程中，为了取得比值而使用的必要的技术工具。

测量方法（实验方法），它是将被测量与其单位进行比较的方法，测量方法是根据被测量的物理、化学、生物特性和原理而选择的。

测量结果，测量的直接结果一般由两部分组成，前一部分为测量得到的数值，后一部分为被测量的单位。

测量单位，它是由人定义的，起初规定带有任意性，因此，同种测量曾经有许多单位，这给使用和交流带来许多不便。现在，采用国际单位制（SI），单位的统一基本得到实现。

测量条件，应包括被测量、测量仪器、测量环境等。

测量过程中的关键在于被测量和标准量的比较。有些被测量与标准量是能够直接进行比较而得到被测量的量值。例如用米尺测量物体的长度，用天平测量物体的重量。但被测量与标准量是能够直接进行比较的情况并不多。大多数被测量和标准量都需要变换到一个双方都便于比较的中间量，才能进行比较，而这种变换并不是惟一的。通过变换可以实现原来无法进行的测量，所以变换也是实现测量的核心。一个新的变换对应着一个新的测量方法、一个新的测量元件的产生。

1.1.2 测量方法

一个测量过程，可以通过不同的方法实现。测量方法的选择正确与否，直接关系到测量结果的可信程度，也关系测量工作的经济性和可行性。采用不当或错误的测量方法，就得不到正确的测量结果，还可能损坏测量仪器。而有了先进精密的测量仪器设备，并不一定能得到准确的测量结果。必须根据不同的测量对象、测量要求及测量条件，选择正确的测量方法、合适的测量仪器及构造测量系统，进行正确操作，才能得到理想的测量结果。

测量方法的分类有许多种，下面是几种常见的分类方法。

（1）按测量方式分类

1）偏差式测量法

在测量过程中，用仪器仪表指针的位移（偏差）表示被测量大小的测量方法，称为偏差式测量法。例如用热球式风速仪测量风速，用水银温度计测量温度等。由于是从仪表刻度上直接读取被测量，包括大小和单位，因此这种方法也叫作直读法。用这种方法测量时，作为计量标准的实物，并不安装在仪表内直接参与测量，而是事先用标准量具对仪表读数、刻度进行校准，实际测量时根据指针偏转大小确定被测量量值。

这种方法的优点是简单方便，在建筑物理实验测量中被广泛采用。

2）零位式测量法

零位式测量法也称为零示法或平衡式测量法。它是通过仪器仪表的测量机构，比较被测量与已知标准量两者差值信号的大小与相位，调节已知标准量的大小，使两者完全平衡，此时测量系统对差值信号的指示为零，则已知标准量的数值就是被测量的测量值。例如，用天平称物体的质量，用电位差计测电势等。

零位式测量法的测量精度很高，消除干扰能力强，只要仪表的灵敏度足够高，其测量准确度几乎等于标准量的准确度，这是它的主要优点，是实验室作为精密测量的一种方法。但由于测量过程中为了获得平衡状态，需要进行反复调节，即使采用一些自动平衡技术，测量速度仍较慢。另外，零位式测量法的仪器结构复杂，价格较偏差式测量仪器为贵，这是不足之处。

3）微差式测量法

微差式测量法是通过仪表的测量机构，用被测值取代另一已知标准值（接近测量值）后，读出其剩余差值及方向，从而得到被测量值。它是零位测量法与非零测量法的结合，测量较迅速，无需经常调整量程，所测的读数范围小，因而可提高测量精度。例如，测量压力的 U 型管等。

微差式测量法的准确度基本上取决于标准量的准确度。而和零位式测量法相比，它又可以省去反复调节标准量大小以求平衡的步骤。因此，它兼有偏差式测量法的测量速度快和零位式测量法测量准确度高的优点，在实验室和生产过程中用作精密测量。

（2）按传感器与被测对象的接触情况分类

1）接触式测量法

接触式测量法是测量仪表的传感器与被测对象直接接触，承受被测对象的直接作用，感受其变化，并输出其信号大小。例如，用体温表测体温，用水银温度计测空气温度等。其优点是简单易行，缺点是对被测对象有干扰。

2）非接触式测量法

非接触式测量法是测量仪表的传感器不直接与被测对象接触，而是间接承受被测对象的作用，感受其变化，从而获得信息，达到测量的目的。例如，辐射温度计。非接触式测量法有它独特的优点，它不干扰被测量对象，不消耗被测对象的能量，既可对被测对象的局部"点"进行检测，又可对被测对象进行扫描，得到二维、三维和四维的信息，特别是在一些接触法测量不能胜任的场合，则发挥出它的方便、安全和准确的特点。例如，建筑物外表面温度测量。

（3）按被测对象的稳定状况分类

1）静态测量法

静态测量是指被测对象处于稳定情况下的测量，此时，被测参数不随时间变化，故也称为稳态测量。

一般情况下，被测参数多数是随时间变化的，如果被测参数随时间变化很缓慢，而测量所需时间又相对很短时，被测对象可近似视为稳态，相应的测量也可认为是稳态测量。测量某点的被测量值为点参数测量，测量某个场的被测量值（多点）为场参数测量。例如，用温度计和热电偶测某点温度，只要温度变化很缓慢，就可以近似地认为是稳态测量。建筑物理实验中的测量大部分都属于稳态测量和点参数测量。

2）动态测量法

动态测量是在测量对象处于不稳定的情况下进行的测量，此时，被测参数随时间变化，因此，这种测量是瞬间完成，只有这样才能得到动态参数的结果。或者，把时间尺度扩大，以测量被测对象的变化情况，例如，用自记式温度计可以测量一天 24 小时或一周内该测点温度变化量。

（4）按测量手段分类

1）直接测量法

直接测量是指无需对被测的量与其他实测的量进行函数关系的辅助运算，而直接从测量仪表的读数获取被测量值的测量方法。例如，用米尺量物体的长度，用温度计测量温度等。直接测量多用来测量基本单位量，它简捷、迅速、明了，易保证测量精度，是实验室中广泛采用的测量方法。

2) 间接测量法

间接测量法是利用直接测量的量与被测量之间已知的函数关系，间接得到被测量的量值的测量方法。例如，通过测量热电偶的电势变化，计算温度变化。这种直接测量的量与被测量的函数关系运算不一定由测量者自己进行。由于电子仪表的发展，现在许多电子仪表能够利用运算线路使测量者方便地读出间接测量值；但这种测量仍属间接测量，在研究与处理其误差值时，还需逐项分析。

除了上述几种常见的分类方法外，还有其他一些分类方法。比如，按照对测量精度的要求，可以分为精密测量和工程测量、等精度测量和不等精度测量；按照测量时测量者对测量过程的干预程度分为自动测量和非自动测量；按照被测量与测量结果获取地点的关系分为本地（原位）测量和远地测量（遥测）等等。

1.1.3 测量方法的选择

在选择测量方法时，要综合考虑以下主要因素：

(1) 根据被测量本身的物理、化学、生物特性；

(2) 根据所要求的测量准确度，测量准确度并非越高越好，一定要根据实际需要和经济性；

(3) 要根据具体的测量环境来选择；

(4) 要根据现有的测量仪表设备等。

多次测量同一参数时，按照精度是否相同，每次测量又可分等精度测量与不等精度测量。不等精度测量及计算和处理误差较麻烦，但可提高测量精度与经济性，在选择测量方法时应予以注意。

在此基础上，选择合适的测量仪器和正确的测量方法。正确可靠的测量结果的获得，要依据测量方法和测量仪器的正确选择、正确操作和测量数据的正确处理。否则，即使使用价值昂贵的精密仪器设备，也不一定能够得到准确的结果，甚至可能损坏测量仪器和被测设备。不应认为，只有使用精密的测量仪器，才能获得准确的测量结果。实际上，有时选择一种好的正确的测量方法，即使使用极为普通的设备，也同样可以得到相当令人满意的测量结果。

1.2 测量系统

1.2.1 测量系统的概念

所谓系统，是指具有一定的结构、各组成成分之间相互关联，并执行一定功能的有序整体。测量系统是指为完成测量任务而组合在一起的总体。广义的测量系统作为一个整体，包括测量中所有环节及被测对象和测量者。狭义的测量系统指测量仪器设备，其构成方框图见图1-1。

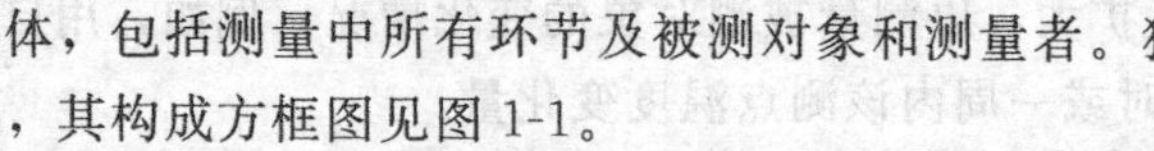

被测量→传感器→变换器→传输通道→显示装置→测量值

图1-1 测量系统的组成框图

本文中，若没有特别说明，测量系统都指狭义概念，即测量仪器设备，是指测量中使用的一切仪器设备，包括各种量具、仪表、仪器、测量装置系统及在测量过程中所需的各种元件、器件、附属设备等。

建筑物理实验中，所测参数种类繁多、范围广，测量要求、方法、精度与安装位置不同，测量仪器设备的原理、外形、结构、价格及自动化程度差别十分大。它可以是一个价格便宜的简单量具，也可以是一套价格昂贵、高精密、高度自动化的复杂测量系统；但就其测量过程所具有的功能都可分为三部分，即传感器、中间变换器与显示装置。它们之间用信号线路或信号管路联系起来。各部分可分成许多环节，也可组合在一整体中。对于简单量具与仪表，这三部分界线不可能划分得很明确，例如，水银温度计。

1.2.2 测量系统的类型

测量系统有模拟式与数字式两大类。所谓模拟式测量系统是对连续变化的被测物理量（模拟量）直接进行连续测量、显示或记录的仪表，例如玻璃水银温度计、电子式热电阻温度测量记录仪等，模拟式测量系统仍在被广泛应用。数字式测量系统是将被测的模拟量首先转换成数字量再对数字量进行测量的系统。它将被测的连续的物理量通过各种传感器和变送器变换成直流电压或频率信号后，再进行量化处理变成数字量，然后再进行对数字量的处理（编码、传输、显示、存储及打印）。相对于模拟式测量系统，数字式测量系统具有测量精度高、测量速度快、读数客观、易于实现自动化测量及与计算机连接等优点。由此可见，数字式测量系统具有广泛的应用领域及发展前景。

1.2.3 测量系统的构成与功能

各类测量系统一般都是由传感器、中间变换器和测量结果的显示装置三部分构成。

（1）传感器

传感器是测量系统与被测对象直接发生联系的部分。它的作用是感受被测量的大小后，输出一个相应的信号，把被测量转换为易于传送和显示的物理量。因为传感器是从被测对象提取被测量的信息，向以后各环节提供原始信号，所以它的性能直接关系着测试工作的可靠性，人们将它比作人的感觉器官或感觉器官的延伸，是测量系统极为重要的组成部分。作为一个性能良好的传感器，应具备下列条件。

1）准确性和稳定性。输出信息与输入信息有准确的、稳定的单值函数关系，并且最好是线性的。非被测量对传感器的影响很小，可以忽略不计，若不能忽略，则应采取修正或补偿措施。线性关系易于校正与标定，动态测量时易于处理，且测量精度也高。

2）灵敏性。即要求较小的输入量便可得到较大的输出量。

3）负载效应小。传感器对原系统的被测参数影响愈小愈好。

4）其他。经济性、耐腐蚀性等。

传感器也称为一次元件或发送器等。

（2）中间变换器

由于传感器的输出能量很小，一般不能直接驱动显示和控制仪表，必须经过放大或再一次的能量转换，才能将传感器的微弱信号变换为能远距离输送的统一信号（对于单元仪表应该是标准信号）。所以中间变换器的作用是将传感器的输出信号进行远距离的发送、放大、线性化或转换成统一信号，供显示仪器用。变换器还可以将模拟信号转变为数字信号。

对中间变换器的要求是准确地传输、放大和转换信号，并且使信号损失最小，也就是使误差最小。变换器可以是一套复杂的电子系统，也可以是简单的导线、机械结构等。

(3) 显示装置

显示装置也称为测量终端。它的作用是向观察者显示被测参数的数值和量值。显示可以是瞬时量指示、累积量指示、越限和极限报警等，也可以是相应的记录显示。显示的方式有指示式、数字式和屏幕式。数字显示便于观察者读数和防止主观误差，但结构复杂；模拟显示结构简单、价格低廉、易产生读数误差和估读误差；屏幕显示具有数字显示和模拟显示的优点，即易于读数和具形象性，并能同时在屏幕上显示大量数据。显示装置有时还有各种接口，以便同计算机或其他数字化装置联系，也可以与各种显性、隐性记录仪、自动化调节器、执行器联系。

1.3 测量仪表的基本特性

测量仪表能否完成预定的测量任务与精度要求，很大程度上取决于测量仪表的特性。

1.3.1 测量范围

所谓测量范围是指在允许误差限内测量仪表的被测量值的范围。测量范围的最高、最低值称为测量范围的上限值、下限值。测量范围上限值和下限值之差称作量程。

1.3.2 精度

精度是指测量仪表的读数或测量结果与被测量真值相一致的程度。精度不仅用来评价测量仪器的性能，也是评定测量结果最主要的基本指标。精度又可用精密度、正确度和准确度三个指标加以表征。

(1) 精密度（d）

精密度说明仪表指示值的分散性，表示在同一测量条件下对同一被测量进行多次测量时，得到的测量结果的分散程度。它反映了随机误差的影响。精密度高，意味着随机误差小，测量结果的重复性好。

(2) 正确度（e）

正确度说明仪表指示值与真值的接近程度。所谓真值是指待测量在特定状态下所具有的真实值的大小。正确度反映了系统误差（例如仪表中放大器的零点漂移等）的影响。正确度高则说明系统误差小。

(3) 准确度（l）

准确度是精密度和正确度的综合反映。准确度高，说明精密度和正确度都高，也就意味着系统误差和随机误差都小，因而最终测量结果的可信度也高。

具体测量中，可能会出现如图1-2所示意的几种情况：①表示正确度低，精密度也低，即准确度很低；②表示正确度高而精密度差，由于精密度差而影响准确度；③表示正确度低而精密度高，由于正确度低而影响准确度；④表示正确度和精密度都高，因而准确度很高。要获得这样理想的测量结果，应满足三个方面的条件；即性能优良的测量仪表、正确的测量方法和正确细心的测量操作。

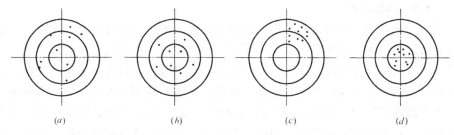

图1-2 精密度、准确度、精确度的关系示意图

1.3.3 稳定度

稳定度是指在规定工作条件内，测量仪表某些性能随时间保持不变的能力。它反映了仪表接受外界环境变化及时间影响的能力，这与仪表精度所表示的重复性有所不同，重复测量时间间隔是短暂的，而较长时间差的二次测量误差则可认为是稳定性所造成的。造成这种示值变化的主要原因是仪器内部各元器件的特性、稳定性的变化和老化等因素。

1.3.4 灵敏度

灵敏度是表征测量仪表对被测量变化的敏感程度。一般定义为：对于给定的被测量值，测量仪表指示值（指针的偏转角度、数码的变化等）增量 Δy 与被测量增量 Δx 之比，用数学表达式为：

$$K=\frac{\Delta y}{\Delta x} \tag{1-2}$$

式中 K——灵敏度；

Δy——仪表指示值的增量；

Δx——被测量的增量。

仪表的刻度与仪表的精度、灵敏度有关，但单纯提高仪表的灵敏度不一定能提高仪表的精度。例如，把一个电流表的指针接得很长，虽然可把直线位移的灵敏度提高，但其读数的精度并不一定提高；相反，可能由于平衡状况变化其精度反而下降。

灵敏阈也称为分辨率。

定义为测量仪表所能区分的被测量的最小变化量，在数字式仪表中经常使用。例如数字式温度表的分辨率为0.1℃，即这种数字式温度表能区分出最小为0.1℃温度变化。分辨的值愈小，其灵敏度愈高。由于各种干扰和人的感觉器官的分辨能力等因素限制，不必要也不应该苛求仪器有过高的灵敏度。否则，将导致测量仪器过高的成本以及实际测量操作的困难，通常规定分辨力为允许绝对误差的 1/3 即可。

1.3.5 线性度

线性度是测量仪表输入输出特性之一，表示仪表的输出量（示值）随输入量（被测量）变化的规律。若仪表的输出为 y，输入为 x，两者关系用函数 $y=f(x)$ 表示，如果 $y=f(x)$ 为 y-x 平面上过原点的直线，则称之为线性刻度特性，否则称为非线性刻度特性。

1.3.6 负载效应

任何测量仪表进入被测对象后，总要与被测对象进行能量交换。它往往改变原被测系统的平衡，使测量系统受到干扰。如温度场，由于测量仪表的进入，改变了热容与热传导等情况，破坏了原热场的平衡。因此应研究与考虑仪表在测量过程中对被测参数的改变情况，即被测量受到仪表干扰而产生的偏离，这种偏离称作"负载效应"。负载效应不仅与仪表特性有关，也与设计的测量系统、测点位置有关。对于不同的测温点，由于层温现像、死区、热点和其他条件都会引起明显的差别。选择何类仪表，选择哪个测点能代表需要的信息量，有时还需与仪表结构共同来考虑。

1.4 计量的基本概念

1.4.1 计量与测量

计量和测量是相互联系又有区别的两个概念。测量是利用实验手段把待测量直接或间接地与另一个同类已知量进行比较，从而得到待测量值的过程。测量结果的准确与否，与所采用的测量方法、实际操作和作为比较标准的已知量的准确程度都有着密切的关系。因此，体现已知量在测量过程中作为比较标准的各类量具、仪器仪表，必须定期进行检验和校准，以保证测量结果的准确性、可靠性和统一性，这个过程，称为计量。计量是利用技术和法制手段实现单位统一和量值准确可靠的测量，可以看作是测量的特殊形式。

在计量过程中，认为所使用的量具和仪器是标准的，用它们来校准、检定受检量具和仪器设备，以衡量和保证使用受检量具仪器进行测量时所获得测量结果的可靠性。因此，计量又是测量的基础和依据。

1.4.2 单位制

任何测量都要有一个统一的体现计量单位的量作为标准，这样的量称作计量标准。计量单位是有明确定义和名称并令其数值为 1 的固定量，例如长度单位 1 米（m），时间单位 1 秒（s）等。计量单位是以严格的科学理论为依据进行定义的。法定计量单位是国家以法令形式规定使用的计量单位，是统一计量单位制和单位量值的依据和基础，因而具有统一性、权威性和法制性。1984 年 2 月 27 日国务院在发布《关于在我国统一实行法定计量单位的命令》时指出：我国的计量单位一律采用《中华人民共和国法定计量单位》。我国法定计量单位以国际单位制（SI）为基础，并包括 10 个我国国家选定的非国际单位制单位，如时间

（分、时、天），平面角（秒、分、度），长度（海里），质量（吨）和体积（升）等。在国际单位制中，分为基本单位、导出单位和辅助单位。基本单位是那些可以彼此独立地加以规定的物理量单位，共 7 个，分别是长度单位米（m），时间单位秒（s），质量单位千克（kg），电流单位安培（A），热力学温度单位开尔文（K），发光强度单位坎德拉（cd）和物质量单位摩尔（mol）。由基本单位通过定义、定律及其他函数关系派生出来的单位称为导出单位。国际上把既可作为基本单位又可作为导出单位的单位，单独列为一类叫做辅助单位。国际单位制中包括两个辅助单位，分别是平面角的单位弧度（rad）和立体角的单位球面角（sr）。

由基本单位、辅助单位和导出单位构成的完整体系，称为单位制。单位制随基本单位的选择而不同。例如，在确定厘米、克、秒为基本单位后，速度单位为厘米每秒（cm/s）；密度单位为克每立方厘米（g/cm^3）；力的单位为达因（dyn）等构成一个体系，称为厘米克秒制。而国际单位制就是由前面列举的 7 个基本单位、2 个辅助单位及 19 个具有专门名称的导出单位构成的一种单位制，国际上规定以拉丁字母 SI 作为国际单位制的简称。

1.4.3 计量基准

基准是指用当代最先进的科学技术和工艺水平，以最高的准确度和稳定性建立起来的专门用以规定、保持和复现物理量计量单位的特殊量具或仪器装置等。根据基准的地位、性质和用途，基准通常又分为主基准、副基准和工作基准，也分别称作一级、二级、三级基准。

(1) 主基准

主基准也称作原始基准，是用来复现和保存计量单位，具有现代科学技术所能达到的最高准确度的计量器具，经国家鉴定批准，作为统一全国计量单位量值的最高依据。因此主基准也叫国家基准。

(2) 副基准

通过直接或间接与国家基准比对，确定其量值并经国家鉴定批准的计量器具。它在全国作为复现计量单位的副基准，其地位仅次于国家基准，平时用来代替国家基准使用或验证国家基准的变化。

(3) 工作基准

经与主基准或副基准校准或比对，并经国家鉴定批准，实际用以检定下属计量标准的计量器具。它在全国作为复现计量单位的地位仅在主基准和副基准之下。设置工作基准的目的是不使主基准或副基准因频繁使用而丧失原有的准确度。

应该指出的是：基准本身并不一定正好等于一个计量单位。

1.4.4 计量器具

(1) 计量器具的概念

复现量值或将被测量转换成可直接观测的指示值或等效信息的量具、仪器、装置。

(2) 计量标准器具

准确度低于计量基准，用于检定计量标准或工作计量器具的计量器具。它可按其准确度等级分类，如1级、2级、3级、4级、5级标准砝码。标准器具按其法律地位可分为三类：

1）社会公用计量标准指县级以上地方政府计量部门建立的、作为统一本地区量值的依据，并对社会实施计量监督具有公证作用的各项计量标准。

2）部门使用的计量标准是省级以上政府有关主管部门组织建立的统一本部门量值依据的各项计量标准。

3）企事业单位使用的计量标准是企业、事业单位组织建立的作为本单位量值依据的各项计量标准。

(3) 工作计量器具

工作岗位上使用，不用于进行量值传递而是直接用来测量被测对象量值的计量器具。

1.4.5 量值的传递

(1) 比对

在规定条件下，对相同准确度等级的同类基准、标准或工作计量器具之间的量值进行比较，其目的是考核量值的一致性。

(2) 检定

是用高一等级准确度计量器具对低一等级的计量器具进行比较，以达到全面评定被检计量器具的计量性能是否合格的目的。一般要求计量标准的准确度为被检者的1/3到1/10。

(3) 校准

校准是指被校的计量器具与高一等级的计量标准相比较，以确定被校计量器具的示值误差（有时也包括确定被校器具的其他计量性能）的全部工作。一般而言，检定要比校准包括更广泛的内容。

(4) 量值的传递与跟踪

指的是把一个物理量单位通过各级基准、标准及相应的辅助手段准确地传递到日常工作中所使用的测量仪器、量具，以保证量值统一的全过程。

测量仪器量具在制造完毕时，必须按规定等级的标准（工作标准）进行校准，该标准又要定期地用更高等级的标准进行检定，一直到国家级工作基准，如此逐级进行。同样，测量仪器量具在使用过程中也要按法定规程（包括检定方法，检定设备，检定步骤，以及对受检仪器量具给出误差的方式等），定期由上级计量部门进行检定，并发给检定合格证书。没有合格证书或证书失效（比如超过有效期）者，该仪器的精度指标及测量结果只能作为参考。

2 测量误差与数据处理

2.1 测量误差

2.1.1 真值与误差

(1) 真值 A_0

被测量在一定条件下，有一个真正反映其大小的量值，这个量值是客观存在的，它就是被测量的真实值，简称"真值"，记为 A_0，测量的目的就是想要得到这个真值。而在实际测量中，真值是无法测量到的。

(2) 误差

在实际测量过程中，受到测量器具不准确、测量手段不完善、测量环境变化、测量操作过程主观、客观因素的影响，都会导致测量结果和测量真值不同。测量值与测量真值之间的差值，称为测量误差。

2.1.2 误差的表示方法

(1) 绝对误差

绝对误差定义为：

$$\Delta x = x - A_0 \tag{2-1}$$

式中 Δx——绝对误差；
  x——测量值；
  A_0——真值。

要想得到真值，必须利用理想的测量工具、正确的测量方法进行没有误差的测量，这种理想状态显然是无法实现的。在测量过程中的各种条件限制和各种因素的影响是无法完全消除的，所以也就无法得到真值（个别情况下，真值是人为规定的，是已知准确的，如三角形内角和等于 $180°$）。这说明误差存在于一切实际测量中，而且也无法得到误差的准确值。在评价测量结果时，一般用"约定真值"替代公式中的真值。被认为充分接近于真值，可以替代真值的量值被称为约定真值。

$$\Delta x = x - A \tag{2-2}$$

式中 Δx——绝对误差；
  x——测量值；
  A——约定真值。

可以证明：对被测量进行多次等精度测量，并作了相应修正后的平均值是其

真值的最佳估计值,可以在计算中用其代替真值。因而绝对误差更有实际意义的定义是:

$$\Delta x = x - \bar{x} \tag{2-3}$$

绝对误差有以下特点:
1) 绝对误差是有单位的量,其单位与测量值相同;
2) 绝对误差是有符号的量,其符号表示出测量值与实际值的大小关系,若测量值较实际值大,则绝对误差为正值,反之为负值;
3) 测量值与被测量实际值间的偏离程度和方向通过绝对误差来体现;但仅用绝对误差,通常不能说明测量的质量。

例如:测量室内温度为18℃,若测量绝对误差 $\Delta x = \pm 2$℃,这样的测量质量是很差的。而若测量炉窑为1500℃,绝对误差能保持±2℃,那就很令人满意了。

因此,为了表明测量结果的准确程度,一种方法是将测得值与绝对误差一起列出,如上面的例子可写成18±2℃和1500±2℃,另一种方法就是用相对误差来表示。

(2) 相对误差

相对误差反映测量值偏离真值的相对大小,用符号 E 表示,它被定义为

$$E = \frac{\Delta x}{A_0} \times 100\% \tag{2-4}$$

若用实测值的平均值 $\bar{x}$ 代替真值 A_0,则相测误差定义为

$$E = \frac{\Delta x}{\bar{x}} \times 100\% \tag{2-5}$$

满度相对误差定义为测量仪器量程内最大绝对误差 Δx_m 与测量仪器满度值(量程上限值)x_m 的百分比值

$$E_m = \frac{\Delta x_m}{x_m} \times 100\% \tag{2-6}$$

满度相对误差也叫做满度误差和引用误差。由式(2-6)可以看出,通过满度误差实际上给出了仪表各量程内绝对误差的最大值

$$\Delta x_m = E_m x_m \tag{2-7}$$

我国的大部分仪表的准确度等级 S 就是按满度误差 E_m 分级的,按 E_m 大小依次划分成0.1、0.2、0.5、1.0、1.5、2.5及5.0等,比如某电压表 $S=0.5$,即表明它的准确度等级为0.5级,它的满度误差不超过0.5级,它的满度误差不超过0.5%,即 $|E_m|=0.5\%$(习惯上也写成 $E_m=\pm 0.5\%$)。

2.2 测量误差产生原因与分类

2.2.1 测量误差产生原因

(1) 测量仪器误差

测量仪器误差是由于设计、制造、装配、检定等过程的不完善以及仪器使用

过程中元器件老化、机械部件磨损、疲劳等因素而产生的误差。可细分为：读数误差，包括出厂校准定度不准确产生的校准误差、刻度误差、读数分辨力有限而造成的读数误差及数字式仪表的量化误差（±1个字误差）；元器件疲劳、老化及周围环境变化造成的稳定误差；仪器响应的滞后现象造成的动态误差；辅助设备等带来的其他方面的误差。

减小测量仪器误差的主要途径是正确地选择测量方法和使用测量仪器，包括要检查所使用的测量仪器是否具备出厂合格证及检定合格证，是否在额定工作条件下按使用要求进行操作等。量化误差是数字测量仪器特有的一种误差，减小的办法是设法使显示器显示尽可能多的有效数字。

(2) 人为误差

人为误差主要指由于测量者感官的分辨能力、视觉疲劳、固有习惯等方面因素对测量中的现象与结果判断不准确而造成的误差。

减小人为误差的主要途径有：提高测量者的操作技能和责任心；采用更合适的测量方法；采用数字式显示的客观读数以避免指针式仪表的读数视差等。

(3) 环境影响误差

环境影响误差是指各种环境因素与要求条件不一致而造成的误差。例如热工测试中环境的温度、风速的影响，背景噪声对隔声测试的影响等。

(4) 方法误差

方法误差是所使用的测量方法不当、对测量仪器设备操作使用不当、测量所依据的理论不严格、对测量计算公式不适当简化等原因而造成的误差。方法误差也称作理论误差。方法误差通常以系统误差形式表现出来。

2.2.2 误差的分类

虽然产生误差的原因多种多样，但按误差的基本性质和特点，误差可分为三类：即系统误差、随机误差和粗大误差。

(1) 系统误差

在多次等精度测量同一恒定量值时，误差的绝对值和符号保持不变，或当条件改变时按某种规律变化的误差，称为系统误差。

系统误差的主要特点是，只要测量条件不变，误差即为确切的数值，用多次测量取平均值的办法不能改变或消除系统误差；而当条件改变时，误差也随之遵循某种确定的规律而变化，具有可重复性。系统误差产生的主要原因有：

1) 测量仪器设计原理及制作上的缺陷；
2) 测量时的环境条件如温度、湿度、电源电压等与仪器使用要求不一致；
3) 采用了近似的测量方法或近似的计算公式；
4) 测量人员读值习惯等方面原因所引起的误差。

也就是说系统误差主要来自仪器误差、环境影响误差和方法误差，系统误差体现了测量的正确度。系统误差小，表明测量的正确度高。

(2) 随机误差

随机误差又称偶然误差，是指对同一恒定量值进行多次等精度测量时，其绝对值和符号呈无规则变化的误差。

就单次测量而言，随机误差没有规律，其大小和方向完全不可预定，但当测量次数足够多时，其总体服从统计学规律，多数情况下接近正态分布。

随机误差的特点是，在多次测量中误差绝对值的波动有一定的界限，即具有有界性；当测量次数足够多时，正负误差出现的机会几乎相同，即具有对称性；同时随机误差的算术平均值趋于零，即具有抵偿性。由于随机误差的上述特点，可以通过对多次测量取平均值的办法，来减小随机误差对测量结果的影响。产生随机误差的主要原因有：

1）测量仪器元器件之间的干扰，零部件配合的不稳定、摩擦、接触不良等，来自仪器的不稳定性；

2）温度、湿度、电源电压的无规则波动，电磁干扰，地基振动等，来自环境的不稳定性；

3）测量人员感觉器官的无规则变化而造成的读数不稳定性。

随机误差体现了多次测量的精密度，随机误差小，则精密度高。

（3）粗大误差

在一定的测量条件下，测得值明显地偏离实际值所形成的误差称为粗大误差，也称为疏失误差，简称粗差。

被确认含有粗差的测得值称为坏值，应当剔除不用，因为坏值不能反映被测量的真实数值。产生粗差的主要原因包括：

1）测量方法不当或错误；

2）测量操作疏忽和失误；

3）测量条件的突然变化等。

上述对误差按其性质进行的划分，具有相对性，某些情况下可互相转化。应指出除粗大误差较易判断和处理外，一般系统误差和随机误差都是同时存在的，需要根据其对测量结果的影响程度作出不同的具体处理：

1）系统误差远大于随机误差的影响，此时可基本按纯粹系统误差处理，而忽略随机误差；

2）系统误差极小或已得到修正，此时基本上可按纯粹随机误差处理；

3）系统误差和随机误差相差不远，二者都不可忽视，此时应分别按不同的办法来处理，然后估计其最终的综合影响。

2.3 随机误差分析

2.3.1 算术平均值、方差与标准差

（1）算术平均值

设对被测量 x 进行 n 次等精度测量，得到 n 个测得值

$$x_1, x_2, x_3 \cdots x_n$$

由于随机误差的存在，这些测得值也是随机变量。

定义 n 个测得值（随机变量）的算术平均值为

$$\bar{x} = \frac{1}{n} \sum_{i=1}^{n} x_i \qquad (2\text{-}8)$$

式中 $\bar{x}$ 也称作样本平均值。当测量次数 $n \to \infty$ 时，样本平均值 $\bar{x}$ 极限定义为测得值的数学期望 E_x。

$$E_x = \lim_{n \to \infty} \left(\frac{1}{n} \sum_{i=1}^{n} x_i \right) \qquad (2\text{-}9)$$

假设上面的测得值中不含系统误差和粗大误差，则第 i 次测量得到的测得值 x_i 与其真值 A_0 间的绝对误差就等于随机误差，由于真值 A_0 一般无法得知，通常即以约定真值 A 代替。

$$\Delta x_i = \delta_i = x_i - A \qquad (2\text{-}10)$$

式中 Δx_i、δ_i 分别表示绝对误差和随机误差。随机误差的算术平均值

$$\bar{\delta} = \frac{1}{n} \sum_{i=1}^{n} \delta_i = \frac{1}{n} \sum_{i=1}^{n} (x_i - A) = \frac{1}{n} \sum_{i=1}^{n} x_i - \frac{1}{n} \sum_{i=1}^{n} A$$

$$= \frac{1}{n} \sum_{i=1}^{n} x_i - A \qquad (2\text{-}11)$$

当 $n \to \infty$ 时，据式（2-9）上式中第一项即为测得值的数字期望 E_x，所以

$$\bar{\delta} = E_x - A \qquad (n \to \infty) \qquad (2\text{-}12)$$

由于随机误差的抵偿性，当测量次数 n 超于无限大时 $\bar{\delta}$ 趋于零：

$$\bar{\delta} = \lim_{n \to \infty} \left(\frac{1}{n} \sum_{i=1}^{n} \delta_i \right) = 0 \qquad (2\text{-}13)$$

即随机误差的数字期望值等于零。由于式（2-12）和式（2-13），得

$$E_x = A \qquad (2\text{-}14)$$

即测得值的数字期望 E_x 等于被测量约定真值 A。

实际上不可能做到无限次的测量，对于有限次测量，当测量次数足够多时近似认为：

$$\bar{\delta} = \frac{1}{n} \sum_{i=1}^{n} \delta_i \approx 0 \qquad (2\text{-}15)$$

$$\bar{x} \approx E_x = A \qquad (2\text{-}16)$$

由上述分析我们得知，在实际测量工作中，当基本消除系统误差和剔除粗大误差后，虽然仍有随机误差存在，但多次测得值的算术平均值很接近被测量的真值，因此就将它作为最后测量结果，并称之为测量的最佳估值或最可信赖值。

（2）剩余误差

当进行有限次测量时，各次测得值与算术平均值之差，定义为剩余误差或残差：

$$v_i = x_i - \bar{x} \qquad (2\text{-}17)$$

对上式两边分别求和,有

$$\sum_{i=1}^{n} v_i = \sum_{i=1}^{n} x_i - n\bar{x} = \sum_{i=1}^{n} x_i - n \times \frac{1}{n} \sum_{i=1}^{n} x_i = 0 \qquad (2\text{-}18)$$

上式表明,当 n 足够大时,剩余误差的代数和等于零,这一性质可用来检验计算的算术平均值是否正确。当 $n \to \infty$,$\bar{x} \to A$,此时剩余误差即等于随机误差 δ_i。

(3) 方差与标准差

随机误差反映了实际测量的精密度即测量值的分散程度。由于随机误差的抵偿性,因此不能用它的算术平均值来估计测量的精密度,应使用方差进行描述。方差定义为 $n \to \infty$ 时测量值与期望值之差的平方的统计平均值,即

$$\sigma^2 = \lim_{n \to \infty} \frac{1}{n} \sum_{i=1}^{n} (x_i - E_x)^2 \qquad (2\text{-}19)$$

因为随机误差 $\delta_i = x_i - E_x$,故

$$\sigma^2 = \lim_{n \to \infty} \frac{1}{n} \sum_{i=1}^{n} \delta_i^2 \qquad (2\text{-}20)$$

式中 σ^2 称为测量的样本方差,简称方差。式中 δ_i 取平方的目的是,不论 δ_i 是正是负,其平方都是正的,相加的和不会等于零,从而可以用来描述随机误差的分散程度。这样在计算过程中可不必考虑 δ_i 的符号,从而带来方便。求和再平均后,使个别较大的误差在式中占的比例也较大,使得方差对较大的随机误差反映较灵敏。

由于实际测量中 δ_i 都带有单位,因而方差 σ^2 是相应单位的平方,使用不甚方便。为了与随机误差 δ_i 单位一致,将式(2-20)两边开方,取正方根,得

$$\sigma = \sqrt{\lim_{n \to \infty} \frac{1}{n} \sum_{i=1}^{n} \delta_i^2} \qquad (2\text{-}21)$$

式中 σ 定义为测量值的标准误差或均方根误差,也称标准偏差,简称标准差。反映了测量的精密度,σ 值小表示精密度高,测得值集中,σ 值大表示精密度低,测得值分散。

2.3.2 随机误差的正态分析

(1) 正态分布

多次等精度测量时产生的随机误差及测量值服从统计学规律。理论和测量实践都证明,测得值 x_i 与随机误差 δ_i 都按一定的概率出现,在大多数情况下,测得值在其期望值上出现的概率最大,随着对期望值偏离的增大,出现的概率急剧减小。表现在随机误差上,等于零的随机误差出现的概率最大,随着随机误差绝对值的加大,出现的概率急剧减小。测得值和随机误差的这种统计分布规律,称为正态分布,如图 2-1,图 2-2 所示。

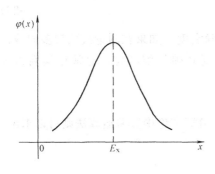

图 2-1 x_i 的正态分布曲线

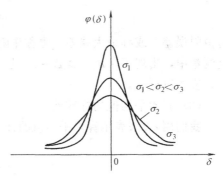

图 2-2 d_i 的正态分布曲线

设测得值 x_i 在 x 到 $x+dx$ 范围内出现的概率为 p，它正比于 dx，并与 x 值有关，即

$$p\{x<x_i<x+dx\}=f(x)dx \tag{2-22}$$

式中 $f(x)$ 定义测量值 x_i 的分布密度函数或概率分布函数，显然

$$p\{-\infty<x_i<\infty\}=\int_{-\infty}^{\infty}f(x)dx=1 \tag{2-23}$$

对于正态分布的 x_i，其概率密度函数为

$$\varphi(x)=\frac{1}{\sigma\sqrt{2\pi}}\cdot e^{\frac{(x-E_x)^2}{2\sigma^2}} \tag{2-24}$$

同样，对于正态分布的随机误差 δ_i，有

$$\varphi(\delta)=\frac{1}{\sigma\sqrt{2\pi}}\cdot e^{\frac{\delta^2}{2\sigma^2}} \tag{2-25}$$

由图 2-2 可以看到如下特征：

1) σ 愈小，$f(d)$ 愈大，说明绝对值小的随机误差出现的概率大；相反，绝对值大的随机误差出现的概率小，随着 σ 的加大 $f(\delta)$ 很快趋于零，即超过一定界限的随机误差实际上几乎不出现，这就是随机误差的有界性。

2) 大小相等符号相反的误差出现的概率相等，此乃随机误差的对称性和抵偿性。

3) σ 愈小，正态分布曲线愈尖锐，表明测得值愈越集中，精密度高；反之 σ 愈大，曲线愈平坦，表明测得值分散，精密度越低。

正态分布又称为高斯分布，在误差理论中占有十分重要的地位。由许多相互独立的因素的随机变化所造成的随机误差，大多遵从正态分布规律。

(2) 极限误差

对于正态分布的随机误差，根据式 (2-25) 可以算出随机误差落在 $[-\sigma, +\sigma]$、$[-2\sigma, +2\sigma]$、$[-3\sigma, +3\sigma]$ 区间的概率分别为 0.683、0.954 和 0.997，可见，随机误差绝对值大于 3σ 的概率（可能性）仅为 0.003 或 0.3%，实际上出现的可能性极小，因此定义

$$\Delta = 3\sigma \tag{2-26}$$

为极限误差，或称最大误差，也称作随机不确定度。如果在测量次数较多的等精度测量中，出现了 $|d_i| > \Delta = 3\sigma$ 的情况，则必须仔细考虑，通常将其判为坏值，应予以删除。

(3) 算术平均值的标准差

我们用 $\sigma_{\bar{x}}$ 来表示算术平均值的标准差，由概率论中方差运算法则可以求出

$$\sigma_{\bar{x}} = \frac{\sigma}{\sqrt{n}} \tag{2-27}$$

同样定义 $\Delta_{\bar{x}} = 3\sigma_{\bar{x}}$ 为算术平均值的极限误差，$\bar{x}$ 与真值的误差超过这一范围的概率极小，因此，测量结果可以表示为

$$x = 算术平均值 \pm 算术平均值的极限误差$$
$$= \bar{x} \pm \Delta_{\bar{x}} \tag{2-28}$$
$$= \bar{x} \pm 3\sigma_{\bar{x}} \tag{2-29}$$

在实际测量中 n 只能是有限值，所以可将测量值标准差和测量平均值标准差可直接表示为：

$$\sigma = \sqrt{\frac{1}{n-1}\sum_{i=1}^{n} v_i^2} \tag{2-30}$$

$$\sigma_{\bar{x}} = \sigma/\sqrt{n} \tag{2-31}$$

2.3.3 有限次测量结果的处理

对于精密测量，常需进行多次等精度测量，在基本消除系统误差并从测量结果中剔除坏值后，测量结果的处理可按下述步骤进行：

1) 列出测量数据表；
2) 计算算术平均值 $\bar{x}$，剩余误差 v_i 及 v_i^2；
3) 按式（2-30）、式（2-31）计算 σ 及 $\sigma_{\bar{x}}$；
4) 给出最终测量结果表达式：

$$x = \bar{x} \pm 3\sigma_{\bar{x}} \tag{2-32}$$

2.4 系统误差分析

2.4.1 系统误差的特性

排除粗差后，测量误差等于随机误差 δ_i 和系统误差 ε_i 的代数和

$$\Delta x_i = \varepsilon_i + \delta_i = x_i - x \tag{2-33}$$

假设进行 n 次等精度测量，并设系统误差为恒值系统误差或变化非常缓慢，即 $\varepsilon_i = \varepsilon$，则 Δx_i 的算术平均值为

$$\frac{1}{n}\sum_{i=1}^{n}\Delta x_i = \bar{x} - x = \varepsilon + \frac{1}{n}\sum_{i=1}^{n}\delta_i \qquad (2\text{-}34)$$

当 n 足够大时，由于随机误差的抵偿性，δ_i 的算术平均值趋于零，于是由式（2-33）得到

$$\varepsilon = \bar{x} - x = \frac{1}{n}\sum_{i=1}^{n}\Delta x_i \qquad (2\text{-}35)$$

可见当系统误差与随机误差同时存在时，若测量次数足够多，则各次测量绝对误差的算术平均值等于系统误差 ε。这说明测量结果的准确度不仅与随机误差有关，更与系统误差有关。由于系统误差不易被发现，所以更须重视。由于它不具备抵偿性，所以取平均值对它无效，又由于系统误差产生的原因复杂，因此处理起来比随机误差还要困难。

2.4.2 系统误差的判断

（1）理论分析法

凡属由于测量方法或测量原理引入的系统误差，可以通过对测量方法的定性定量分析发现系统误差，而且可以计算出系统误差的大小。

（2）校准对比法

当怀疑测量结果可能存在系统误差时，可用准确度更高的测量仪器进行重复测量以发现系统误差。测量仪器定期校准和检定并在检定证书上给出修正值，就是为了发现和减小系统误差。

（3）改变测量条件法

系统误差常与测量条件有关，可以通过改变测量条件，如更换测量人员、改变测量环境和测量方法等，根据对数据的分析，有可能发现系统误差。

（4）剩余误差观察法

根据测量数据列各个剩余误差的大小、符号的变化规律，来判断有无系统误差及系统误差的类型。

2.4.3 消除系统误差产生的因素

产生系统误差的原因很多，找出并消除产生系统误差的根源，是最根本的办法，可以注意以下几个方面：

（1）采用的测量方法和依据的原理正确性。

（2）选用的仪器仪表类型正确，准确度满足测量要求。

（3）测量仪器应定期检定、校准，测量前要正确调节零点，应按操作规程正确使用仪器。

（4）条件许可时，可尽量采用数字显示仪器代替指针式仪器，以减小由于刻度不准及分辨力不高等因素带来的系统误差。

（5）提高测量人员的操作水平，去除一些不良习惯，尽量消除带来系统误差的主观原因。

2.4.4 削弱系统误差的一些措施

（1）利用修正值或修正因数加以消除

根据测量仪器检定书中给出的校正曲线、校正数据或利用说明书中的校正公式对测得值进行修正，是实际测量中常用的办法，这种方法原则上适用于任何形式的系统误差。

(2) 随机化处理

所谓随机化处理，是指利用同一类型测量仪器的系统误差具有随机特性的特点，对同一被测量用多台仪器进行测量，取各台仪器测量值的平均值为测量结果。

(3) 智能仪器中系统误差的消除

在智能仪器中，要利用微处理器的计算控制功能，削弱或消除仪器的系统误差。

2.5 测量数据处理

2.5.1 有效数字

测量数据及由测量数据计算出来的算术平均值都是近似值，通常就是从误差的观点来定义近似值的有效数字。若末位数字是个位，则包含的绝对误差值不大于0.5，若末位是十位，则包含的绝对误差值不大于5，对于其绝对误差不大于末位数字一半的数，从它左边第一个不为零的数字起，到右边最后一个数字（包括零）止，都叫做有效数字。

例如：43　　　　　为二位有效数字　　　极限误差=0.5
　　　430　　　　为三位有效数字　　　极限误差=0.5
　　　$43×10^2$　　为二位有效数字　　　极限误差=$0.5×10^2$
　　　0.43　　　　为二位有效数字　　　极限误差=0.005
　　　0.043　　　为二位有效数字　　　极限误差=0.0005
　　　0.430　　　为三位有效数字　　　极限误差=0.0005

从上例可以看出，位于数字中间和末尾的0（零）都是有效数字，而位于第一个非零数字前面的0，都不是有效数字。数字末尾的"0"很重要，如写成0.43表示测量结果准确到百分位，最大误差不大于0.005，而若写成0.430，则表示测量结果精确到千分位，最大误差不大于0.0005。决定有效数字位数的标准是误差，多写则夸大了测量的准确度，少写则带来附加误差。

2.5.2 多余数字的舍入规则

对测量结果中的多余有效数字，应按下面的舍入规则进行：

以保留数字的末位为单位，它后面的数字若大于0.5个单位，末位进1；小于0.5个单位，末位不变。恰为0.5个单位，则末位为奇数时加1，末位为偶数时不变，即使末位凑成偶数。简单概括为"小于5舍，大于5入，等于5时采取偶数法则。"

例如，我们把下列数字保留到小数点后一位：

　　　　28.74→28.7　　　（4＜5，舍去）
　　　　28.76→28.8　　　（6＞5，进一）

28.35→28.4　　　　　（3为奇数，5入）
28.45→28.4　　　　　（4为偶数，5舍）

采用这样的舍入法则，是为了减小计算误差，从上例可知：每个数字经舍入后，末位是欠准数字，末位之前的是准确数字，最大舍入误差是末位的一半。因此当测量结果未注明误差时，就认为最末一位数字有"0.5"误差，称此为"0.5误差法则"。

2.5.3 有效数字的运算规则

当需要对几个测量数据进行运算时，要考虑有效数字保留多少位的问题，以便不使运算过于麻烦而又能正确反映测量的精确度。保留的位数原则上取决于各数中精度最差的那一项。

（1）加法运算

以小数点后位数最少的为准（各项无小数点则以有效位数最少者为准），其余各数可多取一位。

【例】

$$
\begin{array}{r}
16.3729 \\
12.14 \\
+\ 0.78943 \\
\hline
29.30233 \approx 29.30
\end{array}
\quad \rightarrow \quad
\begin{array}{r}
16.37 \\
12.14 \\
+\ 0.79 \\
\hline
29.30
\end{array}
$$

（2）减法运算

当相减两数相差甚远时，原则同加法运算，当两数很接近时，有可能造成很大的相对误差，因此应尽量避免导致相近两数相减的测量方法，或者在运算中多一些有效数字。

（3）乘除法运算

以有效数字位数最少的数为准，其余参与运算的数字及结果中的有效数字位数与之相等。

【例】 $\dfrac{218.35 \times 0.43}{5.18} = \dfrac{93.8905}{5.18} \approx 18.1$

$\rightarrow \dfrac{218.35 \times 0.43}{5.18} \approx \dfrac{220 \times 0.43}{5.2} \approx 18.19 \approx 18.2 \approx 18$

为了保证必要的精度，参与乘除法运算的各数及最终运算结果也可以比有效数字位数最少者多保留一位有效数字，如上例中，218.35 和 5.18 各保留至 218 和 5.18，结果为 18.1。

（4）乘方、开方运算

运算结果比原数多保留一位有效数字。例如：

$(3.14)^2 \approx 9.860$　　$(228)^2 \approx 8.294 \times 10^4$

$\sqrt{3.14} \approx 1.772$　　$\sqrt{374} \approx 19.34$

2.5.4 等精度测量结果的处理

当对某一量进行等精度测量时，测量值中可能包含有系统误差、随机误差和粗大误差，为了给出正确合理的结果，可按下述基本步骤对测得的数据进行处理。

(1) 利用修正值等方法，对测得值进行修正，将已减弱恒值系统误差影响的各数据 x_i 依次列成表格（见表 2-1）。

(2) 求出算术平均值 $\bar{x} = \dfrac{1}{n}\sum_{i=1}^{n} x_i$

(3) 列出残差 $v_i = x_i - \bar{x}$，并验证 $\sum_{i=1}^{n} v_i = 0$

(4) 列出 v_i^2，计算标准偏差：

$$\sigma = \sqrt{\dfrac{1}{n-1}\sum_{i=1}^{n} v_i^2}$$

(5) 按 $|v_i| > 3\sigma$ 的原则，检查和剔除粗差。如果存在坏值，应当剔除不用，而后从（2）开始重新计算，直到所有 $|v_i| \leqslant 3\sigma$ 为止。

(6) 判断有无系统误差。如有系统误差，应查明原因，修正或消除系统误差后重新测量。

(7) 算出算术平均值的标准偏差：

$$\sigma_{\bar{x}} = \sigma/\sqrt{n}$$

(8) 写出最后结果的表达式，即

$$A = \bar{x} \pm 3\sigma_{\bar{x}}$$

【例】 对一恒温室室均温度进行了 15 次等精度测量，测量数据 x_i 已计入修正值，列表 2-1，要求给出包括误差在内的测量结果表达式。

测量结果及数据处理表　　　　　　　表 2-1

N_0	x_i	v_i	v_i'	$(v_i')^2$
1	20.42	+0.016	+0.009	0.000081
2	20.43	+0.026	+0.019	0.000361
3	20.40	−0.004	−0.019	0.000121
4	20.43	+0.026	+0.009	0.000361
5	20.42	+0.016	−0.011	0.000081
6	20.43	+0.026	−0.021	0.000361
7	20.39	−0.014	—	0.000441
8	20.30	−0.104	−0.011	
9	20.40	−0.004	+0.019	0.000131
10	20.43	+0.026	+0.019	0.000361
11	20.42	+0.016	+0.009	0.000081
12	20.41	+0.006	−0.001	0.000001
13	20.39	−0.014	−0.021	0.000441
14	20.39	−0.014	−0.021	0.000441
15	20.40	−0.004	−0.011	0.000121
计算值		$\sum v_i = 0$	$\sum v_i' = 0$	

【解】 (1) 求出算术平均值 $\bar{x}=20.40$。

(2) 计算 v_i，并列于表中。

(3) 计算标准差（估计值）：

$$\sigma=\sqrt{\frac{1}{n-1}\sum_{i=1}^{n}v_i^2}=0.033$$

(4) 按着 $\Delta=3\sigma$ 判断有无 $|v_i|>3\sigma=0.099$，查表中第 8 个数据 $v_8=0.104>3\sigma$，应将此对应 $x_8=20.30$ 视为坏值加以剔除，现剩下 14 个数据。

(5) 重新计算剩余 14 个数据平均值：

$$\bar{x}'=20.43$$

(6) 重新计算各残差 v_i' 列于表中。

(7) 重新计算标准差：

$$\sigma'=\sqrt{\frac{1}{13}\sum_{i=1}^{n}v_i'^2}=0.016$$

(8) 按着 $\Delta'=3\sigma'$ 再判断有无坏值，$3\sigma'=0.048$，各 $|v_i'|$ 均小于 Δ'，则认为剩余 14 个数据中不再含有坏值。

(9) 对 v' 作图，判断有无系统误差，可知无明显累进性或周期性系统误差。

(10) 计算算术平均值标准差：

$$\sigma_{\bar{x}}=\sigma'/\sqrt{14}\approx 0.016/\sqrt{14}\approx 0.004$$

(11) 写出测量结果表达式：

$$x=\bar{x}'\pm 3\sigma_{\bar{x}}=20.43\pm 0.01\,°\!C$$

3 温度测量

3.1 温度测量原理

在国际单位制的 7 个基本量中，其中 4 个（质量、长度、时间和温度）与人类的生存有着非常密切的关系。而温度的概念建立最晚，温度测量技术也是出现和发展最晚的一个，可见温度的测量有一定的特殊性。

3.1.1 温度的概念

温度是一个物理量，它在相互热接触并处于热平衡的两个系统中具有相同的量。

从能量角度来看，温度是描述系统不同自由度间能量分布状况的物理量，从热平衡的观点来看，温度是描述热平衡系统冷热程度的物理量，它标志着系统内部分子无规则运动的剧烈程度，温度高的物体，分子平均动能大；温度低的物体，分子平均动能小。

温度测量的特殊性在于温度是无法直接测量的。为了判断温度的高低，目前主要是借助于一些物质的某些特性（例如体积、长度和电阻等）随温度变化的规律性来间接测量，这样就出现了形形色色的温度计，这种情况在其他物理量测量中是少见的。尽管如此，迄今为止还没有适用于整个温度范围测量的温度计。适于温度测量的物质较多，气体、液体和固体都有，相应的物理性能包括体积、压力的变化，以及电阻、热电偶的热动电势和物体的热辐射等，这些性能随温度变化的规律都可以作为温度测量的依据。

3.1.2 温标

为了保证温度量值的统一和准确，应该建立一个用来衡量温度的标准尺度，简称温标，是温度的数值表示方法。各种温度计的数值都是由温标决定的。即温度计必须进行分度，或称标定。好比一把测量长度的尺子，预先要在尺子上刻线后，才能用来衡量长度。由于温度这个量比较特殊，只能借助于某个物理量来间接表示，因此温度的尺子不能像长度的尺子那样明显，它是利用一些物质的"相平衡温度"作为固定点刻在"标尺上"。而固定点中间的温度值则是利用一种函数关系来描述，称为内插函数（或称内插方程）。通常把温度计、固定点和内插方程叫做温标的三要素，或称为三个基本条件。

目前常用的温标有以下几种：

(1) 摄氏温标

它是出现较早也是最为常用的温标。1740 年瑞典人摄氏（Celsius）制定。其定义为：

1) 水银体膨胀是线性;

2) 标准大气压下纯水的冰点是 0 度，沸点为 100 度，而将汞柱在这两点间等分为 100 份，每一份为 1 摄氏度，标记为℃。这种标定温度的方法称为摄氏温标。

（2）华氏温标

1714 年德国人法伦海托（Fahrenheit）也是利用玻璃水银温度计来决定固定点之间的温度，他规定水的沸点温度为 212 度，氯化氨和冰的混合物为 0 度，这两个固定点中间等分为 212 份，每一份为 1 华氏度，记为°F。这种标定温度的方法称为华氏温标。摄氏温标与华氏温标的换算关系为：

$$t = \frac{5}{9}(F - 32) \tag{3-1}$$

（3）热力学温标

热力学温标又称绝对温标或开尔文温标。热力学温标规定物质分子运动停止时的温度为绝对零度，它认为温度只与热量有关而与工质无关的理论温标（°F 与℃均与工质有关），它是建立在卡诺循环基础上的理想温标，是不可能实现的。

（4）国际温标

为了实用方便，国际上经协商，决定建立一种既使用方便，又具有一定科学技术水平的温标，这就是国际温标，即国际单位制中使用的温标。国际温标应具备以下条件：

1) 尽可能接近热力学温度；

2) 复现精度高，各国均能以很高的准确度复现同样的温标，确保温度量值的统一；

3) 用于复现温标的标准温度计，使用方便，性能稳定。

第一个国际温标是 1927 年第七届国际计量大会决定采用的国际温标，称为"1927 年国际温标"，记为 ITS-27。考虑摄氏温标已长期使用，允许在国际实用温标制中通用。

国际温标建立后至今经过了数次重要修改，1990 年国际温标 ITS-90 的热力学温度仍记作 T，为了区别于以前的温标，用 "T_{90}" 代表新温标的热力学温度，其单位仍是 K。

与此并用的摄氏温度记为 t_{90}，单位是"℃"。T_{90} 与 t_{90} 的关系仍是

$$t_{90} = T_{90} - 273.15 \tag{3-2}$$

1990 国际温标，是以定义固定点温度指定值以及这些固定点、分度点的标准仪器来实现热力学温标的，各固定点间的温度是依据内插公式使标准仪器的示值与国际温标的温度值相联系。

ITS-90 的定义固定点共有 17 个，如表 3-1 所示。

ITS-90 定义固定点　　　　　表 3-1

序号	温度 T_{90}(K)	温度 t_{90}(℃)	物质	状态
1	3～5	−270.15～−268.15	氦蒸气压,He	VP
2	13.8	−259.3467	平衡氢三相点,e-H$_2$	TP

续表

序号	温度 T₉₀(K)	温度 t₉₀(℃)	物质	状态
3	~17	~-256.15	平衡氢蒸气压，e-H₂	VP
4	~20.3	~-252.85	平衡氢蒸气压，e-H₂	VP
5	24.5561	-248.5939	氖三相点，Ne	TP
6	54.3584	-218.7916	氧三相点，O₂	TP
7	83.8058	-189.3442	氩三相点，Ar	TP
8	234.3156	-38.8344	汞三相点，Hg	TP
9	273.16	0.01	水三相点，H₂O	TP
10	302.9146	29.7646	镓熔点，Ga	MP
11	429.7485	156.5985	铟凝固点，In	FP
12	505.078	231.928	锡凝固点，Sn	FP
13	692.677	419.527	锌凝固点，Zn	FP
14	933.473	660.323	铝凝固点，Al	FP
15	1234.93	961.78	银凝固点，Ag	FP
16	1337.33	1064.18	金凝固点，Au	FP
17	1357.77	1084.62	铜凝固点，Cu	FP

3.1.3 我国的温标传递系统

测量物体温度时，被测对象的温度值是由国际温标确定的。温标的传递过程是将国际温标所定义的固定点通过标准内插工具和内插公式使国际实用温度值与标准仪器的标值相一致，并逐级传递到被分度的温度仪表。图3-1为我国温标传递系统的示意图，图中表明各种基准和标准以及工作用测温仪表的传递关系。

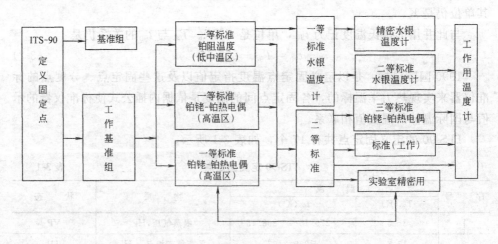

图3-1 我国温标传递系统示意图

3.2 测温仪表分类与选择

3.2.1 按测温方式分类

(1) 接触法

由热平衡原理可知,当两个物体接触后,经过足够的时间达到热平衡后,则它们的温度必然相等。如果其中之一为温度计,就可以用它对另一个物体实现温度测量,这种测温方式称为接触法。其特点是,温度计要与被测物体有良好的热接触,使两者达到热平衡。

(2) 非接触法

利用物体的热辐射能随温度变化的原理测定物体温度,这种测温方式称为非接触法测温。

两种测温方式的特性比较,如表 3-2。

接触法与非接触法测温特性 表 3-2

	接 触 法	非 接 触 法
特点	不适于测量热容量小的和移动物体,对被测介质温度场有干扰。可测量任何部位的温度,便于多点集中测量和自动控制	不改变被测介质的温度场,可测量热容量小的和移动物体,通常测量物体表面温度
测量条件	测量元件要与被测量对象很好接触,接触测温元件应尽量减少对被测对象温度的干扰	由被测对象发出的辐射能充分照射到检测元件,被测对象的有效发射率要准确知道
测量范围	容易测量 1000℃ 以下的温度,测量 1200℃ 以上的温度有困难	可测量 1000℃ 以上的温度,测量 100℃ 以下的温度误差大
准确度	通常为 0.5%～1%,根据测量条件可达 0.01%	通常为 20℃ 左右,条件好的可达 5～10℃
响应速度	通常较慢,约 1～2min。特殊的可制成快速的测量元件(秒级)	通常较快,约 2～3s,迟缓的也小于 10s

3.2.2 按测温范围分类

测温仪表按其测量范围,可分为低温仪表(低于 0℃),中温仪表(0～630℃)高温仪表(630℃ 以上)。

3.2.3 测温仪表的分类性能

正确地选择和使用测温仪非常重要。根据感温元件与被测物体的接触关系,温度测量仪表可划分为接触式和非接触式测温仪表两大类。详见表 3-3。

常用温度计分类及性能 表 3-3

	温度计类型		测温范围	精 度
接触式温度计	压力式	气体压力式温度计	−270～500℃	0.001～1℃
		蒸汽压力式温度计	−20～350℃	0.5～5℃
		液体压力式温度计	−30～600℃	0.5～5℃
	液体膨胀式	水银温度计	−50～750℃	0.1～1℃
		有机液体温度计	−200～200℃	1～4℃
	固体膨胀	双金属温度计	−185～620℃	0.5～5℃

3 温度测量

续表

温度计类型			测温范围	精度
接触式温度计	热电阻式	金属		
		铂热电阻温度计	-260~850℃	0.001~5℃
		铜热电阻温度计	-50~150℃	0.3%t~0.035%t
		镍热电阻温度计	-60~180℃	0.4%t~0.7%t
		铑铁热电阻温度计	0.5~300K	0.001~0.01K
		铂钴热电阻温度计	1~300K	0.002~0.1K
		非金属	热敏电阻温度计	-50~350℃	0.3~5℃
			锗电阻温度计	0.5~30K	0.002~0.02K
			碳电阻温度计	0.01~70K	0.01K
	热电偶式	金属	钨铼热电偶温度计	0~2300℃(3000℃)	4℃~1%t
			铂铑热电偶温度计	0~1800℃	0.2~9℃
			镍铬-镍硅热电偶温度计	-200~1300℃	1.5~10℃
			镍铬-金铁	-270~300K	0.5~1.0℃
		非金属	碳化硼-石墨	600~2200℃	0.75%t
非接触式			光学式辐射温度计	700~2000℃	
			全辐射温度计	100~2000℃	
			比色式温度计	300~2000℃	
			红外测温仪	-30~2000℃	

3.3 膨胀式温度计

膨胀式温度计是利用物体受热膨胀的原理制成的温度计,主要有液体膨胀式温度计,固体膨胀式温度计和压力式温度计等。

3.3.1 液体膨胀式温度计

最常见的是玻璃管式液体温度计。

(1) 测量原理

由于液体膨胀系数 a 远比玻璃的膨胀系数 a' 大,因此当温度变化时,就引起工作液体在玻璃内体积的变化,表现出液柱高度的变化。若在玻璃管上直接刻度,即可读出被测介质的温度值。为了防止温度过高时液体胀裂玻璃管,在毛细管顶部须留有一膨胀室。

温度变化所引起的工作液体体积变化为

$$V_{T1} = V_{T0}(a-a')t_1$$

$$V_{T2} = V_{T0}(a-a')t_2$$

$$\Delta V = V_{T2} - V_{T1} = T_0(a-a')(t_2-t_1) \tag{3-3}$$

式中 V_{T0}，V_{T1}，V_{T2}——分别为工作液体在 0℃ 及温度为 t_1 和 t_2 时的体积；
a，a'——分别为工作液体和玻璃的体膨胀系数。

由式（3-3）知，工作液体的体膨胀系数 a 越大，温度计的灵敏度就越高，测温精度就越高。

（2）玻璃管液体温度计常用液体材料

玻璃管式液体温度计常用液体材料及测温范围见表 3-4。

玻璃管式液体温度计常用液体材料及测温范围 表 3-4

液体名称	适用范围		说　明
	下限（℃）	上限（℃）	
汞（水银）	-50	700	高温应用时应在空间充入 385℃、2.5MPa 氮气
甲苯	-90	100	有机液体对玻璃有粘附作用，膨胀系数也随温度变化，使刻度不均匀
乙醇	-100	75	
石油醚	-130	25	
戊烷	-200	20	

玻璃外壳在 300℃ 以上时，机械强度下降，并会软化变形。故此，多采用特殊耐热玻璃（如硅硼玻璃）。在 500℃ 以上时，要用石英玻璃。

（3）玻璃管液体温度计分类

按用途可分为测量温度的玻璃温度计，见图 3-2，和温度控制用的电接点温度计。

按测量精度又可分为：

1）标准温度计：用于精密测量和校准其他温度计，其准确度高；分度值一般为 0.1～0.2℃，基本误差在 0.2～0.8℃ 范围内。

2）实验室用温度计：用于实验室的测温。

3）工业用温度计：用于工业测温，其准确度较低，允许误差可 1～10℃ 之间。

（4）玻璃管液体温度计的主要特点

优点是：直观、测量准确、结构简单、造价低廉、应用范围广，稍加变动，可以用于工业、科研、实验室，医院等不同领域及日常生活。

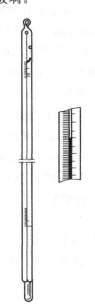

图 3-2　玻璃管水银温度计

缺点是：易碎、观察监测不便、不能自动记录、一般均作现场读数测量。测温有一定延迟。水银温度计精度高，规格、种类多，应用最广；但水银对人体有害，对环境会造成污染，使用时应特别小心。

（5）玻璃管液体温度计测温误差分析

1）由于玻璃材料有较大的热滞后效应，当温度计被用来测量高温后立即用于测量低温时，其温包不能立即恢复到起始时的体积，从而使温度计的零点发生漂移，因此引起误差。

2) 温度计插入深度不够将引起误差。因对温度计标定时,其全部液柱均浸没于被测介质中,但实际使用时可能只有部分液柱浸没其中,因而引起温度计的指示值偏离被测介质的真实值,故必须对指示值作修正。其修正值为

$$\Delta t = n\gamma(t - t_a) \tag{3-4}$$

式中　Δt——露出液体部分的温度修正值（℃）；
　　　n——露出液体部分所占的刻度数（℃）；
　　　γ——工作液体对玻璃的相对体膨胀系数（1/℃）（汞＝0.00016 1/℃，酒精＝0.000103 1/℃）；
　　　t——温度计的指示值（℃）；
　　　t_a——液体露出部分所处的环境温度（℃）。

3) 非线性误差：液体温度计是由两个固定点（冰融点和水沸点）间均匀划分等分来进行分度的。事实上液体的体积随温度的变化存在一定的非线性度，因而造成误差。

4) 工作液的迟滞性：工作液与玻璃管壁间的表面吸附力会造成液流动的迟滞性，从而降低温度计的灵敏度，甚至出现液柱中断现象，此时可以轻弹温度计或加热使液柱上升相互连接在一起。

(6) 玻璃温度计的使用

1) 用玻璃温度计测温，安装位置应方便读数，安全可靠；

2) 温度计应以垂直使用为主。

测量管道内的流体温度时，应使温度计的温包处于管道的中心线位置，插入方向须与流体流动方向相反，以便与液体充分接触。

3) 读数时视线必须与标尺垂直，并与液柱面处于同一水平面。此外，读数时只能小心转动温度计顶端的小耳环，切不可用手摸标尺或将温度计取出插孔，更不允许用手捏住温包来读数，否则将造成极大的误差。

3.3.2　固体膨胀式温度计

(1) 杆式温度计

杆式温度计是用黄铜制成的圆筒作感温元件（测温筒），筒内放置一根膨胀系数很小的材料（石英、玻璃、铟钢等）作传温材料，它与机械系统相连接。当测温筒受热伸长时，筒内的圆棒通过机械系统带动指针偏转，指示出温度的数值。杆式温度计由于精度低，体积大，现今多用双金属膨胀式感温元件温度计代替它。

(2) 双金属自记温度计

双金属自记温度计现在一般和自记式湿度计结合在一起。它的主要用途是用作气温连续变化的记录装置。仪器由温度感应、传送放大与自动记录三部分构成（图3-3）。

感应部分是自记仪器的主要部分，温度

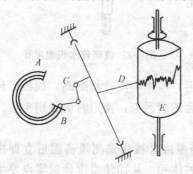

图3-3　双金属自记式温度计原理图

感应元件由两种膨胀系数相差很大的弹性金属片焊接或铆接而成,上片为膨胀系数很大的黄铜,下片为膨胀系数较小的铟钢,当温度变化时由于黄铜和铟钢的膨胀量不同发生弯曲。如果金属片后端固定不动,则当温度变化时另一端(自由端)要产生位移。试验证明自由端的位移与温度变化值成正比,因此可以根据自由端位移来确定温度的变化。

传送放大部分为一套杠杆系统,它一端与双金属片的自由端相联,另一端与自动记录笔相连接。由于感应部分的变形很小,因此用要杠杆装置来放大和传送。

自记部分包括钟筒、记录纸和记录笔。钟筒是一个内部装有类似普通钟表机构的圆筒。自动钟分为每日旋转一周和每星期旋转一周两种。记录纸上的水平线表示温度,通常每格表示1℃,由于记录笔的右端是固定的,笔尖升降的轨迹为一弧线,当自动钟不停地运转时,温度的变化就通过笔尖在记录纸上连续画出清晰的温度变化曲线。自记钟筒在旋转一圈以后,应当及时更换记录纸(每日一次或每周一次)。

双金属片自记温度计是一种精度比较低的温度计,一般要用0.1℃分格的水银温度计对它进行校正。它的主要特点是能够连续自动记录温度的日变化曲线。国产自动温度计的测温范围为 $-35 \sim 45$℃,分度值为1℃,测量误差为 $0.5 \sim 1$℃。

3.3.3 压力式温度计

压力式温度计是利用密封系统中介质的压力随温度而变化来测温的一种机械式的测量仪表。

压力式温度计的工作介质可以是气体、液体或蒸汽,其结构如图3-4。仪表中包括感温包1、金属毛细管2及包括基座和具有扁圆或椭圆截面弹簧管的压力表3。弹簧管一端焊在基座上,内腔与毛细管2相通,另一端封死为自由端。自由端通过拉杆、齿轮传动机构与指针相联系。指针的转角在刻度盘上指出被测温度。

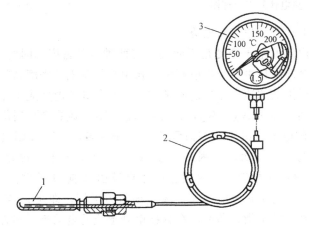

图 3-4 压力式温度计
1—感温包;2—毛细管;3—压力表

3 温度测量

压力式温度计由于受毛细管长度的限制,一般工作距离最大不超过60m,被测温度一般为-50~550℃。它简单可靠、抗振性能好,具有良好的防爆性,故常用在飞机、汽车、拖拉机上,也可用它作温度控制信号。但这种仪表动态性能差,示值的滞后较大,也不能测量迅速变化的温度。

3.4 热电偶温度计

热电偶温度计,简称"热电偶",是目前最为广泛采用的温度传感器,它具有结构简单、测温范围广、准确度高、热惯性小、输出为电信号、便于远传与转换的优点。广泛用于测量-200~1300℃范围的温度,特殊情况下可测至4K的低温和2800℃的高温。

3.4.1 热电偶温度计测温原理

由两种不同的导体(或半导体)组合成闭合回路,当两导体(A)与(B)相连处温度不同($T>T_O$)时,则回路中产生热电效应(物理学中称塞贝克效应,1821年由德国物理学家T. J. Seebeck首先发现),所产生的电势称热电势$E_{AB}(T, T_O)$。

该电动势实际上是由接触电势(珀尔帖电势)与温差电势(汤姆逊电势)所组成。见图3-5所示。

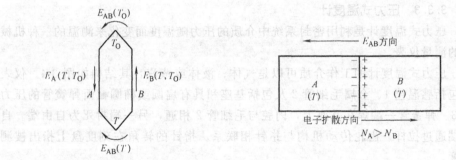

图3-5 热电偶测温原理图　　　图3-6 接触电势

(1) 接触电动势(珀尔帖电势)

不同导体内部的电子密度是不同的,当两种电子密度不同的导体A与B相互接触时,就会发生自由电子扩散现象,自由电子从电子密度高的导体流向密度低的导体。电子扩散的速率与自由电子的密度及所处的温度成正比。假如导体A与B的电子密度分别为N_A、N_B,并且$N_A>N_B$,则在单位时间内,由导体A扩散到导体B的电子数比从B扩散到A的电子数多,导体A因失去电子而带正电,B因获得电子而带负电,因此,在A和B间形成了电位差(如图3-6所示)。而建立起来的电位差,又将阻止电子继续由A向B扩散。在某一温度下,经过一定的时间,电子扩散能力与上述电场阻力平衡,即在A与B接触处的自由电子扩散达到了动平衡,那么,在其接触处形成的电动势,称为珀尔帖电势或接触电势,用符号$E_{AB}(T)$表示。可用下式表示:

$$E_{AB}(T)=kT/e[\ln(N_{AT}/N_{BT})] \tag{3-5}$$

式中　　k——波耳兹曼常数,等于1.38×10^{-23} J/℃;

　　　　E——电荷单位,等于4.802×10^{-10} 绝对静电单位;

N_{AT}、N_{BT}——分别为在温度为 T 时,导体 A 与 B 的电子密度;

　　　　T——接触处的温度(K)。

对于导体 A,B 组成的闭合回路(图3-5),两接点的温度分别为 T,T_O 时,则相应的珀尔帖电势分别为:

$$E_{AB}(T) = kT/e[\ln(N_{AT}/N_{BT})] \tag{3-6}$$

$$E_{AB}(T_O) = kT_O/e[\ln(N_{ATO}/N_{BTO})] \tag{3-7}$$

$E_{AB}(T)$ 和 $E_{AB}(T_O)$:它们为导体 A 和 B 的两个接点在温度 T 和 T_O 时的电位差。其中脚码 AB 的顺序代表电位差的方向,如果改变脚码的顺序,"E"前面的正负符号也应随之改变。

N_{AT} 和 N_{ATO}:A 导体两接端温度分别为 T 和 T_O 时的电子密度。

N_{BT} 和 N_{BTO}:B 导体两接端温度分别为 T 和 T_O 时的电子密度。

从式中看出,接触电势的大小只与接点温度的高低以及导体 A 和 B 的电子密度有关。温度越高,接触电势越大,两种导体电子密度比值越大,接触电势也越大。

(2) 温差电势(汤姆逊电势)

由于导体两端温度不同而产生的电势称温差电势。温度梯度的存在,改变了电子的能量分布,高温(T)端电子将向低温(T_O)端迁移,致使高温端因失电子带正电,低温端因获电子带负电。因而,在同一导体两端也产生电位差,该电动势将阻止电子从高温端向低温端迁移,最后使电子迁移建立一个动态平衡,此时所建立的电位差称温差电势或汤姆逊电势。它与温差有关,A 导体 B 导体分别都有温差电势产生,可用下式表示:

$$E_A(T, T_O) = \frac{k}{e} \int_{T_O}^{T} \frac{1}{N_{At}} d(N_{At} \cdot t) \tag{3-8}$$

$$E_B(T, T_O) = \frac{k}{e} \int_{T_O}^{T} \frac{1}{N_{Bt}} d(N_{Bt} \cdot t) \tag{3-9}$$

式中 N_{At}、N_{Bt} 分别为导体 A 和 B 在某温度时的电子密度;$E_A(T, T_O)$ 和 $E_B(T, T_O)$ 分别为导体 A 和 B 两端温度各为 T 和 T_O($T > T_O$)时的温差电势。

(3) 闭合回路的总热电势

接触电势是由于两种不同材质的导体接触时产生的电势,而温差电势则是对同一导体当其两端温度不同时产生的电势。在图3-5所示的闭合回路中,两个接点处有两个接触电势 $E_{AB}(T)$ 和 $E_{AB}(T_O)$,又因为 $T > T_O$,在导体 A 与 B 中还各有一个温差电势。故闭合回路总热电动势 $E_{AB}(T, T_O)$ 应为接触电势与温差电势的代数和,即

$$E_{AB}(T, T_O) = E_{AB}(T) - E_{AB}(T_O) + E_B(T, T_O) - E_A(T, T_O) \tag{3-10}$$

3 温度测量

经整理推导后可得

$$E_{AB}(T,T_O) = \frac{k}{e}\int_{T_O}^{T} \ln \frac{N_{At}}{N_{Bt}} dt \qquad (3-11)$$

由式 (3-11) 可知，热电偶总电势与电子密度 N_{At}、N_{Bt} 及两接点温度 T，T_O 有关。电子密度不仅取决于热电偶材料的特性，而且随温度变化而变化，它们并非常数，所以当热电偶材料一定时，热电偶的总电势 $E_{AB}(T, T_O)$ 成为温度 T 和 T_O 的函数差，即

$$E_{AB}(T, T_O) = f(T) - f(T_O) \qquad (3-12)$$

如果能使冷端温度 T_O 固定，即 $f(T_O) = C$（常数），则对确定的热电偶材料，其总电势就只与温度 T 成单值函数关系，即

$$E_{AB}(T, T_O) = f(T) - C \qquad (3-13)$$

这种特性称为热电偶的热电特性，可通过实验方法求得。当保持热电偶冷端 T_O 不变时，只要用仪表测得热电势 $E_{AB}(T, T_O)$，就可求得被测温度 T。通常热电偶及其配套使用的仪表都是在冷端温度保持为零度时刻度的，这时，如根据实验数据把 $E_{AB}(T, T_O)$ 与 T 的关系绘制成曲线、列成表格就成为图 3-7 所示的热电势-温度曲线及各种标准热电偶的分度表。

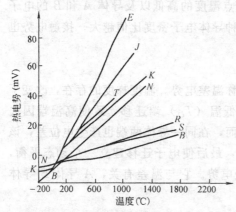

图 3-7 标准热电偶的热电势与温度曲线

3.4.2 热电偶的应用定则

根据热电偶的测温原理，并通过大量的试验研究得出下列应用定则：

（1）均质导体定则

由同一种匀质导体（电子密度处处相同）组成的闭合回路中，不论导体的截面、长度以及各处的温度分布如何，均不产生热电势。

这条定则说明：两种材料相同的热电极不能构成热电偶。由于 $N_A = N_B$，$\ln(N_A/N_B) = 0$，所以 $E_{AB}(T, T_O) = 0$。

（2）中间导体定则

在热电偶回路中接入第三种导体，只要与第三种导体要连接的两端温度相同，接入第三种导体后，对热电偶回路中的总电势没有影响。证明如下：

图 3-8 是把热电偶冷接点分开后引入显示仪表 M（或第三根导线 C），如果被分开后的两点 2、3 温度相同且都等于 T_O。那么热电偶回路的总电势为

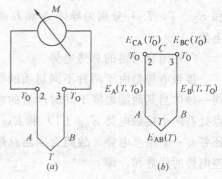

图 3-8 热电偶回路接入第三根导体

$$E_{ABC}(T,T_O) = E_{AB}(T) + E_B(T,T_O) + E_{BC}(T_O) +$$
$$E_C(T_O,T_O) + E_{CA}(T_O) - E_A(T,T_O) \qquad (3\text{-}14)$$

式中 $E_C(T_O,T_O)=0$，此外导体 B 与 C 及 A 与 C 的接点温度为 T_O 处接触电势之和为

$$E_{BC}(T_O) + E_{CA}(T_O) = kT_O/e[\ln(N_{BTO}/N_{CTO})] + kT_O/e[\ln(N_{CTO}/N_{ATO})]$$
$$= kT_O/e[\ln(N_{BTO}/N_{ATO})] = -E_{AB}(T_O) \qquad (3\text{-}15)$$

将式（3-15）代入式（3-14）得到热电偶回路总电势为

$$E_{ABC}(T,T_O) = E_{AB}(T) - E_{AB}(T_O) + E_B(T,T_O) - E_A(T,T_O) = E_{AB}(T,T_O)$$
$$(3\text{-}16)$$

同理还可加入第四、第五种导体等等。应用这一定则，我们可以在热电偶回路中引入各种仪表、连接导线等，而不影响测量结果。

(3) 中间温度定则

它是指热电偶在两接点温度为 T、T_O 时热电热等于该热电偶在两接点温度分别为 T，T_N 和 T_N，T_O 时相应热电势的代数和

即

$$E_{AB}(T,T_O) = E_{AB}(T,T_N) + E_{AB}(T_N,T_O) \qquad (3\text{-}17)$$

证明如下：

$$E_{AB}(T,T_N) = f(T) - f(T_N)$$
$$E_{AB}(T_N,T_O) = f(T_N) - f(T_O)$$

上两式相加得

$$E_{AB}(T,T_N) + E_{AB}(T_N,T_O) = f(T) - f(T_O) = E_{AB}(T,T_O)$$

如果 $T_O=0℃$，则式（3-17）变为

$$E_{AB}(T,0) = E_{AB}(T,T_N) + E_{AB}(T_N,0) \qquad (3\text{-}18)$$

各种热电偶分度表都是在冷端为 $0℃$ 时制成的。如果在实际应用中热电偶冷端不是 $0℃$ 而是某一中间温度 T_N，这时显示仪表指示的热电势值为 $E_{AB}(T,T_N)$。而 $E(T_N,0)$ 值可从分度表查得，将二者相加，即得出 $E_{AB}(T,0)$ 值，按照该电势值再查相应的分度表，便可得到测量端温度的 T 的大小。

3.4.3 热电偶分类

热电偶的种类很多，其中有国际电工委员会（IEC）向各国推荐的 7 种标准化热电偶，我国标准化热电偶已采用 IEC 标准。7 种标准热电偶的热电势与温度曲线见图 3-7。

(1) 廉金属热电偶

1) T型（铜—康铜）热电偶

这种热电偶的测温范围为－200～350℃，在廉金属热电偶中准确度最高，热电势较大，其主要原因是铜丝的纯度高而无应力。低于－200℃时热电势化急剧降低，350℃以上则主要是受铜的氧化限制。

2) K型（镍铬—镍铝或镍硅）热电偶

该种热电偶在廉金属热电偶中测温范围最宽（－200～1100℃），温度毫伏特性接近线性，热电势比S型热电偶大4～5倍，我国目前多用镍铬—镍硅热电偶取代镍铬—镍铝热电偶，它们的特性一样，而且抗氧化性强。它们使用同一分度表。

3) E型（镍铬—康铜）热电偶

这种热电偶虽不及K型热电偶应用广泛，但在标准型热电偶中灵敏度最高，在氧化气氛中可使用到1000℃。

4) J型（铁—康铜）热电偶

该型热电偶在很多国家已作为工业上最通用的热电偶，它价廉、灵敏，但准确性和稳定性不如T型热电偶，在0℃以下很少用，其测温上限在氧化性气氛中可到750℃，在还原性气氛中可到950℃。

以上几种标准型热电偶，通常被称为廉金属热电偶。

(2) 贵金属热电偶

1) S型（铂铑10—铂）热电偶

在所有标准化热电偶中S型热电偶是准确度等级最高的，但热电势小，热电特性曲线非线性较大。长期使用测温上限可到1400℃，短期可测到1600℃，不适于还原性气氛。

2) R型（铂铑13—铂）热电偶

它与S型热电偶相比除热电势稍大之外，其他特点相同。它只作为引进设备的配件，不大量生产。

3) B型（铂铑30—铂铑6）热电偶

它又简称为双铂铑热电偶。这种类型的热电偶具有铂铑—铂热电偶的各种特点，抗污染能力强，具有较好的稳定性，长期使用上限可达1600℃，但这种热电偶热电势最小，灵敏度低，室温下热电势极小，$E(25)=-2mV$，故使用时一般不采用补偿导线，也不适用于还原性气氛。

表3-5列出我国标准化热电偶的主要特征。

3.4.4 热电偶冷端温度的补偿方法

(1) 补偿导线法

测温时，为使冷端远离高温区，需将热电偶做得较长，这样耐高温的贵金属热电偶材料耗费较大，除高温工作区外，温度已有较大的降低；采用在温度0℃～100℃范围内与贵金属材料的热电极相同的热电特性材料代替电极延长，可节约贵金属，使热电偶线路设计更为方便，采用的导线称补偿导线，均已有标准可选用，补偿导线接线如图3-9所示。常用热电偶补偿导线可见表3-6。

3.4 热电偶温度计

我国标准化热电偶的主要特性　　　　表 3-5

名　称	分度号（新）	分度号（旧）	测量范围（℃）	等级	使用温度（℃）	允许误差
铂铑10—铂	S	LB-3	0~1600	I	0~1100	±1℃
					1100~1600	±[1+(t-1100)×0.003]℃
				II	0~600	±1.5℃
					600~1600	±0.25%t
铂铑30—铂铑6	B	LL-2	0~1800	II	600~1700	±0.25%t
				III	600~800	±4℃
					800~1700	±0.5%t
镍铬—镍硅（镍铬—镍铝）	K	EU-2	0~1300	I	0~400	±1.6℃
					400~1100	±0.4%t
				II	0~400	±3℃
					400~1300	±0.75%t
铜—康铜	T	CK	-200~400	I	-40~350	±0.5℃ 或 ±0.4%t
				II	-40~350	±1℃ 或 ±0.75%t
				III	-200~40	±1℃ 或 ±1.5%t
镍铬—康铜	E		-200~900	I	-40~800	±1.5℃ 或 ±0.4%t
				II	-40~900	±2.5℃ 或 ±0.75%t
				III	-200~40	±2.5℃ 或 ±1.5%t
铁—康铜	J		-200~750	I	-40~750	±1.5℃ 或 ±0.4%t
				II	-40~750	±2.5℃ 或 ±0.75%t
铂铑13—铂	R		0~1600	I	0~1600	±1℃ 或 ±[1+(t-1100)×0.003]℃
				II	0~1600	±1.5℃ 或 ±0.25%t
镍铬—金铁	NiCr-AuFe 0.07		-270~0	I	-270~0	±0.5℃
				II	-270~0	±1℃
铜—金铁	Cr-AuFe 0.07		-270~-196	I	-270~-196	±0.5℃
				II	-270~-196	±1℃

（2）计算修正法

当用补偿导线把热电偶的冷端延长到某一温度 T_O 处（通常是环境温度）。然后再对冷端温度进行修正。

假设检测温度为 T，热电偶冷端温度为 T_O，所测得的电势值为 $E(T, T_O)$，根据中间温度定则（3-18）式有：

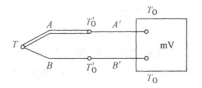

图 3-9 补偿导线连接的热电偶温度计

$$E_{AB}(T,0) = E_{AB}(T, T_N) + E_{AB}(T_N, O)$$

利用分度表先查出 $E(T_N, O)$ 的数值，就可计算出合成电势 $E(T, O)$ 的数值，按照该值再查分度表，得出被测温度 T。

常用热电偶补偿导线　　　　　　　表 3-6

补偿导线型号	配用热电偶分度号及名称	补偿导线 正极 材料	补偿导线 正极 线芯绝缘层颜色	补偿导线 负极 材料	补偿导线 负极 线芯绝缘层颜色	热端为100℃，冷端0℃的热电势（mV）
SC	S 铂铑₁₀—铂	铜	红	铜镍	绿	0.64±0.03
KC	K 镍铬—镍硅（镍铝）	铜	红	铜镍	蓝	4.10±0.11
EX	E 镍铬—铜镍	镍铬	红	铜镍	棕	6.32±0.17
JX	J 铁—铜镍	铁	红	铜镍	紫	5.75±0.25
TX	T 铜—康铜（铜镍）	铜	红	铜镍	白	4.28±0.05

(3) 冷端恒温法

维持冷端恒温的方法很多，常见的方法有如下两种。

1) 把冷端引至冰点槽内，维持冷端始终为 0℃，但使用起来不大方便，一般在实验室精密测量中使用，特别是分度和校验热电偶时都要用它。为了保持 0℃时误差能在±0.1℃之内，使用时对水的纯度、碎冰块的大小和冰水混合状态都有要求，另外对插入深度等也应加以注意。

2) 把冷端用补偿导线引至电加热的恒温器内，维持冷端为某一恒定的温度。通常一个恒温器可供许多支热电偶同时使用。此法适于工业应用。

(4) 补偿电桥法

补偿电桥法是在热电偶测温系统中串联一个不平衡电桥，此电桥输出的电压随热电偶冷端温度变化而变化，从而修正热电偶冷端温度波动引入的误差。

3.4.5 热电偶的误差分析与检定

(1) 热电偶的误差分析

1) 分度误差

分度误差是指检定时产生的误差，其值不得超过允许误差。工业用热电偶是用标准热电偶来分度的，其分度误差包含了标准热电偶的传递误差。一般情况下，分度误差是比较小的，在按规定条件使用时，热电偶分度误差的影响并不是主要的。

2) 补偿导线引起的误差

它是由于补偿导线与热电偶的热电性能不完全相同而带来的误差。

3) 冷端温度变化引起的误差

冷端温度补偿如使用补偿电桥，由于热电偶电势特性与补偿电桥产生的电势只能在设计点 20℃或 50℃得到完全补偿，其他温度由于热电偶特性的非线性，不能完全吻合，会产生一定的误差。其他办法冷端补偿，由于测量或其他原因，也会带来一定的误差。

4) 非热平衡引起的误差

根据热平衡的基本原理，热电偶在测温时，必须保持它与被测对象的热平衡，才能达到准确测温的目的。然而实际测温时，其热端难以和被测对象直接接触，加之沿热电极和保护套管向周围环境的导热损失，造成了热电偶热端与被测对象之间的温度误差。

5）测量线路和显示仪表的误差

由于屏蔽和绝缘不良而引入干扰电压，以及显示仪表本身的精度等级的局限，也都会产生测量误差。

(2) 热电偶的检定

热电偶在使用前应预先进行校验或检定，标准热电偶必须进行个别分度。热电偶经一段时间使用后，由于热电偶的高温挥发、氧化、外来腐蚀和污染、晶粒组织变化等原因，使热电偶的热电特性逐渐发生变化，使用中会产生测量误差，有时此测量误差会超出允许范围。在建筑物理测试环境中，这种情况不太严重。

常用的检测方法是比较法，用被校热电偶和标准热电偶同时测量同一对象的温度，然后比较两者示值，以确定被检热电偶的基本误差等质量指标，这种方法称为比较法。

3.4.6 热电偶的使用和安装

(1) 为减少测量误差，热电偶应与被测对象充分接触，使两者尽量处于相同温度。

(2) 在布线时就尽量避开强电压（如大功率电机、变压器等），更不能与电线近距离平行敷设，如无法避开，应采取屏蔽措施。

(3) 热电偶冷端温度最好保持 0℃，如在现场条件下难以实现，必须采用补偿方法准确修正。

3.4.7 热电偶显示仪表

热电偶仅将被测温度的变化转变成热电势，必须与显示仪表组成一测温系统，才能完成温度测量。常与热电偶配套的有动圈仪表、（自动）电位差计和数字显示仪表。

(1) 动圈式显示仪表

动圈式仪表测量机构的核心部分，实际上是一个磁电式毫伏表。使用动圈仪表测量热电偶的输出热电势，由于有电流通过，热电偶内部有电压降，使测出的热电偶端电压与实际开路热电势有差别，这就是负载效应。

(2) 电位差计显示仪表

另一类与热电偶配套使用的是（自动）电位差计显示仪表。它与热电偶配套，用来测量、记录和控制温度。该仪表动作迅速，精度高（一般可达 0.5 级），可连续记录，并具有多点指示、记录、报警、调节等功能。

而采用电位差计零位测量来测输出电势，避免了负载效应。当被测电热 $E_{AB}(T, T_O)$ 与已知标准电势进行比较，当差值为零时，则被测电势等于已知标准电势。由于回路中无电流，故电位差计的准确度高。

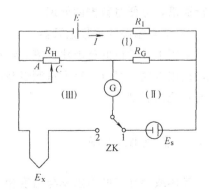

图 3-10 电位差计原理图

1) 手动电位差计

图 3-10 为其原理图,它由三个相互连接的电路Ⅰ、Ⅱ、Ⅲ组成,电路Ⅰ是工作电路,由直流电源 E、调节工作电流的可变电阻 R_1、标准固定电阻 R_G 与测量电阻 R_H 组成。电路Ⅱ是标准电池校正电路,除标准电阻 R_G 外,还有标准电池 E_s(一般为汞镉标准电池,在 20℃时产生电动势 E_s=1.0186V)、切断开关 ZK 和高灵敏度小灵敏限的检流计 G。电路Ⅲ为测量回路,除测量(读数)电阻 R_H、切换开头 ZK 和检流计 G 外,还有外接入的热电偶 E_{xo} 当切换开关合向测量位置 2 时,使热电偶测量电路Ⅲ成回路,调节测量电阻 R_H 的可动触点 C,改变测量电阻阻值,当检流计 G 指针指零时,此时,测量电阻的电阻值为 R',其上的电压降等于热电偶产生的热电势 E_x。

$$E_x = IR' = \frac{E_s}{R_G} \cdot R' \tag{3-19}$$

标准电池 E_s 与标准固定电阻 R_G 均为已知固定值,热电偶热电势 E_x 仅与 R' 有关,因此,测量电阻 R_H 上的标尺 C 的读数,可直接标出其毫伏数。手动电位差计多用于实验室中,冷端补偿可采用冰浴法或计算法。

2) 自动电位差计

电位差计在测量未知电势 E_x 时,若用放大器代替检流计 G,用可逆电机及一套机构代替手工操作,则可自动地连续指示,记录被测量温度。

(3) 数字式显示仪表

动圈式显示仪表和电位差计显示仪表均为模拟量显示,显示速度缓慢,机构复杂。随着数字逻辑和集成电路的发展,出现了显示直观、反应速度快、精度高等优点的数字式显示仪表。

1) 温度与热流巡回检测议

采用了新型单片机系统,仪器前级使用了高稳定、低漂移、低噪声的放大器,确保了测量精度;相应的软件使仪器的精度和使用功能有了提高和扩充。

仪器可测量多路信号,有 30 路、60 路、100 路等。测量范围−50～100℃,分辨率:0.1℃,不稳定度:=±0.5℃。

仪器可选择定点显示和巡回显示两种方式,可以自动储存数据,可以和微机进行通讯,方便对数据的处理。

2) 单点温湿度采集记录器

采用单片微机的智能化仪表,结构简单,体积小,测量精度高,抗干扰能力强,使用方便,可以储存大量测量数据,可以和微机进行通讯。性能大大优于双金属自记式温度计。

3.5 热电阻测温计

导体或半导体的电阻率与温度相关,利用此特性制成电阻温度传感器,又与测量电阻值的仪表组成热电阻温度计。

3.5.1 热电阻特性

几乎所有金属与半导体均有随温度变化而其阻值变化的性质,作为测温元件必须满足下列条件:

(1) 电阻温度系数 a 应大,多数金属热电阻随湿温度升高一度(K)其阻值约增加 0.35%~6%,而负温度系数的热敏电阻却减少 2%~8%,应指出电阻温度系数 a 值并非常数,a 值越大,热电阻灵敏度越高,a 与材料含杂质成分有关,与制造工艺(如拉伸时内应力大小)有关。

(2) 复现性要好,复制性强,互换性好。

(3) 电阻率大,这样,同样电阻值,体积可制得较小,因而热惯性也较小。

(4) 价格便宜,工艺性好。

几种常见热电阻材料的性能可见表 3-7。

几种常用热电阻材料的性能　　　　表 3-7

材料名称	α_0^{100}[①] 1/℃ 电阻湿度系统	比电阻 ρ ($\Omega mm^2/m$)	测温范围 (℃)	电阻丝直径 $d(mm)$	特性	化学稳定性	价格
铂 Pt	$3.8 \sim 3.9 \times 10^{-3}$	0.0981	$-200 \sim 500$	$0.05 \sim 0.07$	近线性	在氧化性介质中稳定	贵
铜 Cu	$43 \sim 44 \times 10^{-3}$	0.017	$-50 \sim 50$	0.1	线性	超过 100℃ 易氧化	廉
铁 Fe	$6.5 \sim 6.6 \times 10^{-3}$	0.10	$-50 \sim 150$	0.05	非线性	特别易氧化不易提纯	中等
镍 Ni	$6.3 \sim 6.7 \times 10^{-3}$	0.12	$-50 \sim 100$	0.05	线性较差	较稳定	中等

① α_0^{100} 表示 0~100℃ 之间的平均温度系数,分度号规定了 R_{100}/R_0 之比值来限制其纯度。

3.5.2 常用热电阻

(1) 铂电阻

铂热电阻是一种国际公认的成熟产品,它性能稳定、重复性好、精度高,所以在工业用温度传感器中得到了广泛应用。它的测温范围一般为 $-200 \sim 650℃$。铂热电阻的阻值与温度之间的关系近似线性,其特性方程为:当温度 t 为 $-200℃ \leqslant t \leqslant 0℃$ 时:

$$R_t = R_0[1 + At + Bt^2 + Ct^3(t-100)] \tag{3-20}$$

当温度 t 为 $0℃ \leqslant t \leqslant 650℃$ 时:

$$R_t = R_0(1 + At + Bt^2)$$

式中　R_t——铂热电阻在 $t℃$ 时的电阻值;
　　　R_0——铂热电阻在 t_0 时的电阻值;
　　　A——系数(3.96547×10^{-3} 1/℃);
　　　B——系数(-5.847×10^{-7} 1/℃);
　　　C——系数(-4.22×10^{-12} 1/℃)。

(2) 铜热电阻

由于铂是贵重金属,因此,在一些测量精度要求不高且温度较低的场合,普遍采用铜热电阻进行温度测量,它的测量范围一般为 $-50 \sim 150℃$。

在使用温度范围内,铜热电阻的特性方程为

$$R_t = R_0[1+\alpha t] \tag{3-21}$$

式中　α——温度系数,铜一般为 $4.25\times10^{-3}/℃\sim4.28\times10^{-3}/℃$。

铜热电阻的工艺性好,价格便宜,但它易氧化,不适于在腐蚀性介质或高温下工作。

(3) 镍热电阻

镍热电阻的电阻温度系数 a 较铂大,约为铂的 1.5 倍,使用温度范围为 $-50\sim300℃$。但是,温度在 200℃ 左右时,具有特异点,故多用于 150℃ 以下。它的电阻与温度的关系式为:

$$R_t = 100 + 0.5485t + 0.665\times10^{-3}t^2 + 2.805\times10^{-9}t^4 \tag{3-22}$$

上述三种热电阻均是标准化的热电阻温度计,其中铂热电阻还可用来制造精密的标准热电阻,而铜和镍只作为工业用热电阻。

(4) 半导体热敏电阻

利用金属导体制成的热电阻有正的温度系数,即电阻值随温度的升高而增加。而半导体有负的温度系数,半导体热敏电阻就是利用其电阻值随温度升高而减小的特性来制作感温元件的。它的测温范围一般为 $-40\sim350℃$,在许多场合已经取代传统的温度传感器。热敏电阻的灵敏度高。它的电阻温度系数 a 较金属热电阻大 $10\sim100$ 倍,因此,可采用精度较低的显示仪表。

热敏电阻的温度系数 a 与温度成反比关系,即

$$a = -(\beta/T^2) \tag{3-23}$$

热敏电阻的电阻值高。它的电阻值较铂热电阻高 $1\sim4$ 个数量级,其与温度的关系不是线性的,可用下列经验公式表示:

$$R_T = Ae^{B/T} \tag{3-24}$$

式中　T——温度 (K);

　　　R_T——温度 T 时的电阻值 (Ω);

　　　e——自然对数的底;

　　　A、B——决定于热敏电阻材料和结构常数,A 的量纲为电阻,B 的量纲为温度。

图 3-11 所示为半导体热敏电阻的温度特性,这是一条指数曲线。

热敏电阻的体积小,热惯性也小,结构简单,根据需要可制成各种形状。目前最小珠状热敏电阻可达 $\phi0.2mm$,常用来测点温。

热敏电阻的资源丰富、价格低廉,化学稳定性好,元件表面用玻璃等陶瓷材料封装,可用于环境较恶劣的场合。有效地

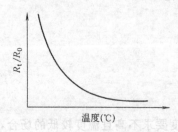

图 3-11　半导体热敏电阻温度特性曲线

利用这些特点，可研制出灵敏度高、响应速度快、使用方便的温度计。

半导体热敏电阻常用的材料由铁、镍、锰、钴、钼、钛、镁等复合氧化物高温烧结而成。

热敏电阻的主要缺点是其阻值与温度的关系呈非线性。元件的稳定性及互换性较差。而且，除高温热敏电阻外，不能用于 350℃ 以上的高温。

3.5.3 热电阻校验

热电阻在使用之前和使用之中应定期进行校验，以检查和确定热电阻的准确度。常用校验方法有两种。

（1）比较法

将标准水银温度计或标准铂电阻温度计与被校电阻温度计一起插入恒温槽中，在需要的或规定的几个稳定温度下读取标准温度计和被校温度计的示值并进行比较，其偏差不能超过被校温度计的最大允许误差。

（2）两点法

比较法虽然可用调整恒温器温度的办法对温度计刻度值逐个进行比较校验，但所用的恒温器一般实验实多不具备。因此，工业电阻温度计可用两点法进行校验，即只校验 R_0 与 R_{100}/R_0 两个参数。这种校验方法只需具有冰点槽和水沸点槽，分别在这两个恒温槽中测得被校验电阻温度计的电阻 R_0 和 R_{100}，然后检查 R_0 值和 R_{100}/R_0 的比值是否满足技术数据指标，以确定温度计是否合格。

3.5.4 热电阻温度计误差分析

热电阻温度计误差来源为：

（1）分度误差

与热电偶一样，由于热电阻材料纯度与工艺的差异而形成的分度值与标准值不完全相符而产生的分度误差。

（2）电流通过电阻时产生的附加温度误差

由于热电阻为外加电源，并有电流流过热电阻，产生 I^2R 功率转化的热量，如散热条件差，尤其当电流数值较大时，则热电阻温度升高而产生附加误差。我国工业上使用的热电阻，限制其通过热电阻的最大电流不得超过 6mA，所产生的误差小于 0.1℃。

（3）动态误差

由于热电阻（尤其是金属热电阻）体积大，热容量大，因而其动态误差比热电偶大，故测静态值时，要稳定后再读数。

（4）线路接线阻值受温度的影响

由于是测量电阻变化以达到测温，故此，测量线路的阻值变化直接影响测量精度。为消除线路中接线阻值受温度的影响，通常在测量线路中采用三线制或四线制的接线方法。

（5）显示仪表的误差

3.5.5 热电阻的选用原则

（1）测温范围

应以经常测定的温度值和温度变化范围，正确选用热电阻的测量范围。

(2) 测温准确度

应明确要求，恰当地选择测量的准确度，不要盲目追求高准确度，因为准确度愈高，热电阻的价格越贵。应选择既满足测量要求、准确度又适宜的热电阻。

(3) 测温环境

应明确测量场所的化学因素、机械因素以及电磁场的干扰等，这对正确合理选用热电阻种类和保护套管材料、形状及尺寸十分有用。在500℃以下一般采用金属保护套管。

(4) 成本

在满足测量准确度和使用寿命的情况下，成本愈低愈好。

3.6 非接触测温

非接触式测温目前主要是使用辐射式温度计。

3.6.1 辐射式测温特性及分类

辐射式温度计是根据被测物体或介质的热辐射强度来显示被测对象表面温度的仪表。

(1) 辐射式测温特性

这种测温方法的特点是，感温元件不与被测介质接触，因而不破坏被测对象的温度场，也不受介质化学腐蚀等影响。由于感温元件不与被测介质达到热平衡，其温度可以大大低于被测介质温度，因此，从理论上说，这种测温方法的测温上限不受限制。辐射式测温的动态性能很好，适于测量处于运动状态的对象的温度和变化着的温度。

(2) 分类

辐射式温度计可分两类：

1) 光学辐射式高温计

包括单色光学高温计，光电高温计，全辐射高温计，比色高温计等。

2) 红外辐射仪

包括全红外辐射仪，单红色辐射仪，比色仪等。

3.6.2 辐射测温的基本原理

物体的热辐射能量与其温度有关。根据普朗克公式，单位面积绝对黑体在半球面方向的光谱辐射出射度 Me 与其波长 λ、温度 T 有如下函数关系：

$$Me = c_1 \lambda^{-5} \left[e^{c_2/(\lambda T)} - 1 \right]^{-1} \tag{3-25}$$

式中 c_1, c_2——普朗克第一、第二辐射常数；

e——自然对数之底。

在波长较短的可见光范围内，温度低于3000K时，普朗克公式可以简化为其误差不大于1%的下列维恩公式：

$$Me = c_1 \lambda^{-5} e^{-c_2/(\lambda T)} \tag{3-26}$$

上列公式中，当波长为 μm、面积为 cm^2、温度为 K 单位时，$c_1 = 3.7413 \times 10^{-12}$ W·cm^2；$c_2 = 1.4388 cm·K$。Me 与 λ 和 T 的关系曲线见图 3-12。

在任意给定温度下，黑体光谱辐射曲线有一个峰值（见图 3-12 中的虚线）。温度增加时，Me 的峰值处向左偏移，峰值处对应的波长 λ_m 与温度 T 间的关系由维恩偏移定律确定，即

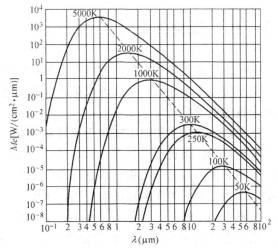

图 3-12 Me 与 λ 和 T 的关系曲线

$$\lambda_m T = 2897.8 \mu m \cdot K \quad (3-27)$$

对单位面积绝对黑体的光谱辐射能量在 $\lambda = 0 \to \infty$ 区间内进行积分，得到全波长辐射能量 M。

$$M = \int_0^\infty Me d\lambda = \sigma T^4 \quad (3-28)$$

式中，σ 为斯忒藩-玻耳兹曼常数，$\sigma = 5.6703 \times 10^{-12} W \cdot cm^{-2} \cdot K^{-4}$。

灰体的辐射出射度 M_A 可由下式表达：

$$M_A = e\sigma T^4 \quad (3-29)$$

式中 ε 为灰体的光谱发射率。一般建筑材料的 ε 随波长变化不太显著，可以近似地看作灰体。

辐射射出度 M 也可以用辐射亮度 L 表示。

$$L = \frac{1}{\pi} m = \frac{1}{\pi} \sigma T^4 \quad (3-30)$$

3.6.3 辐射式测温仪表

(1) 辐射式高温计

辐射式高温计在工业和科研领域广泛使用。可分为光学高温计，光电高温计，全辐射高温计和比色高温计等。其测温范围一般在 400～2000℃。

(2) 红外测温仪

在建筑环境测温范围，用中、高温计不太适合。而红外测温技术则比较适用。

在不太高的温度范围内，物体向外辐射的能量大部分是红外辐射。红外测温仪是根据物体红外辐射来确定物体温度的。为了在低温条件下有检测到足够的光谱辐射能量，这类测温仪的检测波段取得较宽，其检测器的响应波长可选在数微米以至十几微米处。

红外测温仪的测温范围为 -32～3000℃，可分为多段温度区，-32～900℃测温范围，测温精度为 ±1℃ 或 ±1%，响应时间为 275ms，可以存储数据和微机分析与管理，可以进行非接触和接触测温对比。

3.7 红外热像仪测温技术

在任温度高于绝对零度的物体都会发射红外线,且红外线的辐射强度与物体绝对温度的四次方成正比。红外成像技术就是通过测试物体发射红外线的辐射强度来测量温度场的。

红外热成像技术测温方法属于非接触测量,不会影响被测目标的温度分布,对远距离目标、高速运动目标、带电目标、高温目标及其他不可接触目标都适合采用。不必像一般的热电偶、热电阻那样要求与被测目标达到热平衡。由于辐射传播速度为光速,因此测温的响应快,速度仅次于热成像系统自身的响应时间,有些探测器响应时间已达微秒或纳秒级,测温范围从负几十摄氏度到几千摄氏度,灵敏度可达到 0.01℃,空间分辨率高,非常适合温度场的测量,广泛用于测量固体表面温度。

3.7.1 热像仪的工作原理

热像仪是利用红外扫描原理测量物体表面温度分布的。它可以摄取来自被测物体各部分射向仪器的红外辐射通量。利用红外探测器,按顺序直接测量物体各部分发射出的红外辐射通量,综合起来便得到物体发射红外辐射通量的分布图像,这种图像称为热像图。由于热像图本身包含了被测物体的温度信息,也有人称之为温度图。图 3-13 为扫描式热像图。

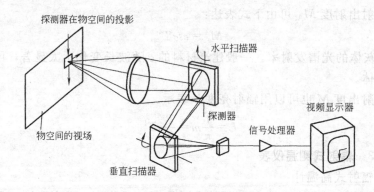

图 3-13 红外热像仪工作原理图

它由光学会聚系统、扫描系统、探测器、视频信号处理器、显示器等几个主要部分组成。目标的辐射图形经光学系统会聚和滤光,聚焦在焦平面上。焦平面内安置一个探测元件。在光学会聚系统与探测器之间有一套光学机械扫描装置,它由两个扫描反射镜组成,一个用作垂直扫描,一个用作水平扫描。从目标入射到探测器上的红外辐射随着扫描镜的转动而移动,按次序扫过物空间的整个视场。在扫描过程中,入射红外辐射使探测器产生响应。一般来说,探测器的响应是电压信号,它与红外辐射的能量成正比,扫描过程使二维的物体辐射图形转换成一维的模拟电压信号序列。该信号经过放大、处理后,由电视屏或监测器显示红外热像图,实现热像显示和温度测量。

3.7.2 热像仪的组成

不同的热像仪，其结构组成是很不相同的，最简单的热像仪只沿一个坐标轴方向扫描，另一维扫描由被测物体本身的移动来实现。这类热像仪只适用于测量运动着或转动着的物体红外辐射的分布。对一般物体，需要进行两维的扫描才能获得被测体的热像图。最近发展起来的热像仪，功能更为全面，不仅可以摄取热像图，而且能够进行热像的分析、记录，可以满足许多热测量问题的需要。

图3-14所示的为基本热像仪系统框图。

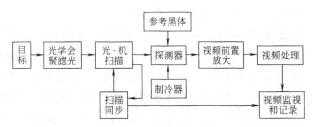

图3-14 基本热像仪系统框图

光机扫描红外成像的系统是通过光机扫描单元探测器依次扫过物体（对象）的各部分，形成物体的二维图像。光机扫描成像的红外探测器在某一瞬间只能看到目标很小的一部分，这一部分通常称为"瞬态视场"。光学系统能够在垂直和水平两个方向上转动。水平转动时，瞬时视场在水平方向上横扫过目标区域的一条带。光学系统垂直转动和水平转动相配合，在瞬时视场水平扫过一条带后，与前一条带相衔接，经过多次水平扫描，完成整个视场扫描，机械运动又使其回到原来的位置，如果探测器的响应足够快，则它对任一瞬间视场都会产生一个与接受到的入射红外辐射强度成正比的输出信号。在整个扫描过程中，探测器的输出将是一个强弱随时间变化，且与各瞬时视场发出的红外辐射强度变化相应的序列电压信号。光机扫描的方式有两种：物扫描和像扫描。

物扫描的扫描机构置于聚焦的光学系统之前，直接对来自物体的辐射进行扫描。由于来自物体的辐射是平行光，所以这种扫描方式又称为平行光束扫描。物扫描有多种光路系统。像扫描机构置于聚焦光学系统和探测器之间，是对成像光束进行扫描。由于这种扫描机构是对汇聚光束进行，所以又称为汇聚光束扫描机构。

焦平面红外热像仪成像仪与光机扫描成像仪的主要区别在于用数组式凝视成像的焦平面代替了原有的光机扫描系统。

凝视成像的焦平面红外热像仪关键技术是探测器由单片集成电路组成，被测目标的整个视野都聚焦在上面，使图像更加清晰，同时具有自动调焦图像冻结、连续放大、具备点温、线温、等温和语音注释图像等功能，仪器采用PC卡，存储容量可高达500幅图像。仪器小巧轻便、使用方便。在性能上大大优于光机扫描式红外热像仪。

热释电红外热成像系统也属于非扫描型的热成像系统，它采用热释电材料作靶面，制成热释电摄像管，直接利用电子束扫描和相应的处理电路将被测物体的温度信号转换成电信号。热释电红外热成像系统的优点是：结构简单，不需要制冷，光谱响应范围可以覆盖整个红外波段，故可测量常温至3570℃的温度范围，其缺点是测温误差较大。

探测器是红外热成像系统的核心部分。物质所发出的总辐射能量是由某一波长范围的单色辐射组成的。在室温环境下，热辐射的中心波长为$10\mu m$，分布范围为$5.5\sim 23\mu m$，200℃左右时，中心波长移至$7\mu m$附近。理论上，只要物体温度高于绝对零度，都可使探测器上产生信号。但实际上，由于材质限制，探测器主要接收$3\sim 12\mu m$区间的红外线，由于$5\sim 8\mu m$是水的主要吸收波段，因此常采用$3\sim 5\mu m$或$8\sim 12\mu m$两种波段作为分析光源。

常见的红外线热像仪探测器种类有室温和非室温两种。非室温探测器包括$3\sim 5\mu m$波段的硅化铂、汞镉碲及$8\sim 12\mu m$波段的汞镉碲及量子井红外线光侦检器等。非室温探测器需在低温下工作，才能避免电子常温跃迁所造成的噪声。为此需以致冷器降温；同时，为避免探测器感应热辐射时因热传导造成热损失，热像仪探测器需置于真空容器内（杜瓦瓶），探测器、杜瓦瓶及致冷器所组成的感应组件称为热像仪的发动机或光电模块。室温探测器主要感应$8\sim 12\mu m$波段，以电阻式与压电感应式为主，探测器不需在低温下操作，不需致冷器。

一般商用热像仪最常用的探测器规格为$320mm\times 240mm$或$256mm\times 256mm$，可用总像素超过70000以上。非室温探测器的像素大小多为$30\mu m$，室温探测器一般以$50\mu m$为主。室温探测器的发展方向是在进一步减小像素面积的同时保持可接受解析温差。

3.7.3 使用效果的影响因素

(1) 被测物体发射率对测温的影响

红外热像仪是通过测量在一定波长范围内物体表面的辐射能量，再换算成温度的。但是，物体表面的辐射能量不仅由表面温度决定，还受表面发射率影响。为了解决被测物体发射率对测温的影响，在红外热成像系统中都设置了发射率设定功能，只要事先知道被测物体的发射率，并在测温系统中予以设定，便可得到正确的温度测量结果。因此为获得物体表面准确的真实温度，需要预先确定被测表面的发射率。

(2) 背景对测温的影响

红外热成像仪的探测器不仅接受被测物体表面发射的辐射能，还可能接受周围环境经被测物体表面反射和透过被测物体的辐射能。后两部分的辐射会直接影响到测温的准确度。因此，当被测物体表面发射率低，背景温度高，而被测温度又和背景温度相差不大时，就会引起很大的测温误差。为了消除背景温度对测温的影响，红外热成像仪通常系统采取了两种背景温度补偿方法：

1) 以背景温度不变为前提，只要知道背景温度，对背景温度的变化取平均值，通过系统软件的计算，即可得到正确的测量值。这种补偿只适于背景温度变化不大的情况。

2) 实时补偿，当背景温度随时间变化很大、很快时，使用另外一个专门测量背景温度的传感器，再通过软件进行实时补偿。

(3) 大气对测温的影响

被测物体辐射的能量必须通过大气才能到达红外热成像仪。由于大气中某些成分对红外辐射的吸收作用，会减弱由被测物体到探测器的红外辐射，引超测量误差；另外大气本身的发射率也将对测量产生影响。为此，除了充分利用"大气窗口"以减少大气对辐射能的吸收外，还应根据辐射能在气体中的衰减规律，在热成像仪的计算软件中对大气的影响予以修正。

(4) 工作波长的选择

在用红外热成像仪测量物体表面温度时，选择工作波长是非常重要的。选择工作波长的依据是：测量的温度范围、被测物体的发射率、大气传输的影响。依据温度范围选择工作波长时，高温测量一般选用短波，低温测量选择长波，中温测量波长选择介于二者之间。对于发射率既随温度变化又随波长变化的物体，其工作波段的选择不能只依据温度范围，而主要依据发射率的波长的变化。例如高分子塑料在 $3.43\mu m$ 或 $7.9\mu m$ 处、玻璃在 $5\mu m$ 处、只含 CO_2 和 NO_x 的清洁火焰在 $4.5\mu m$ 处均有较大的发射率。为了测量这些对象的温度，就要选用这些具有大发射率的波段。为了减少辐射在大气中的衰减，工作波段应选择大气窗口，特别是对长距离的测量，如从卫星内探测地面辐射的遥感更是如此。当然对一些特殊场合，如测量现场含有大量的水蒸气，则工作波段应特别避开水蒸气的几个吸收波段。

3.8 用全息干涉技术测量温度场

激光全息摄影是近几年发展起来的一种非接触式测量技术，它是根据物理光学的原理，利用光波的干涉现象，在底片上同时记录下被测物体反射光波或透过被测物体光波的振幅和位相，即把被测物体光波的全部信息都记录下来。这个记录的过程叫做拍摄全息图像的过程。再经显影和定影处理后成为可以保存的全息底片。然后根据光的衍射原理，用拍摄时的相干光去照射底片，就会再现出物体的空间立体图像，这个过程叫做再现物像过程。因为全息摄影提供的图像，能够显示更多的信息和更大的景深，可以提供更大的视角和更大的观察范围，故在热工参数场（如流动场、温度场、浓度场等）的测量中有着重要应用前景。

全息摄影术的基本原理：全息摄影包括两步记录和再现。全息记录过程是：把激光束分成两束；一束激光直接投射在感光底片上，称为参考光束；另一束激光投射在物体上，经物体反射或者透射，就携带有物体的有关信息，称为物光束。物光束经过处理也投射在感光底片的同一区域上，在感光底片上，物光束与参考光束发生相干叠加，形成干涉条纹，这就完成了一张全息图。全息再现的方法是：用一束激光照射全息图，这束激光的频率和传输方向应该与参考光束完全一样，于是就可以再现物体的立体图像。人从不同角度看，可看到物体不同的侧面，就好像看到真实的物体一样。

如图 3-15 所示，激光光源 1 发出单色平行光，经分光镜 2 分成相等的两束，其中一束经反光镜 3、扩束镜 4、准直镜 5 作为物光透过被测物体 6 而达全息底片 7，另一束经反射镜 8、扩束镜 9、准直镜 10 作为参考光抵达全息底片 7。两束相干光在底片上产生干涉,形成干涉,形成干涉图样,于是记录下了物光相对于参考光在底片处振幅和相位的变化。

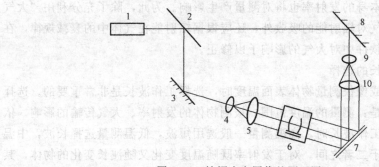

图 3-15 拍摄全息图像的原理图

4 其他热工参数测量

4.1 湿度测量

4.1.1 湿度测量概述

(1) 空气湿度的表示

湿度表示空气的干湿程度，是表示空气中水蒸气含量多少的尺度。常用的表示空气湿度的方法有：绝对湿度、相对湿度、含湿量三种，使用范围各异。

1) 绝对湿度

定义是每立方米湿空气（或其他气体）中，在标准状态下（0℃，760mmHg）所含水蒸气的重量，即湿空气中的水蒸气的密度。绝对湿度一般用 f 表示，单位为 g/m^3；饱和状态下的绝对湿度则用饱和蒸汽 f_{max}（g/m^3）表示。

2) 相对湿度

在一定温度和一定大气压下，湿空气的绝对湿度 f 与同温同压下饱和蒸汽量 f_{max} 的百分比，称为空气的相对湿度。相对湿度一般用 φ（%）表示，即

$$\varphi = \frac{f}{f_{max}} \times 100\% \tag{4-1}$$

水蒸气的分压力 P 主要取决于空气的绝对湿度 f，同时也与空气的绝对温度有关，一般用下式近似表示：

$$P = 0.461 T f \tag{4-2}$$

式中 f——绝对湿度（g/m^3）；

T——对应的空气绝对温度（K）。

但是在建筑热工计算中，涉及的气温变化范围不大，为了方便可以近似地认为 P 与 f 成正比例，同样也认为饱和水蒸汽分压力 P_s 与 f_{max} 成正比例，这样也可能用下式表示相对湿度。

$$\varphi = \frac{P}{P_s} \times 100\% \tag{4-3}$$

式中 P——空气中水蒸汽分压力（Pa）；

P_s——饱和水蒸汽分压力（Pa）。

3) 含湿量

所谓含湿量就是湿空气中，每千克干空气所有含有的水蒸气量 d，可表示为

$$d = 1000 \frac{m_s}{m_w} \tag{4-4}$$

式中　d——含湿量（g/kg）；
　　　m_s——湿空气中水蒸气的质量（kg）；
　　　m_w——湿空气中干空气的质量（kg）。

按理想气体的状态方程

$$m = \frac{PV}{RT}$$

可得：

$$d = 622 \frac{p}{p_w} \tag{4-5}$$

式中　P_w——湿空气中干空气分压力（Pa）。

由式（4-5）可看出，当大气压力一定时，相应于每一个 P 有一个确定的 d 值，即湿空气的含湿量与水蒸气的分压力互为函数，所以，d 和 P 是同一性质的参数，再加上干球温度或湿球温度参数，就可以确定湿空气的状态。

(2) 空气湿度的测量方法

目前，空气湿度测量最常用的方法有三种：干湿球温度测量法、露点测量法和吸湿测量法。

4.1.2　干湿球温度检测

(1) 干湿球温度测量空气湿度的检测原理

干湿球温度检测是根据干湿球温度差效应原理进行湿度测量，即指潮湿物体表面的水分蒸发而冷却的效应，其冷却的程度取决于周围空气的相对湿度 φ、大气压力 B 以及风速 v 等因素。如果大气压力 B 和风速 v 保持不变，空气的相对湿度 φ 愈高，潮湿物体表面的水分蒸发强度愈小，潮湿物体表面温度（即湿球温度 θ_s）与周围环境温度（即空气干球湿度 θ_w）差就愈小；反之，空气的相对湿度 φ 愈低，潮湿物体表面的水分蒸发强度愈大，干、湿球温差就愈大。因此，只要测量空气的干、湿球温度 θ_w、θ_s，就可以在 i-d 图中查出 φ，或者根据干球湿度 θ_w 和干、湿球温差 $\theta_w - \theta_s$，从"通风干湿表用相对湿度表"中查出相对湿度 φ。此表 $B = 760 \text{mmHg}$，$v = 2.5 \text{m/s}$。

(2) 普通干湿球温度计

1）组成与原理

普通干湿球温度计是由两支相同温度计组成，其中一支温度计感温包部包有湿纱布，纱布下端浸入盛水的小杯中，见图 4-1。干湿球温度计安置在同一支架上。

当空气相对湿度 $\varphi < 100\%$ 时，湿球温度计感温包部湿纱布表面上水分蒸发，带走一部分热量，湿球温度降低，低于干球温度计的读数。这个过程一直到湿纱布表面上水分蒸发量和空气中水蒸气在湿纱布表面凝结量相等，达到动态平衡时，湿球温度也达到稳定。此时就可以进行读数。根据干球湿度 t 和湿球温

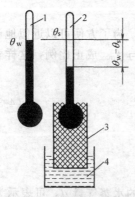

图 4-1　干湿球温度计
1—干球温度计；2—湿球温度计
3—纱布包；4—水

度 t_w 可以查表得相对度 φ。也可以按下式计算：

$$\varphi = \frac{P_{ws} - A(t - t_w)P_B}{P_s} \quad (4-6)$$

式中 P_{ws}——湿球温度 t_w 时的饱和水蒸汽压力（Pa）；
P_s——干球湿球 t 时的饱和水蒸汽压力（Pa）；
A——干湿球湿度计常数；
P_B——大气压力（Pa）；
t、t_w——干、湿度温度（℃）。

这种干湿球温度计结构简单，价格便宜，使用方便，但测量精度较低（其误差值约为1%～2%），特别是周围空气流动速度变化较大和有热辐射干扰时，造成 A 值变化对测量结果影响甚大。而当风速 v 大于 2～5m/s，A 值近似为常数，可减小误差。当低于冰点温度使用时，其误差可达18%。

2）使用

干湿球温度计要悬挂在室内通风良好、离地面1.5m高度的地方，读数前要注意观察纱布的湿润情况，湿球上的纱布必须经常保持湿润，如水分不足，应及时加水。读数时也要遵守前面已经提到的有关温度计读数的有关规定。为了获得准确的测量数据，防止误差，每项测量要重复进行三次观测，每次观测的间隔时间隔为10～15min，要求温度计读数的分度值小于0.5℃。

（3）通风干湿球温度计

1）仪器的构造

通风干湿球度计又叫阿斯曼温度计。它的测湿原理与上述的干湿球温度计的测湿原理基本相同，但它的构造更为合理，改进了普通干湿球温度计测温时气流速度不够稳定的缺陷，因而测量所得结果精确度较高。其外形与构造如图4-2所示。

它由两支规格相同的水银温度计固定在一个特制的支架上，为了防止辐射热的影响，在温度计的感温包处盖有镀镍磨光的防热辐射片加以防护，温度计的上部有一通风器，用发条或微型电机带动风扇叶片，通风器开动时能够保证气流导管中的风速为2m/s左右，气流由感温包导管1进入，再由导管4排出。

两支水银温度计中的一支，其感温包处扎有棉纱布，并用蒸馏水加以润湿，称为湿球，另一支称为干球。当开启通风器后，两支温度计球部的套管中都有自下而上的流速约为2m/s的气流通过，气流使湿球上的水分蒸发，带走热量使湿球温度降低，湿度低的程度与空气湿度有固定的关系。跟前面介绍的普通干湿球温度计一样，算出干、湿球温度的差值，就可以利用图表查出空气的相对湿度 φ 值。

2）仪器的使用

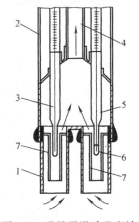

图4-2 通风干湿球温度计
1—吸入管保护套；2—温度计护壳；3—干球水银温度计；4—通风导管；5—湿球水银温度计；6—棉纱；7—吸气管

4 其他热工参数测量

通风干、湿球温度计可用于同时测量空气温度和相对湿度。观察前要先把仪器挂好，仪器悬挂时距地面的高度要视观察目的而定，如无特殊要求可挂在距地面高为 1.5m 处，悬挂地点要避风和不受其他辐射热源的影响。读数前 4～5min 用滴管加水润湿湿球纱布，然后把发条上好。若测试地点风速大于 3m/s，应将挡风套套在风扇外壳的迎风面上，避免风扇吸入气流。通风器启动运转后，等待 2～4min 便可从干、湿球温度表上读数，读数的顺序仍然要先读小数，后读整数。

为了提高测量精度，防止仪器本身的温度与被测地环境温度的不一致而导致测量误差，一般应提前 15～20min 将测量仪器放置在观测地点，使仪器温度与测量地点的环境温度趋于一致。

当气温低于零度时，为使温度表充分感应外界温度情况，应于观测前半小时将仪器放置到观测地点并润湿纱布，并上好发条。然后在观测前 4min 再通风一次，但不再润湿纱布。

(4) 干湿球电信号传感器与温度计

干湿球电信号传感器是一种将湿度参数转换成电信号的仪表，它和干湿球温度计的作用原理相同。主要差别是干球和湿球玻璃水银温度计用两支微型套管式镍电阻温度计（或其他电阻温度计）所代替。另外增加一个微型轴流通风机，以便在镍电阻周围造成一恒定风速的气流，此恒定气流速度一般为 2.5m/s 以上，因为干湿球在测定相对湿度时，受周围空气流动速度的影响，风速在 2.5m/s 以下时影响较大，当空气流速大于 2.5m/s 后对测量的数值影响较小。因此，干湿球电信号传感器增加了电动通风装置，可以减小空气流速对测量的影响。同时，也由于在镍电阻周围增加了气流速度，使热湿交换速度增加，因而减小了仪表的时间常数。

干湿球电信号传感器的测量桥路原理图如图 4-3 所示。

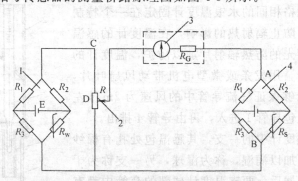

图 4-3 干湿球电信号传感器测量桥路原理图
1—干球温度测量桥路；2—补偿可变电阻；3—检流计；4—湿球温度测量桥路

测量时，靠手动或自动平衡仪表，调节 R 使双电桥处于平衡状态，即检流计 3 中无电流通过，此时根据 R 上的指针可读出相对的湿度值。

4.1.3 露点法湿度测量

(1) 测量原理

露点法测量相对湿度的基本原理为：先测定露点温度 T_d，然后确定对应于

T_d 的饱和水蒸气压力 P_d。显然，P_d 即为被测空气的水蒸气分压力 P，根据式 (4-3)，可用下式求出空气的相对湿度 φ：

$$\varphi = \frac{P_d}{P_s} \times 100\% \tag{4-7}$$

式中　P_d——对应被测湿空气露点湿度 T_d 的饱和水蒸气压力（Pa）；
　　　P_s——空气温度所对应的饱和水蒸气压力（Pa）。

露点温度是指被测湿空气冷却到水蒸气达到饱和状态并开始凝结出水分的对应温度。露点温度的测定方法是，先把一物体表面加以冷却，一直冷却到与该表面相邻近的空气层中的水蒸气开始在表面上凝集成水分为止。开始凝集水分的瞬间，其邻近空气层的温度，即为被测空气的露点温度。所以保证露点法测量湿度精确度的关键，是如何精确地测定水蒸气开始凝结的瞬间空气温度。用于直接测量露点的仪表有经典的露点湿度计与光电式露点湿度计等。

(2) 露点湿度计

露点湿度计主要由一个镀镍的黄铜盒3，盒中插着一支温度计2和一个鼓气橡皮球等组成，如图4-4所示。

测量时在黄铜盒中注入乙醚溶液，然后用橡皮鼓气球将空气打入黄铜盒中，并由另一管口排出，使乙醚得到较快的速度蒸发，当乙醚蒸发时即吸收了乙醚自身热量使温度降低，当空气中水蒸气开始在镀镍黄铜盒外表面凝结时，插入盒中的温度计读数就是空气的露点温度。测出露点温度以后，再从水蒸气表中查出露点温度的水蒸气饱和压力 P_d 和干球温度下饱和水蒸气的压力 P_s，根据式4-7就能算出空气的相对湿度。这种湿度计主要的缺点是，当冷却表面上出现露珠的瞬间，需立即测定表面温度。但一般不易测准，而容易造成较大的测量误差。

(3) 光电式露点湿度计

光电式露点湿度计是使用光电原理直接测量气体露点温度的一种电测法湿度计。它的测量准确度

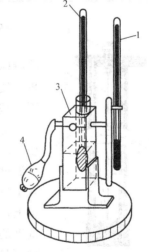

图 4-4　露点湿度计
1—干球温度计；2—露点温度计；
3—镀镍铜盒；4—橡皮鼓气球

高，而且可靠，适用范围广，尤其是对低湿与低湿状态，更宜使用。光电式露点湿度计测定气体露点温度的原理与上述露点湿度计相同。

光电式露点湿度计要有一个高度光洁的露点镜面以及高精度的光学与热电制冷调节系统，这样的冷却与控制系统可以保证露点镜面上的温度值在±0.05℃的误差范围内。

测量范围广与测量误差小是对测量仪表的两个基本要求。一个特殊设计的光电式露点湿度计的露点测量范围为－40～100℃。典型的光电式露点湿度计露点镜面可以冷却到比环境温度低50℃。最低的露点温度能测到1%～2%的相对湿度。光电式露点湿度计不但测量精度高，而且还可测量高压、低温、低湿气体的

4 其他热工参数测量

相对湿度。但采样气体不得含有烟尘、油脂等污染物，否则会直接影响测量精度。

4.1.4 吸湿法湿度测量

它是利用某些有机与无机材料或半导体陶瓷材料的含湿量、潮解或表面吸附湿度随空气含湿量变化后，其某种物理性能（如电阻值、介电常数、或几何形状及尺寸）将随之发生变化。根据这些物理参数的变化，可确定空气的湿度。这类测湿仪器结构简单，操作方便，是目前较常采用的湿度测量方法。

(1) 毛发温度计

经过脱脂处理后的人发，其长度会随环境中的相对湿度变化而伸缩，相对湿度由零变化到100%时，毛发的总延伸量达2.5%总长度。通过实验可得出表4-1。

相对湿度与毛发伸长的对应关系　　表 4-1

相对湿度	0	10	30	40	50	60	70	80	90
占总伸长量的比例	0	20.9	52.8	63.7	72.2	79	85.2	90.5	95.4

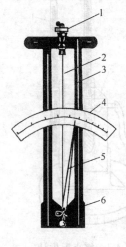

图 4-5　毛发湿度计
1—调整螺钉；2—毛发；
3—支架；4—刻度尺；
5—指针；6—平衡器

按上面实验结果制出如图4-5所示的毛发湿度计，刻度上相应标出 φ 值，即为毛发湿度计。除毛发外，尚可用将特殊尼龙薄膜作为湿度感受元件。毛发湿度计其结构简单，使用方便，但稳定性较差，并需经常校正，使用温度不能超过70℃。

毛发湿度计也可以做成自记式的，这类自记式毛发湿度计除了感应部分外，其余传送、放大和记录部分与自记式温度计相类似。实际上，现在的自记式温湿度计就是把双金属自记式温度计和自记式毛发湿度计安置在同一台仪器上，它们可以自动记录一天或一周空气温度与空气相对湿度的变化。仪器的温度测量范围为-35~60℃，相对湿度测量范围为50%~100%，分度值为1%，最大允许误差为±6%。

(2) 氯化锂电阻湿度传感器

氯化锂（LiCl）是一种在大气中不分解、不挥发，也不变质，而具有稳定离子型的无机盐类。其吸湿量与空气的相对湿度成一定函数关系，随着空气相对湿度的增减变化，氯化锂吸湿量也随之变化。只有当它的蒸气压等于周围空气的水蒸气分压力时才处于平衡状态。因此，随着空气相对湿度的增加，氯化锂的吸湿量也随之增加，从而使氯化锂中导电的离子数也随之增加，最后导致它的电阻减小。当氯化锂的蒸气压高于空气中水蒸气分压力时，氯化锂放出水分，导致电阻增大。氯化锂电阻湿度传感器就是根据这个原理制成的。

氯化锂电阻湿度传感器分梳状和柱状两种形式，每一传感器的测量范围较窄，一般为15%~20%RH，故测量中应按测量范围要求，选用相应的的量程。

为扩大测量范围，该类传感器通常采用多片组合的方式。

传感器使用交流电桥测量其阻值，不允许用直流电源，以防氯化锂溶液发生电解。最高使用温度为55℃，当大于55℃时，氯化锂溶液将蒸发。使用环境应保持空气清洁，无粉尘、纤维等。

新型的氯化锂湿度传感器的湿度测量范围可达15%～95%，工作温度范围为5～50℃，测量精度为±2%，响应时间为10s。

(3) 高分子湿度传感器

这种感器基本上是一个电容器，在高分子薄膜上的电极是很薄的金属微孔蒸发膜，水分子可通过两端的电极被高分子薄膜吸附或释放。随着这种水分子吸附或释放，高分子薄膜的介电系数将发生相应的变化。这样由于高分子薄膜介电系数随空气中的相对湿度变化而变化，所以只要测定电容C就可测得相对湿度。

(4) 金属氧化物陶瓷湿度传感器

金属氧化物陶瓷湿度感器是由金属氧化物多孔性陶瓷烧结而成。烧结体上有微细孔，可使湿敏层吸附或释放水分子，造成其电阻值的改变。利用多孔陶瓷构成的这种湿度传感器，具有工作范围宽、稳定性好、寿命长、耐环境变化能力强等特点。由于它们的电阻值与湿度的关系为非线性，而其电阻的对数值与湿度的关系为线性，因此在电路处理上应加入线性化处理单元。另外，由于这类传感器有一定的温度系数，在应用时还需进行温度补偿。

金属氧化物陶瓷湿度传感器是当今湿度传感器的发展方向，近几年世界上许多国家通过各种研究发现了不少能作为电阻型湿敏多孔陶瓷的材料，如LaO_3-TiO_3、SnO_2-Al_2O_3-TiO_2、La_2O_3-TiO_2-V_2O_5、TiO_2-Nb_2O_5、MnO_2-Mn_2O_3等等。

(5) 金属氧化物膜湿度传感器

Cr_2O_3、Fe_2O_3、Fe_3O_4、Al_2O_3、ZnO及TiO_2等金属氧化物的细粉，它们吸附水分后有极快的速干特性，利用这种现象可以研制生产出多种金属氧化物膜湿度传感器。

这类传感器的特点是传感器电阻的对数值与湿度呈线性关系，具有测湿范围及工作温度范围宽的优点，使用寿命在2年以上。这类传感器的湿度测量范围可达0～100%，工作温度-30～150℃，测量精度±4%，响应时间不大于60s。

4.1.5 饱和盐溶液湿度计校正装置

湿度计的标定与校正需要一个维持恒定相对湿度的空间，须用一种可作基准的方法去测定其中的相对湿度，并将欲被校正的仪表放入此空间中进行校订。下面是一种利用饱和盐溶液特性的湿度计校正方法与装置。

水的饱和蒸气压是空气湿度的函数，湿度愈高，饱和蒸气压也愈高。当水中加入盐类后，溶液中水分的蒸发受抑制，而使其饱和蒸气压降低，降低的程度和盐类的浓度有关。当溶液达到饱和后，蒸气压就不再降低，称此值为饱和盐溶液的饱和蒸气压。相同温度下不同盐类饱和溶液的饱和蒸气压是不相等的，例如在26.86℃左右时若干种盐类的饱和蒸气压所对应的空气相对湿度数值见表4-2所列。表中从氯化锂（$LiCl \cdot H_2O$）为$\varphi=11.7\%$，到硝酸钾（$KNO_3 \cdot H_2O$）为$\varphi=$

92.1%，其间的各种盐溶液所对应的相对湿度为每隔10%左右有一档。用盐溶液法校正湿度计设备较简单，盐溶液的饱和度不需测定，只要有两相存在，保持有溶解不完的盐固体即为饱和状态。每种盐溶液决定一种相对湿度，也就可免去测定饱和溶液的浓度。盐溶液要采用纯净蒸馏水与纯净的盐类制备，从低相对湿度用氯化锂溶液直到高相对湿度用硝酸钾溶液进行校正标定。

各种盐类的饱和溶液对应的相对湿度数值表　　　　表 4-2

各种盐类	相对湿度(%)	室内温度(℃)	各种盐类	相对湿度(%)	室内温度(℃)
$LiCl \cdot H_2O$	11.7	26.68	$NaBr \cdot 2H_2O$	57.0	26.67
$KC_2H_3O_2$	22.5	26.57	$NaNO_4$	72.6	26.67
KF	28.5	26.65	$NaCl$	75.3	26.68
$MgCl_2 \cdot 6H_2O$	33.2	26.68	$(NH_4)_2SO_4$	79.5	26.67
$K_2CO_3 \cdot 2H_2O$	43.6	26.67	KNO_4	92.1	26.68
$Na_2CrO_7 \cdot 2H_2O$	52.9	26.67			

应用上述原理制成的饱和盐溶液湿度计校正装置的结构如图4-6所示。校正装置外形为一封闭的长方体金属箱子，分上下两部分。上面为标定室与小室。标定室中安装调节与测定箱内温度用的温度调节器5、温度计6，以及测定露点湿度用的光电式露点温度计13。小室中装有风机7及电加热器8。箱子的下部设有盐溶液玻璃容器2及搅拌器4。箱子的外部还安装有冷却盘管9及保温层10。电加热器与冷却管受温度调节器的控制，用来恒定标定箱体内的空气温度。箱子中间用隔板分割，隔板左右开有两孔使上下两部分相通，这样通过风机作为动力，使箱中的空气按图中所示箭头方向循环流动。风机运转一定时间后，箱中空气的水蒸气分压力将等于该恒定温度下盐溶液的饱和蒸气压，这时可用光电式露点湿

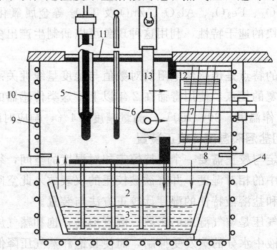

图 4-6　饱和盐溶液湿度计校正装置

1—标定室；2—盐溶液器皿；3—盐溶液；4—搅拌器；
5—温度调节器；6—温度计；7—风机；8—电加热器；
9—冷却盘管；10—保温层；11—盒盖；
12—小室；13—光电式露点温度计

度计测得空气的露点温度，同时根据箱中温度计的读数值，即可求出箱中的相对湿度。而后，装置在标定室中的被校正湿度计即可得到校正与标定。

校正装置的误差与标定的湿度及露点温度有关，露点湿度的测量最小感测量可达 0.01℃，正确度为 0.03℃。一般相对湿度的标定精度可达±1%。

4.2 气流速度测量

流速有线流速和平均流速之分，如未特别声明，通常所说流速常指平均流速。在建筑物理的室内外热工参数测量中，需要进行气流速度，包括风速的测量，以便获得室内和室外风场状况和变化情况的资料。气流速度的测量方法很多，常用的有4种：(1) 机械法；(2) 散热率法；(3) 动力测压法；(4) 激光测速法。

4.2.1 机械方法测量流速

机械方法测量流速是根据置于流体中的叶轮的旋转角速度与流体的流速成正比的原理来进行流速测量的。

机械式风速仪的敏感元件是一个轻型叶轮，分为翼型和杯型。翼型叶轮的叶片为几片扭成一定角度的薄片所组成，杯型叶轮的叶片为半球形叶片。由于气流流动的动压力作用在叶片上，使叶轮产生回转运动，其转速与气流速度成正比。早期的风速仪是将叶轮的转速通过机械传动装置连接到指示或计数设备，以显示其所测风速。现代的风速仪是将叶轮的转速转变为电信号，自动进行显示或记录。

常用的机械式风速仪有翼式与杯式两种（图4-7）。早期的这两种风速仪用于测定15～20m/s 以内的气流速度，不适用于测量脉动的气流，也不能测定气流速度的瞬时值，只能测定延续时间在 0.5～1min 之内流速的平均值。一般翼式风速仪的灵敏度比杯式风速仪高些，杯式风速仪由于其叶轮的机械强度较高，因此风速测量范围的上限比翼式风速仪大。现代的翼式风速仪，测量范围已加宽，可以测定 0.25～30m/s 范围内的气流速度，可测量脉动的气流和速度的最大值、

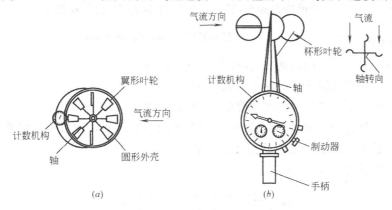

图 4-7 机械式风速仪
(a) 翼式风速仪；(b) 杯式风速仪

4 其他热工参数测量

最小值及平均值。

机械式风速仪可用来测定仪表所在位置的气流速度，也可用于大型管道中气流的速度场，尤其适用于相对湿度较大的气流速度的测定。利用机械式风速仪测定流速时，必须保证风速仪的叶轮全部放置于气流之中，其轮叶片的旋转平面和气流方向之间的偏差，如在±10°角的范围以内，则风速仪的读数误差不大于1％。如偏转角度再增大，将使测量误差急剧增加。

机械式风速仪的风速测量范围的下限较高，不适合测量微风速。

4.2.2 散热率法测量气流速度

散热率法测量流速的原理，是将发热的测速传感器置于被测流体中，利用其散热率与流体流速成比例的性质，通过测定传感器的散热率来得到流体的流速。常用的利用散热率测量流量的仪器有卡他温度计，热线风速仪等。

（1）卡他温度计

室内的空气流速常出现无指向性的微风速，机械式风速仪几乎无法使用，而用卡他温度计来测量则十分有效。1916 年由 L·Hill 设计出来的卡他温度计，当时是作为人体表面放热模型使用的，后来人们就利用它对气流的敏感性而将它作为良好的微风速测定仪来使用。

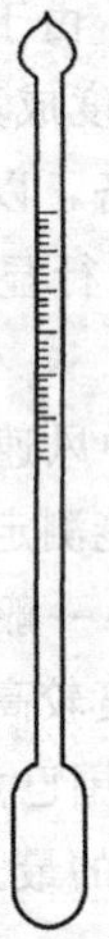

卡他温度计的外形如图 4-8 所示，上部是一玻璃细管，下部为一个茧形的玻璃温包，玻璃管内注入红色酒精，细棒部分有温度刻度。卡他温度表分为低温卡他和高温卡他两种。低温卡他温度计的温度刻度为 35～38℃，适用于测点附近的空气温度在 35℃ 以下的场合；高温卡他温度计的温度刻度为 51.5～54.5℃，适合于测点附近的气温在 35℃ 以上的情况下使用。

卡他温度计不能直接测量气流速度，而是利用仪器周围的气流与仪器壁面进行对流和辐射散热时的热平衡关系。测试过程中要将卡他温度计加热，然后在待测地点冷却，在冷却过程中进行冷却速度的测量，即从上刻度到下刻度所用时间 T，计算出冷却力 H，再根据推荐的经验公式算出气流速度。

图 4-8 卡他温度计

测得冷却速度 T 后，计算冷却力 H 的公式如下：

$$H = F/T \quad \text{cal}/(\text{cm}^2 \cdot \text{sec}) \tag{4-8}$$

式中　H——空气的冷却能力 [$\text{cal}/(\text{cm}^2 \cdot \text{sec})$]；

　　　　F——卡他温度计的温度系数（cal/cm^2）；

　　　　T——冷却过程中温度每降低 3℃ 所需的时间（sec）。

求得空气的冷却力 H 后，按照下面推荐的经验公式，即可算出测点处的气流速度。适用于低温卡他的经验公式如下：

当气流速度 $v \leqslant 1.0\text{m/s}$ 时：

$$v = \left[\frac{H/(36.5-t_a)-0.2}{0.4}\right]^2 \text{m/s} \tag{4-9}$$

当气流速度 $v \geqslant 1.0\text{m/s}$ 时：

$$v=\left[\frac{H/(36.5-t_a)-0.13}{0.47}\right]^2 \text{ m/s} \qquad (4\text{-}10)$$

式中 v——待测定的室内气流速度（m/s）；

H——空气的冷却能力 [cal/(cm² · sec)]；

t_a——测点处的空气温度（℃）。

$36.5-t_a=\Delta t$，Δt 为卡他温度计的表面平均温度 36.5℃ 与周围空气温度的差值。卡他温度计测量室内气流速度的方法和步骤如下：

1) 根据环境气温情况决定选用低温卡他温度计或高温卡他温度计。准备 60~70℃ 热水，一条干毛巾，一只秒表和一支试验用温度计。

2) 用卡他温度计测量空气的冷却时间 T。测量前将卡他温度计的温泡置入盛有 70℃ 热水中，当酒精柱上升到顶部空腔的一半处时，立即取出卡他温度计，将表面的水分用干毛巾擦干，观察酒精柱下降的情况，当柱面下降至上方刻度线时立即启动秒表，再观察柱面下降到下方刻度线时立即停止秒表，读出秒表所走的时间，即为卡他温度计测出的冷却时间 T，将此数记入记录表。

3) 用温度计测出室内的空气温度 t_a。

4) 按前面介绍的式（4-8）、式（4-9）或式（4-10）计算室内的气流速度。

(2) 热线风速仪

热线风速仪分恒电流式和恒温度式两种。把一个通有电流的带热体置入被测气流中，其散热量与气流速度有关，流速越大，对流换热系数越大，带热体单位时间内的散热量就越多。若通过带热体的电流恒定，则带热体所带的热量是一定的。于是带热体温度将随其周围气流速度的提高而降低，根据带热体的温度来测量气流速度，这就是目前普遍使用的恒电流式热线风速仪的工作原理。若要保持带热体温度恒定，则通过带热体的电流势必要随其周围气流速度的增大而增大，根据通过带热体的电流来测风速，这就是恒温度式热线风速仪的工作原理。

图 4-9（a）所示的恒电流式热线风速仪测量电路中，当热线感受的流速为零时，测量电桥处于平衡状态，即检流计指向零点，此时，电流表的读数为 I_0。当热线被放置到流场中后，由于热线与流体之间的热交换，热线的温度下降，相应的阻值 R_w 也随之减小，致使电桥失去平衡，检流计偏离零点。当检流计达到

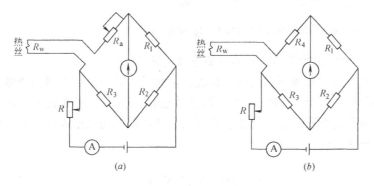

图 4-9 热线风速仪工作原理图
(a) 恒电流式热线风速仪；(b) 恒温度式热线风速仪

稳定状态后，调节与热线串联于同一桥臂上的可变电阻 R_a，直至其增大量等于 R_w 的减小量时，电桥重新恢复平衡，检流计回到零点，电流表也回到原来的读数 I_0（即电流保持不变）。这样，通过测量可变电阻 R_a 的改变量可以得到 R_w 的数值，进而确定被测流速。

图 4-9（b）所示的恒温度式热线风速仪测量电路中，其工作方式与前述恒流式的不同之处在于，当热线因感受气流而出现温度下降时，电阻减小，电桥失去平衡；调节可变电阻 R_a，使 R_a 减小以增加电桥的供电电压，增大电桥的工作电流，即加大热线的加热功率，促使热线温度回升，阻值 R_w 增大，直至电桥重新恢复平衡，从而通过热线电流的变化来确定风速。

在上述两种热线风速仪中，恒电流式热线风速仪是在变温状态下工作的，测头容易老化，使性能不稳定，且热惯性影响测量灵敏度，产生相位滞后。因此，现在的热线风速仪大多采用恒温度式。

热线风速仪的测量范围一般在 0.05~30m/s，适合于室内外风速测量。

4.3 热量的测量

热量与温度一样，是热工学中最基本的物理量。对热量的测量，目前主要采用两种方法，一种是采用热阻式或辐射式热流计测量单位时间内通过单位面积的热量（热流密度），然后求得通过一定面积的热量；另一种方法是采用热量表，测量在一段时间内通过设备（用户）的流体输送的热量。建筑物理实验的热量测量多适用于前者。

为测量建筑物或各种保温材料的传热量及物性参数，常需要测量通过这些物体的热流密度。目前多采用热阻式热流计来测量。热流计由热流传感器和显示仪表组成。

4.3.1 热阻式热流传感器的工作原理

当热流通过平板状的热流传感器时，传感器热阻层上产生温度梯度，根据傅立叶定律可以得到通过热流传感器的热度密度为

$$q = -\lambda \frac{\partial t}{\partial x} \text{ W/m}^2 \tag{4-11}$$

式中 $\frac{\partial t}{\partial x}$——垂直于等温面方向的温度梯度（℃/m）；

λ——热流传感器材料的导热系数 [W/(m·℃)]。

式中负号表示热流方向与温度梯度方向相反。若热流传感器的两侧平行壁面各保持均匀稳定的温度 t 和 $t+\Delta t$，热流传感器的高度与宽度远大于其厚度，则可以认为沿高与宽两个方向温度变化可以忽略不计，而仅沿厚度方向变化，对于一维稳定导热，可将上式写为

$$q = -\lambda \frac{\Delta t}{\Delta x} \text{ W/m}^2 \tag{4-12}$$

式中 Δt——两等温面温差（℃）；

Δx——两等温面之间的距离（m）。

由式（4-12）可知，如果热流传感器材料和几何尺寸确定，那么只要测出热流传感器两侧的温差，即可得到热流密度。

如果用热电偶测量上述温差 Δt，并且所用热电偶在被测温度变化范围内，其热电势与温度成线性关系时，其输出热电势与温差成正比，这样通过热流传感器的热流为

$$q = \frac{\lambda E}{\delta C'} = CE \ \text{W/m}^2 \quad (4\text{-}13)$$

$$E = C' \Delta t \quad (4\text{-}14)$$

$$C = \frac{\lambda}{\delta C'} \quad (4\text{-}15)$$

式中　C——热流传感器系数 [W/(m² · mV)]；
　　　C'——热电偶系数；
　　　δ——热流传感器厚度（m）；
　　　E——热电势（mV）。

C 的物理意义为，当热流传感器有单位热电势输出时，垂直通过它的热流密度。当 λ 和 C' 值不受温度影响为定值时，C 为常数；当温度变化幅度较大，λ 和 C' 不是定值，而是温度的函数时，C 就不是常数，而将是温度的函数。

由式（4-15）可知，当 λ 和 C' 是定值时，δ 越大，C 值越小，即越易于反映出小热流值。因此，根据 δ/λ 值的大小，热流传感器有高热阻型和低热阻型之分。δ/λ 值大的是高热阻型，δ/λ 值小的是低热阻型。对某一固定的 C' 值（即对某一类型的热电偶），高热阻型的 C 值是小于低热阻型的。因此，在所测传热工况非常稳定的情况下，高热阻型热流传感器易于提高测量精度及用于小热流量测量。但是由于高热阻型热流传感器比低热阻型热流传感器热惯性大，这使得热流传感器的反应时间增加。如果在传热工况波动较大的场合测定，就会造成较大的测量误差。

4.3.2　热阻式热流传感器

热流传感器的种类很多，常用的有用于测量平壁面的板式（WYP 型）和用于测量管道的可挠（WYR 型）两种。

图 4-10 是平板热流传感器的结构图。平板热流传感器是由若干块 10mm×100mm 热电堆片镶嵌于一块边框中制成。边框尺寸一般为 130mm×130mm 左右，材料是厚 1mm 左右的环氧树脂玻璃纤维板。热电堆片是由很多对热流传感器，基板为层压板；用于高温下测量的热流传感器，基板为陶瓷片。热电堆可以焊接、电镀、喷涂和电沉积等方法制作。根据热电偶原理可知，总热电势等于各分电势叠加。因此当有微小热流通过热电堆片时，虽然基板两面温差 Δt 很小，但也会产生足够大的热电势，以利于

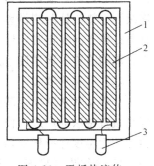

图 4-10　平板热流传感器的结构图
1—边框；2—热电堆片；
3—接线片

显示出热流量的数值，并达到一定的精度。热电堆的引出线相互串联，两端头焊于接线片上，最后在表面贴上涤纶薄膜作为保护层。

热阻式热流传感器能够测量 0 至数万 W/m^2 的热流密度。表面接触式热流计使用温度一般在 200℃ 以内，特殊结构的传感器可以测到 500～700℃。热阻式热流传感器反应时间一般较长。热流传感器的热电势，早期采用电位差计、动圈式毫伏表以及数字式电压表进行测量，然后用标定曲线或经验公式计算出热流密度。目前，成套的热流测试仪表主要有两种：一种为指针式，一种为数字式。随着微机技术的发展，具有数据采集，显示和计算功能的智能型热流计专用仪表也开始得到应用。

4.3.3 热阻式热流传感器的标定

严格地讲，热流传感器系数 C 对于给定的热流传感器不是一个常数，而是工作温度的函数。但对于在常温范围内工作的热流传感器，标定的 C 值实际上可视为仪器常数，对测量不会造成很大误差。但当工作温度远离标定温度时，如不重新标定，就会造成较大测量误差。由式（4-13）可知，为了测定热流传感器系数 C 值，必须建立一个稳定的具有确定方向的一维热流，热流密度的大小可以根据需要给出准确值，垂直于热流方向的平面为等温面，其温度应能根据需要改变。热流传感器的标定方法有多种，常用的标定方法有平板直接法、平板比较法和单向平板法。

(1) 平板直接法

该法标定所需的标准热流是由保护热板式导热仪提供。两个热流传感器分别放在主热板两侧。主加热器所发出的热流均匀垂直地通过热流传感器，热流密度可由下式求得

$$q=\frac{RI^2}{2F} \tag{4-16}$$

式中 q——热流密度（W/m^2）；

R——中心热板的加热电阻（Ω）；

F——中心热板的面积（m^2）；

I——通过加热器的电流（A）。

在标定时，应保证冷、热板之间温差大于 10℃。进入稳态后，每隔 30min 连续测量热流计两测温差、输出电势及热流密度。4 次测量值的偏差小于 1%，且不是单方向变化时，标定结束。在相同温度下，每块热流传感器至少应标定两次，取均值作为该温度下热流传感器标定系数。

(2) 平板比较法

平板比较法的标定装置包括热板、冷板和测量系统。把待测的热流传感器与经平板直接法标定过的作为标准的热流传感器以及绝热材料做成的缓冲块一起，放在表面温度保持稳定均匀的热板和冷板之间。利用标准热流传感器测定的系数 C_1、C_2 和输出电势 E_1、E_2，就可以求出热流密度 q，从而可确定被标定的热流传感器的系数 C。

$$C=\frac{q}{E}=\frac{C_1 E_1+C_2 E_2}{2E} \ W/(m^2 \cdot mV) \tag{4-17}$$

式中　　E_1、E_2——标准热流传感器输出电势（mV）；

　　　　　E——被标定的热流传感器输出电势（mV）。

标定时的具体要求与平板直接法相同。

（3）单向平板法

单向平板法标定装置包括热板、冷板和测量系统。单向平板法标定装置除了使中心计量热板 A 和保护热板 B 的温度相等，而且还要使中心计量热板的热量不能向周围及底部损失，惟一的可传递方向是通过热流传感器，保证了一维稳定热流的条件。由于热流只是一个方向，因此热流密度可由式（4-17）计算。同时测出热流传感器输出电势 E，即可由式（4-13）确定传感器系数 C。

4.3.4　热阻式热流计的安装及使用

在使用热流传感器时，除了合理地选用仪表的量程范围，允许使用温度、传感器的类型、尺寸、内阻等有关参数外，还要注意正确的使用方法，否则会引起较大的误差。

热流传感器的安装有三种方法：埋入式、表面粘贴式和空间辐射式（图 4-11）。埋入式和表面粘贴式是热阻式热流传感器常用的两种安装方法。

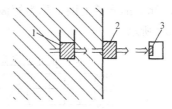

图 4-11　热流传感器的安装方法
1—埋入式；2—表面粘贴式；
3—空间辐射式

被测物体表面的放热状况与许多因素有关，被测物体的散热热流密度与热流测点的几何位置有关。对于垂直平壁面，应通过测试找出合适的测点位置，至于水平壁面，由于传热状况比较一致，测点位置的选择较为容易。

热流传感器表面为等温面，安装时应尽量避开温度异常点。热流传感器表面应与所测壁面紧密接触，不得有空隙并尽可能与所测壁面平齐。有条件时，应尽量采用埋入式安装。为此常采用胶液、石膏、黄油、凡士林等粘贴热流传感器。对于硅橡胶可挠式热流传感器，可以采用双面胶纸。

4.3.5　热阻式热流计的使用误差分析

热阻式热流计的误差与热流传感器热阻、热流传感器的响应时间和使用环境有关。

（1）热流传感器的热阻的影响

热阻式热流传感器无论是采用粘贴式还是采用埋入式安装方式，均会破坏原有热阻层的传热状态，都将改变原有热阻层的热阻值。其主要原因是热流传感器材料的导热系数与被测热阻层材料的导热系数不一致及被测热阻层厚度的有所改变。

（2）热流传感器的响应时间

当热流计用来监视热工设备运行时，热流传感器处于长期工作状态，采用埋入式安装，测量过程可以看成是个稳定过程。对于粘贴式安装的热流传感器来说，是在测量热流密度时在被测表面上额外加了一层热阻，这样就破坏了原来壁面的传热情况，传感器和被测热阻层都要经过一个热量传递的过渡过程后才能达

4 其他热工参数测量

到稳定。所以采用粘贴式安装的热流传感器测量热流密度时，必须在热量传递的过渡过程结束后才能读数。或者说，在测量条件不变的情况下，仪表指示值稳定时读数。否则，会造成读数误差，动态值误认为是稳态值。特别是某些需要较长时间才能稳定的情况，判断是否达到稳定状态是十分必要的。

4.4 太阳辐射的测定

太阳辐射能是地球获得热量的最主要来源，因此它对地球上的气候变化起着决定性的作用。太阳辐射对于人类生活乃至建筑的影响也是多方面的，如建筑日照、天然采光、植物生长、太阳能利用以及建筑物内外的热环境舒适都依赖于太阳辐射能的利用。因此太阳辐射照度的测量是建筑热气候常用参数的一个重要测试项目。

4.4.1 太阳辐射

太阳辐射以电磁波的形式传递能量，其辐射能量的95%集中在290～3000nm的光谱范围，称为短波辐射。大气层上界的太阳辐射光谱分布情况如图4-12所示。

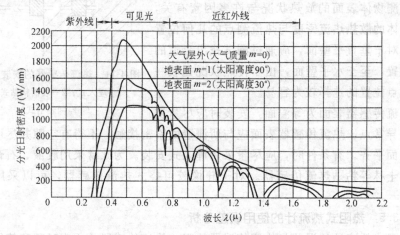

图 4-12 大气层上界的太阳辐射光谱

从图上可以看出太阳辐射的最大强度位于可见光范围内，可见光（$\lambda=380\sim780$nm）和短波辐射（$\lambda<380$nm）的能量约占太阳辐射总能量的47%，另外一半以上的能量通过红外辐射（$\lambda>780$nm）的形式辐射出来。

到达地面的太阳辐射量有直接辐射和散射辐射两大部分，二者之和称为总辐射，总辐射简称为太阳辐射。直接辐射是以平行光的方式直接投射到地面上的太阳辐射，散射辐射是被空气中的气体分子和悬浮的灰尘所反射而形成的四向散射的太阳辐射。

4.4.2 太阳直接辐射测量

测量太阳直接辐射须用直接辐射表，其感应面与太阳入射光相垂直，通过进光筒的小孔测量来自太阳的直接辐射。仪器由进光筒、感应部件、赤道架、纬度刻度盘等附件组成。进光筒为一金属圆筒，筒内有多层环形光阑，筒口开敞角为

3°21′左右，为保证筒内清洁，筒口装有石英玻璃片。进光筒前有一金属箍用来安放各种滤光片，筒内装有干燥气体以防止水汽在筒内凝结。为了对准太阳，进光筒两端分别固定了两个圆环，筒口圆环上有一小孔，筒末端圆环的白色盘上有一黑点，小孔与黑点的连线与筒中轴相平行，如果光线透过小孔落在黑点上，表明进光筒对准了太阳。

仪器的核心部分是它的感应部件，它由感应面与热电偶组成。感应面对着太阳的一面涂有无光黑漆，热电偶是由康铜和康铜镀铜的绕线式热电堆构成。

当黑体感应面吸收太阳辐射的热能使紧贴在后部的热电堆产生温差电动势，温差电动势的大小与太阳辐射照度成正比。

除自动跟踪直接日射表外，有的厂家还生产有非自动跟踪的直射表，所不同的是直射表进光筒由专配的支架支撑，支架上带有方位与仰角调整螺旋，用手动方法使进光筒对准太阳。

4.4.3 太阳总辐射和散射辐射测量

太阳直接辐射和散射辐射之和称为总辐射。它是指大地水平面上从天空 2π（球面度）立体角所接受的辐射能的总量，总辐射以 Q 表示并可写成以下关系式：

$$Q = S \cdot \sinh + D \tag{4-18}$$

式中　Q——总辐射量；
　　　S——直接辐射量；
　　　D——散射辐射量；
　　　h——太阳的高度角。

总辐射和散射辐射均用总辐射表配上附件加以测量。

(1) 总辐射表

总辐射表如图 4-13 所示。仪器的感应部分主体由透光罩、感应器、干燥器和白色隔光板及防护罩等部分组成。透光罩是一个双层石英玻璃罩，干燥器内装硅胶。本仪器的原理与直射表相同，也是热电效应。感应面是用无光黑漆涂制而成的，感应面下部为热电堆，由康铜镀铜组成的热电堆将感应面吸收的热能转化的电能，热电堆输出的热电势与辐射照度成正比。仪器除感应主体外，还有底盘和水平器，底盘上设有安装用的固定螺孔，以及使仪器感应面在安装时保持水平的三个调节螺旋。

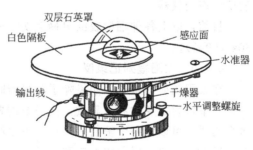

图 4-13　总辐射表

(2) 散射辐射表

散射辐射表由总辐射表加遮光环而成，见图 4-14。

遮光环由环圈、标尺、丝杆、支架等构成，它的作用是连续遮住太阳的直接辐射。环圈为一直径为 400mm，宽度为 65mm 的圆环。它固定在一个附有纬度

4 其他热工参数测量

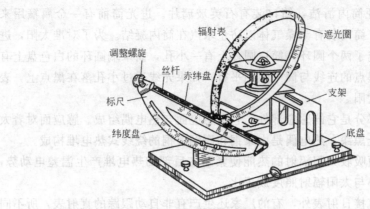

图 4-14 散射辐射表

刻度的标尺上，标尺架设在底座上，总辐射表则固定在与遮光环共同的底盘支架上。

4.4.4 其他辐射测量

(1) 净辐射测量

在太阳向地面辐射的同时，地面也在向空中进行长波辐射，二者的差值才是地面得到的净辐射。净辐射仪就是用来测量太阳辐射与地面辐射的净差值。净辐射仪的传感器有上下两个感应面，由于上下感应器吸收辐射量不同，因此，在热电堆两端产生温差，其输出电动势与感应器黑体所接受的辐射差值成正比。

(2) 反射率测量

物体对入射辐射的反射部分称为反射辐射，反射辐射对入射总辐射之比用反射率表示。自然物体的反射率可分为长波反射率和短波反射率。由于长波反射率的绝对值很小，且目前尚无法将一物体对长波辐射的反射同其自身的热辐射区别开来，故通常所说的反射率系指短波反射率。反射率表就是用来测量物体短波辐射反射率的仪器。

目前，以上各种辐射表的灵敏度为 $7\sim 14\mu V/(W\cdot m^{-2})$，响应时应不大于 30s (99%)。

4.4.5 太阳辐射记录仪

在太阳辐射测量中，如果除了测量瞬时值外，还需要连续测量一段时间（如一天）里辐射的变化和积累量，就需要配置辐射测量专用的记录仪。它一般具有多个通道，可以跟各个辐射表联接，可以测出各个辐射表（直射辐射表，总辐射表，散射辐射表，反射辐射表和净辐射表）的瞬间量和积累量或平均值。也可以采用辐射电流表或电位差计等简易的仪表来测量辐射表输出的热电动势，再进行相应计算，获得辐射量。

5 建筑节能（热工）检测

建筑节能检测是建筑热工测量中的主要内容。建筑节能检测的目的是为了通过实测来评价建筑的节能性能与效果。评价建筑物节能是否达标，可以采用两种方法。由于建筑节能的结果集中反映在热源处（冷源处），所以，一种方法是在热源（冷源）处直接测取采暖与空调耗煤量指标（耗电量指标），然后求出建筑物的耗热量指标（耗冷量指标），此法称为热（冷）源法。另一种方法是在建筑物处，直接测取建筑物的耗热量指标（耗冷量指标），然后求出采暖与空调耗煤量指标（耗电量指标），此法称为建筑热工法。由于热量指标和冷量指标在测定方法上有许多相同之处，故本章主要介绍采暖能耗测定方法。

5.1 用热源法测定采暖耗煤量指标的基本原理

5.1.1 城市热网供热的节能小区

对于由城市热网供热的节能小区来说，采暖耗煤量指标 Q_c 可由式（5-1）计算：

$$Q_c = \frac{Q}{Fq_c} \cdot \frac{t_{np} - t_{wp}}{t_n - t_w} \tag{5-1}$$

式中　Q_c——采暖耗煤量指标（kg/m²）标准煤；
　　　F——小区供暖面积（m²）；
　　　t_n, t_w——实测的室内、外日平均温度（℃）；
　　　t_{np}, t_{wp}——室内平均温度及采暖期平均室外温度（℃）；
　　　Q——小区总供热量（kJ）；
　　　q_c——标准煤热值，取 8.14×10^3 W·h/kg。

建筑物耗热量指标 Q_H 可由式（1-2）求取，但在此式中，锅炉年平均运行效率 η_2 应取《民用建筑节能设计标准（采暖居住建筑部分）》中规定的1980年数据，即 $\eta_2 = 55\%$；管网输送效率 η_1 由管网的保温效率 η_b 和输水效率 η_s 所组成。$\eta_s = (Q - Q_s - Q_{Ls})/(Q - Q_s)$，$Q_s$ 为管网散热损失热量，Q_{Ls} 为由于漏水而损失的热量。Q_H 的计算公式如下：

$$Q_H = Q_c q_c \eta_1 \eta_2 / 24 \cdot Z = \frac{0.55 \times Q_c \cdot q_c \eta_b \eta_s}{24 \times Z} \tag{5-2}$$

式中　Z——采暖天数（d）；
　　　Q_H——建筑物耗热量指标（W/m²）。

5.1.2 锅炉房供暖的节能小区

对于由锅炉房供暖的节能小区来说，采暖耗煤量指标 Q_c 应为：

$$Q_c = 0.278 \frac{\sum B \cdot Q_{dw}^y}{F \cdot q_c} \cdot \frac{t_{np} - t_{wp}}{t_n - t_w} \tag{5-3}$$

式中 B——统计时期内耗煤量（kg）；

Q_{dw}^y——统计时期内所耗煤的基本低位发热量（kJ/kg）；

其他符号意义同前。

5.1.3 建筑物的耗热量指标

建筑物的耗热量指标计算公式为：

$$Q_H = Q_c \cdot q_c \cdot \eta_2 \eta_b \eta_s / (24 \cdot Z) \tag{5-4}$$

5.1.4 单栋住宅耗热量指标

对于单栋住宅来讲，Q_c 按式（5-1）计算，Q_H 按式（5-4）计算。

$$Q_H = \frac{Q}{F} \cdot \frac{t_{np} - t_{wp}}{t_n - t_w} \tag{5-5}$$

5.2 用建筑热工法测定建筑物耗热量指标的基本原理

建筑物耗热量是由围护结构耗热量 Q_{HT}，空气渗透耗热量 Q_{INF} 以及建筑物内部得热量 Q_{IH} 组成。因此建筑物耗热量指标 Q_H 可表示为：

$$Q_H = \frac{Q_{HT} + Q_{INF} + Q_{IH}}{F} \cdot \frac{t_{np} - t_{wp}}{t_n - t_w} \tag{5-6}$$

$$Q_{HT} = KF(t_n - t_w) \tag{5-7}$$

$$Q_{IHF} = 0.278 V_w C_p \rho_w (t_n - t_w) \tag{5-8}$$

$$Q_{IH} = (Q_m + Q_f + Q_L)/24 \tag{5-9}$$

式中 K——围护结构传热系数 [W/(m²·℃)]；

F——围护结构面积（m²）；

V_w——渗入室内的冷空气量（m³/h）；

C_p——空气定压比热 [$C=1$kJ/(kg·℃)]；

Q_m——人体散热（W·h）；

Q_f——炊事得热（W·h）；

Q_L——照明和家电得热（W·h）；

其他符号意义同前。

建筑物耗煤量指标 Q_c，可由下式确定：

$$Q_c = \frac{24 Q_H Z}{q_c \cdot \eta_2 \cdot \eta_b \cdot \eta_s} \tag{5-10}$$

当管道及锅炉未采取节能措施时，或仅对一栋住宅进行评价时，建筑物耗煤量指标为：

$$Q_c = 51.34 \frac{Q_H Z}{q_c} \tag{5-11}$$

5.3 建筑耗能基本参数的测定方法

由式（5-1）~式（5-11）可知，要求得 Q_c 和 Q_H 需测得：小区供热量 Q、

室内温度 t_n、室外温度 t_w、保温效率 η_b、输水效率 η_s、耗煤量 B、煤的热值 Q_{dw}^y、围护结构传热系数 K、冷空气量 V_w，锅炉年平均运行效率 η_2。

5.3.1 室内、外温度 t_n、t_w 的测量

(1) 测量仪器

室内、外温度的测量可以采用第 3 章中介绍的各种测温仪器仪表。

(2) 测量方法

无论采用哪种仪表测量室内、外温度，测量时应注意以下几点：

1) 测量室内温度的仪表一般应设在房间中央离地 1.5m 处，若由于条件限制不能设在该处时，应标出实际设置仪表的温度示值与房间中央离地 1.5m 处仪表的温度示值差，并对测试数据进行修正。

2) 室内温度测量仪表应设置防辐射罩，一般采用铝箔制作。室外温度测量仪表可设在百叶箱内，百叶箱应安置在被测建筑的背阴面，离外墙 5m 以外的空旷区。如因条件所限，也可将设置在防辐射罩内的测温仪表，置于离墙面或窗口 50cm 左右的阴影下。

3) 日平均温度按式 (5-12) 计算：

$$t_p = \frac{\sum t_i}{24} \tag{5-12}$$

式中 t_i——每小时实测的室内（外）空气温度（℃）。

5.3.2 围护结构传热系数 K_0 的测量

围护结构传热系数的测量可分为实验室测量和现场测量两种：

(1) 实验室测量

墙体的传热系数及屋面的传热系数、门窗等构件的传热系数在实验室中一般采用热箱法测量。早期我国测定的构件尺寸为 1000mm×1000mm，现在已经能在静态热箱上对 3.6m×2.8m 整面墙体及构件进行测量。也可在实际自然条件下，在动态热箱上对实际构造的墙体及屋面进行测量。围护结构传热系数在实验室测量，具有测量精度高，不受时间、地点、现场环境条件的限制等特点，为建筑能耗分析及建筑设备的选择提供了可靠的数据。根据所测得的数据，按式 (5-13) 可求得总传热系数 K_0，按式 (5-14) 可求得构件的传热系数 K，也可利用式 (5-15) 和式 (5-16) 分别求得内表面换热系数 a_i 和外表面换热系数 a_e。

$$K_0 = (Q - Q_B)/A(t_h - t_c) \tag{5-13}$$

$$K = (Q - Q_B)/A(t_1 - t_2) \tag{5-14}$$

$$a_i = (Q - Q_B)/A(t_h - t_1) \tag{5-15}$$

$$a_e = (Q - Q_B)/A(t_2 - t_e) \tag{5-16}$$

式中 Q——进入测量箱的总功率（W）；

Q_B——通过测量箱壁的散热量（W）；

A——试件测试部分面积（m²）；

t_h、t_e——测量热箱、冷箱的空气温度（℃）；

t_1、t_2——试件热面和冷面的温度（℃）。

(2) 现场测量

现场测量常用的仪表主要是热流计和热电偶。现场测量的内容包括热流密度，室内、外气温，围护结构的内、外表面温度以及热流计的两表面温度。

热流计的测点应选在有代表性的部位。如结构复杂，需按不同部位求加权平均值、应在不同部位设置测点。热流测点一般设在围护结构内表面，热流计安装时尽可能采用埋入式，为了保证接触良好，并且装拆方便，常用导热胶液、石膏、黄油或凡士林粘贴。对于连续采暖房间的围护结构的传热系数测量，采用此法比较方便，且具有一定的精度。测量时间应选在当地无风或微风的阴寒天气，避开寒潮期。连续观测时间，厚重性结构不少于7昼夜，轻型结构不少于3昼夜。采用累积式测法，人工记录时，每30min记录一次；自记打印每10min打印一次。

围护结构传热系数 K 按式（5-17）计算。

$$K = \bar{q}/\overline{\Delta t} \tag{5-17}$$

式中 K——围护结构传热系数 [W/(m²·℃)]；

$\bar{q}$——实测热流密度平均值（W/m²）；

$\overline{\Delta t}$——被测结构内、外表面温差平均值（℃）。

$$\bar{q} = q_i/n \tag{5-18}$$

$$\overline{\Delta t} = \sum \Delta t_i/n \tag{5-19}$$

式中 q_i——i 时刻的实测热流密度（W/m²）；

Δt_i——i 时刻结构内、外表面温差（℃）；

n——总共测量次数。

5.3.3 围护结构耗热量的测量

（1）测量仪器

围护结构耗热量的测量可以采用第3章中介绍的各种测温仪器仪表和热流计。

（2）外墙耗热量的测量

在过去的测量中，常把热流计设在墙的中心部位，将测得的热流值作为该墙的热损失值。这对于一维传热是可行的，但由于实际的房间中有横竖暖气管道，有门、窗、圈梁等，各部分材料、构造及位置和热环境不同，因而仅用某一部分的热流值来代表整个墙面的热损失是不全面的。在实际的测量中，可将外墙划分成若干个热状况相近的区域，分别测量每个区域中央部位的外墙热流值和该区域内表面特征温度，用下述公式求出该区域的外墙热流值，然后再加权平均，按式（5-23）求出整个外墙的耗热量。

对于外墙 i 区域或不靠近采暖管道的外墙 i 区域（区域平均温度 $\bar{t}_i < t_{io}$），该区域的外墙热流值为：

$$\bar{q}_i = \frac{t_n - \bar{t}_i}{t_n - t_{io}} q_{io} \tag{5-20}$$

对于靠近散热器或采暖管道的外墙 i 区域（$\bar{t}_i > t_{io}$ 时），该区域的外墙热流值为：

$$\bar{q}_i = \frac{\bar{t}_i - t_w}{t_{io} - t_w} q_{io} \tag{5-21}$$

对于有窗过梁的外墙 i 区域，由于该区域面积不大，可近似认为：

$$\bar{q}_i = q_{io} \tag{5-22}$$

$$q = \frac{\sum F_i \bar{q}_i}{F} \tag{5-23}$$

式中　t_n、t_w——室内和室外空气温度（℃）；
　　　　t_{io}——外墙 i 区域中央内表面温度（℃）；
　　　　$\bar{t}_i$——外墙 i 区域内表面平均温度（℃）；
　　　　q_{io}——外墙 i 区域中央热流值（W/m²）；
　　　　$\bar{q}_i$——外墙 i 区域的平均热流值（W/m²）；
　　　　q——整个 i 外墙的平均热流值（W/m²）；
　　　　F_i——外墙 i 区域的面积（m²）；
　　　　F——整个外墙的面积（m²）。

外墙 i 区域中央平均热流值 q_{io} 为：

$$q_{io} = \frac{\sum q_i}{24N} \tag{5-24}$$

式中　q_i——外墙 i 区域中央平均实测热流值，每小时记录 1 次（W/m²）；
　　　　N——测量天数（d）。

外墙 i 区域各内表面的特征内表面温度的日平均值按式（5-12）计算。

在外墙 i 区域内，外墙离其他围护结构 30cm 之内的表面面积，或者外墙离内围护结构 10cm 之内的内表面面积，算为外墙 i 区域的边缘部位内表面面积 F_{ip}。外墙 i 区域的边缘部位以外的内表面面积称为外墙 i 区域中央部位内表面面积 F_{io}。外墙 i 区域的内表面平均温度 $\bar{t}_i$ 按下式计算：

$$\bar{t}_i = \frac{F_{ip}\bar{t}_{ip} + F_{io}t_{io}}{F_i} \tag{5-25}$$

$$\bar{t}_{ip} = \frac{\frac{\sum t_{ip}}{n} + t_{io}}{2} \tag{5-26}$$

式中　F_i——外墙 i 区域的内表面面积（m²）；
　　　　t_{ip}——在外墙 i 区域内，外墙与其他外围结构（屋顶、山墙、地面等）交接处，外墙与内围护结构（内墙、楼板等）交接处以及外墙窗口处内表面温度（℃）；
　　　　n——外墙 i 区域内 t_{ip} 测量值的数目。

其他符号意义同前。

对于附近有采暖管道的外墙 i 区域内表面平均温度 $\bar{t}_i$，按下式计算：

$$\bar{t}_i = \frac{F_{ip}\bar{t}_{ip} + F_{io}t_{io} + F_h t_h}{F_i} \tag{5-27}$$

对于附近有采暖管道和散热器的外墙 i 区域内表面平均温度 $\bar{t}_i$ 按下式计算：

$$\bar{t}_i = \frac{F_{ip}\bar{t}_{ip} + F_{io}t_{io} + F_h t_h + F_{ho}t_{ho}}{F_i} \quad (5\text{-}28)$$

式中 t_h——在采暖管道影响外墙内表面温主的区域内，外墙内表面平均温度（℃）。

$$t_h = \frac{\sum \frac{t_{ih}}{n} + t_{io}}{2} \quad (5\text{-}29)$$

t_{ip}——采暖管中心线对应的外墙内表面温度（℃）；

F_h——采暖管中心线二侧 10cm 左右的外墙表面面积（m²）；

T_{ho}——散热器对应的外墙内表面温度（℃）；

F_{ho}——散热器面积对应的外墙内表面面积（m²）。

其他符号意义同前。

(3) 屋顶耗热量的测量

屋顶耗热量的测量项目与外墙热量的测量项目相同。由于屋顶各部位保温层厚度不同，因而需将屋顶中央部位再划分若干区域，先测量各个区域中心的热流值，再按下式求出通过屋顶中央部位的平均热流值 q_{io} 及平均内表面温度 t_{io}。

$$q_{io} = \frac{\sum F_{io-j} q_{io-j}}{F_{io}} \quad (5\text{-}30)$$

$$t_{io} = \frac{\sum F_{io-j} t_{io-j}}{F_{io}} \quad (5\text{-}31)$$

式中 q_{io-j}——通过屋顶中央部位的 j 区域的中心热流值（W/m²）；

F_{io-j}——屋顶中央部位的 j 区域的内表面面积（m²）；

t_{io-j}——屋顶中央部位的 j 区域的内表面温度（℃）。

其余各项均与外墙耗热量的测量相同。

(4) 地面耗热量的测量

将地面由外墙内侧开始划分为若干个区域，每个区域宽 2m。在每个区域中心布置热流计，测量各个区域的热流值，然后按下式计算地面平均耗热量 q_r。

$$q_r = \frac{\sum F_{ir} q_{ir}}{F_r} \quad (5\text{-}32)$$

式中 q_r——地面平均耗热量（W/m²）；

q_{ir}——地面的每个区域的热流值（W/m²）；

F_{ir}——所划分的地面每个区域的面积（m²）。

(5) 内墙、楼板和内门等内围护结构耗热量的测量

在分析房间耗热量的计算时，内围护结构是特殊的一部分。由于内围护结构的传热量比较小，所以一般可将热流计所测的墙面（楼板、门等）中央部分的热流值作为该墙面（楼板、门等）的热流值。内围护结构平均热流值可按式（5-24）计算。

(6) 窗户耗热量测量

窗户耗热量是由窗户玻璃耗热量和窗框耗热量两部分所组成。窗户玻璃耗热量采用薄片热流计（厚度为 0.3～0.4mm）测量。热流计的一面要用磨细碳黑加

酒精调成糊状涂黑，涂黑的一面贴在玻璃内表面上，为减少日照时间、周围热环境等差异的影响，在窗户玻璃上至少贴二块涂黑热流计。一块贴在上方玻璃上，另一块贴在窗的下方玻璃上。窗框耗热量采用条形薄片热流计测量。热流计贴在窗户中间部位的窗框内表面上。窗户的耗热量可由下式确定：

$$q_w = \frac{q_g F_g + \bar{q}_k F_k}{F_w} \quad (5-33)$$

$$q_g = \frac{F_A q_A + F_B q_B}{F_g} \quad (5-34)$$

$$\bar{q}_A = \frac{\sum q_A}{24N} \quad (5-35)$$

$$\bar{q}_B = \frac{\sum q_B}{24N} \quad (5-36)$$

$$\bar{q}_k = \frac{\sum q_k}{24} \quad (5-37)$$

式中 q_w——窗户耗热量（W/m²）；

q_g——通过窗玻璃的失热或得热量（W/m²）；

F_g——窗户玻璃面积（m²）；

$\bar{q}_k$——窗框的日平均耗热量（W/m²）；

F_k——窗框面积（m²）；

F_w——窗口面积（m²）；

$\bar{q}_A$——窗户下部玻璃日平均热流量（W/m²）；

$\bar{q}_B$——窗户上部玻璃日平均热流量（W/m²）；

F_A——窗户下部玻璃面积（m²）；

F_B——窗户上部玻璃面积（m²）；

q_A——通过下部窗户玻璃的热流值（W/m²），每小时测1次；

q_B——通过上部窗户玻璃的热流值（W/m²），每小时测1次；

q_k——通过窗框的热流值（W/m²），每小时测1次；

N——测量天数（d）。

5.3.4 房间空气渗透量的测量

房间空气渗透量可采用示踪气体法或鼓风门法。鼓风门法是利用人为的向房间加压，通过测鼓风机送入房间的风量的方法来测量房间空气渗透量的。示踪气体法应用较多。它是利用 SF_6 作为示踪气体，充向房间的初始浓度为 C_0，由于室外空气通过门窗缝隙渗入到室内，经过 t 时间后，室内的示踪气体被稀释，其浓度变为 C_i。采用 SF_6 气体检漏仪，测出 C_0 和 C_i 即可求出房间空气渗透量 V_1 以及求出冷风渗透耗热量 Q_{INF}。

$$V_1 = \frac{V_2}{\Delta \tau} \ln\left(\frac{C_0}{C_1}\right) \quad (5-38)$$

$$Q_{INF} = V_1 \gamma C (t_n - t_w) \quad (5-39)$$

式中 V_1——房间空气渗透量（m³/h）；

V_2——被测房间体积（m³）；

Q_{INF}——冷风源透耗热量（W）；
γ——空气容重，取 1.293kg/m³；
C——空气比热，取 0.28W·h/(kg·℃)；
t_n，t_w——分别为室内外空气温度（℃）；
$\Delta\tau$——初值与终值的时间间隔（h）。

房间的日平均换气次数 $\bar{n}$ 由下式计算：

$$\bar{n}=\frac{\sum \Delta\tau_i n_i + \sum n_k \Delta\tau_k}{24} \tag{5-40}$$

$$n_i=\frac{V_{1i}}{V_2} \tag{5-41}$$

$$n_k=\frac{n_i+n_{i+1}}{2} \tag{5-42}$$

式中 $\bar{n}$——房间的日平均换气次数（1/h）；
$\Delta\tau_i$——第 i 次测量房间空气渗透的时间间隔（h）；
$\Delta\tau_k$——第 k 次末测量房间空气渗透的时间间隔（h）；
n_i——第 i 次房间换气次数（1/h）；
n_k——第 k 次时间间隔前后的时间间隔内，房间换气次数平均值（1/h）；
V_{1i}——第 i 次测得的空气渗透量（m³/h）。

房间释放 SF_6 后，应用风机将气体搅拌均匀，房间通向走廊的门应用密封条密封。在房间内离地 1.5m 处应设乳胶管一根，胶管另一头留在房间外，用夹子夹紧。每次取样均由此胶管处用大号针筒取出。开始时需抽出若干筒排出，这是管内气体，（其容量相当于胶管总体积），然后再抽取实验所用的气体，达到要求后，迅速拔出针筒，用套子夹紧针筒口，记下抽气时间，夹紧胶管。抽取的气体用气体检漏仪测定。每隔约 30min 左右，重复取样 1 次，直到检测结果为检漏仪示值的 30% 左右为止。在测量渗风量时，应同时测量室内外气温，压差和风速。上述的测量，一昼夜应进行 3~4 次。

5.3.5 风速的测量

室外风速可采用热线风速仪或热球风速仪测量。风速的测点应设在百叶箱附近或离被测房间的墙面（窗户）50cm 左右，每个朝向至少布置一个测点。风速每昼夜测量 4 次，每次测量不少于 20s，日平均风速按下式计算：

$$W=\frac{\sum \bar{\omega}_i}{4} \tag{5-43}$$

$$\bar{W}=\frac{\sum \omega_i}{n} \tag{5-44}$$

式中 W——日平均风速（m/s）；
$\bar{W}$——每次测量的平均风速（m/s）；
ω_i——每次测量的瞬时风速（m/s）；
n——每次测量瞬时风速读数次数。

5.3.6 太阳辐射热的测量

测量太阳辐射热的目的，是用以计算在外围护结构表面和透过窗进入室内的太阳辐射得热量，并用以校对用热流计测得的热量数据，太阳辐射热可采用太阳辐射强度计测量。太阳辐射计应放置在被测建筑附近的空旷处，以使得全天日照期间，不受周围环境的遮挡和反射的影响。太阳辐射记录仪可以对太阳辐射量进行平均和积累处理和计算，如果所用仪器不能累积计量，应每小时读 1 次值。太阳辐射强度日平均值由下式计算：

$$\bar{J} = \frac{\sum J_i}{24} \tag{5-45}$$

式中　$\bar{J}$——太阳辐射强度日平均值；

　　　J_i——瞬时太阳辐射强度值。

5.3.7 空气相对湿度的测量

空气湿度是热工测量的重要内容，空气中水蒸气不仅影响建筑内外的热传递，其本身就是热传递量的一部分。在评价房间热环境质量时，需要测量室内、外空气的相对湿度。相对湿度可采用干湿球温度计测量。如果测量房间内没有特别的湿源，在正常情况下，一昼夜可测 4 次，若采用自动化仪表，也可逐时测量。日平均相对湿度按下式计算：

$$\bar{\varphi} = \frac{\sum \varphi_i}{4} \tag{5-46}$$

式中　φ_i——每次测量空气相对湿度的读值；

　　　$\bar{\varphi}$——空气相对湿度日平均值。

5.3.8 供热量的测量

供热量的测量根据供热规模的大小，可以分为小区供热量的测量、建筑物供热量的测量和房间供热量的测量。

(1) 房间供热量的测量

前述围护结构耗热量的测量及冷风渗透耗热量的测量，主要用于分析各部分能耗占总能耗的百分比。由于测量项目多，加上测量仪器及测量条件的限制，难免要存在一定的测量误差，因而用上述各部分测量结果之和作为房间耗热量，需要有校核手段。房间供热量测量的目的之一，就是为了校核各部分测量结果的准确程度。

房间供热量的测量方法有两种：一种是在散热器的进出口处，分别安装测温仪表，以测量供回水温差。同时，还在散热器立管上装流量仪表，测量进入散热器的热水流量及温度，用以求得房间的供热量。

另一种测量房间供热量的方法，是停止散热器供热，而改用电采暖，只要计量耗电量就可以了。

无论采用哪一种方法，均需在被测房间四周的房间内设温度测点，并应采取补充热量的方法，使得被测房间的室温与上、下、左、右相邻房间室温相等。如因条件限制，补充热量有困难，则应用内围护结构测量的结果，推出通过顶棚、楼板及周边墙体、门等传热量。用总供热量减去周边耗热量，即为房间供热量。

(2) 建筑物供热量的测量

尽管建筑物的房间设置相同，但由于渗风等因素的复杂性，一般情况下不可能用一个或若干个房间的供热量测量结果，推出整栋建筑物的供热量，不可能用对一个或若干个房间的能耗评价，推广到整栋建筑物上去。因而，有必要对建筑物的供热量进行测量。建筑物供热量的测定应采用热源法进行测量。该方法是在建筑物的采暖入户管道上安装温度仪表和流量仪表。早期的方法是采用测供回水温差和流量，然后利用下式进行计算供热量。

$$Q = 1.163 \sum G_i (t_{gi} - t_{hi}) \tag{5-47}$$

式中　Q——建筑物供热量（W）；

　　　G——流量（kg/h）；

　　　t_{gi}——供水温度（℃）；

　　　t_{hi}——回水温度（℃）。

此法对于流量和温差变化不大的系统，还能保证一定的准确性。但对于流量和温差变化较大的场合，则不能应用此法。由于此法使用的局限性，加上数据处理工作量大，所以近年来使用较少，随着热量计量仪表的出现和普及，开始越来越多采用建筑内使用的热量计量仪表，也称热表。热表可以同时测量供回水温和水流量。其温度测量多采用铠装铂电阻传感器，铂电阻在安装时，要使其尽量地倾斜，并使感温部分设置在管道中心线处，且迎着介质流动的方向，以利于热的传递。流量仪表应设在用户供水管上，并按照安装要求，保证流量仪表所要求的前后直管段长度。

建筑物供热量的测量，一般在采暖季最冷月进行，这样可以避免用户开窗等造成较大偏差。测量的时间如能连续1个月，按这些数据计算就可以达到预期的目的。根据测得的建筑物供热量，可以求出建筑物采暖耗热量指标 Q_H。

$$Q_H = \frac{\sum Q_i}{F \cdot N} \cdot \frac{t_n - t_{wp}}{t_n - t_w} \tag{5-48}$$

$$\bar{t}_n = \frac{\sum t_{ni}}{N} \tag{5-49}$$

$$\bar{t}_w = \frac{\sum t_{wi}}{N} \tag{5-50}$$

式中　Q_H——建筑物采暖耗热量指标（W/m²）；

　　　Q_i——所测得的逐日供热量（W）；

　　　$\bar{t}_n$——实测的室内平均温度（℃）；

　　　$\bar{t}_w$——实测的室外平均温度（℃）；

　　　F——供热建筑面积（m²）；

　　　N——测量天数（d）；

　　　t_n——采暖室内计算温度（℃）；

　　　t_{wp}——采暖期室外平均温度（℃）。

(3) 小区供热量的测量

小区供热量的测量方法类同于建筑物供热量的测量方法。在进行小区供热量测量时，由于热源处锅炉（换热器）较多，供水或回水支路较多，所以流量及温度仪表的设置应慎重。

图 5-1 是一个多环路多台锅炉（换热器）的系统，流量仪表应设在 A 点，供回水温应分别设在 B、C 两点。在该图中，若将回水温度测点设在 D 点，A、B 两点设置不变，则测得的供热量要比实际热量多。若将流量测点设在 D 点，B、C 两点设置不变，所测得的供热量要比实际热量少。有条件的单位，应在 E_1、F_1 或 E_2、F_2 两点，增设流量测点，用以校核流量。若 E_1、F_1 或 E_2、F_2 两点不能常设流量仪表，但也应有流量校核措施。

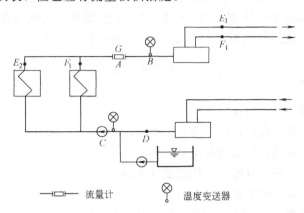

图 5-1　小区供热量测量测点布置示意图

5.3.9　锅炉效率的测量

锅炉效率可分为设计效率、鉴定效率、测试效率和运行效率几种，前三种效率只能代表锅炉在其工况下的性能水平。锅炉运行效率则是以长期计量、监测和记录数据为基础，统计时期内全部瞬时效率的平均值。锅炉运行效率是一项长期的、连续的工作，常采用正平衡法。对于热水锅炉来说，锅炉运行效率可由下式求取：

$$\eta_{yx} = \frac{\sum_{j=1}^{N}\sum_{i=1}^{n} Q_{ij}}{\sum_{j=1}^{n} B_j Q_{dwj}^{y}} \tag{5-51}$$

式中　η_{yx}——锅炉运行效率，（%）；

Q_{ij}——所测得的逐日供热量（W）；

B_j——某一统计时期耗煤量（kg）；

Q_{dwj}^{y}——某一统计时期，煤的应用低位发热量（kJ/kg）；

n——某一统计时期的天数（d）；

N——采暖天数（d）。

供热量的测量方法与小区供热量的测量方法相同，耗煤量采用煤量的测量，煤的低位发热量采用氧弹测热器测量。由于采暖期较长，耗煤量大，所以给 B_j 和 Q_{dwj}^{y} 的测量带来很多困难，这里不但有技术问题，还有管理问题，应根据实际情况合理选用煤量计量仪表。某一统计时期内煤的低位发热量测量，应和统计时期内所用煤种（用煤地点）相一致。取样后的煤堆某一区域应插牌，并指定取煤地点。在取煤地点图示中应详细标出取样时间、取样位置、用煤时间等。

5.3.10 保温效率的测量

保温效率可采用热流计法、热电偶表面温度法和热量平衡法测出。

(1) 热流计法

管网的热损失常采用 WYR 型热流计测量，测量时，对同一规格的管径沿长度方向分成若干段，在每一段的测量截面上，应布置 3 个测点，上侧测点设在管顶（与管径截面水平中线成 90°的垂线上），中侧测点与上侧测点的夹角为 45°，下侧测点与上侧测点夹角为 125°～130°。每米管长热损失由下式计算：

$$q_s = \frac{\sum (q_{1i} + q_{2i} + q_{3i})/3}{n} \tag{5-52}$$

式中 q_s——每米管长热损失（W/m）；
q_{1i}——上侧测点测得的热流值（W/m）；
q_{2i}——下侧测点测得的热流值（W/m）；
q_{3i}——上中侧测点测得的热流值（W/m）；
n——所分割的段数。

阀门等特殊部位采用表面温度法测量热损失。

管网保温效率 η_b 由下式计算。

$$\eta_b = \frac{Q - \sum q_{si} L_i + \sum q_{sFi} N_i}{Q} \tag{5-53}$$

式中 η_b——管网保温效率（%）；
q_{si}——某一规格管道热损失（W/m）；
L_i——某一规格管道的长度（m）；
q_{sFi}——某规格阀门的热损失（W/个）；
N_i——某规格阀门的数量（个）；
Q——管网输送的热量（W）。

(2) 表面温度法

对同一规格的管道沿长度方向分成若干个段，在每一段的测量截面上布置 4 个测温点，测温点设在与其截面中心线成 45°角的位置上，热损失由下式计算：

$$q_F = \alpha(T - T_e) \tag{5-54}$$

管网保温效率由下式计算：

$$\eta_b = \frac{Q - (\sum q_{Fi} F_i + \sum q_{sFi} N_i)}{Q} \tag{5-55}$$

式中 q_F——管道热损失（W/m²）；
α——管网表面与环境间的综合传热系数，[W/(m²·k)]；
T——所测表面平均温度（℃）；
T_e——所测截面处的环境温度（℃）；
F_i——某规格管道表面积（m²）；

q_{Fi}——某规格管道热损失（W/m）；

其他符号意义同前。

(3) 热量平衡法

用上述现场实测的办法求得管网的保温效率难度很大，若条件允许可以采用热量平衡法测量热损失量。这可在热源出口处设热量计，测出总供热量 Q，然后在每个用户处设热量计，测出用户供热量 Q_i，由此可以求出管网保温效率 η_b，(%)。

$$\eta_b = \frac{\sum Q_i}{Q} \tag{5-56}$$

用热平衡法测热损失量需要仪表的投资较大，且应认真校核所用仪表。

5.3.11 输水效率的测量

输水效率 η_s 与管网由于漏水而损失的热量有关。管网由于漏水而损失的热量 Q_{LS} 由下式计算：

$$Q_{LS} = G_b \cdot C \cdot (t_p - t_b) \tag{5-57}$$

输送效率为：

$$\eta_s = \frac{Q - Q_s - Q_{LS}}{Q - Q_s} = 1 - \frac{Q_s}{Q - Q_b} \tag{5-58}$$

式中 Q_{LS}——管网因漏水而损失的热量（W）；

G_b——网路补水量（kg）；

C——水的比热，取 4186.8J/(kg·℃)；

t_p——网路供回水平均温度（℃）；

t_p——网路补水温度（℃）；

η_s——输水效率（%）；

Q_s——管网散热损失的热量（W）；

Q——管网输送的热量（W）。

网路补水量可采用流量仪表来计量，应设在补水泵出口的管路上，补水温度最好用电阻温度计或热电偶温度计来测量，应设在补水箱中。Q_s 的测量方法如前所述。

6 建筑光学测量

6.1 建筑光学测量概述

建筑光学是研究天然光和人工光在建筑中的合理利用并创造良好的光环境，以满足人们工作、生活、审美和保护视力等要求的应用学科，是建筑物理学的重要组成部分。舒适的光环境应该包括以下几个方面的内容：合适的照度，合理的照度分布，舒适的亮度及亮度分布，宜人的光色，避免眩光的干扰，自然光的充分利用等。舒适的光环境可以满足人的视觉要求，创造特定的环境气氛，对人的精神状态和心理感受产生积极的影响。

现代建筑光学理论日趋完善，天然光的变化规律逐步为人们所掌握，各类建筑的采光方法和控光设备相继研究成功，各种新型节能电光源和灯具也在建筑中得到广泛的应用，从而使这一学科在建筑功能和建筑艺术中发挥日益重要的作用。建筑光环境的测量相应地越来越受到重视。

6.1.1 光的性质

光是能量的一种存在形式。光是以电磁波的形式来传播辐射能的。电磁波的波长范围很大，而只有波长在 380~780nm 这部分辐射才能引起人的视觉感觉，对其称为看见光（简称光）。这些范围以外的光称为不可见光。波长小于 380nm 的电磁辐射为紫外线、X 射线、γ 射线或宇宙线等，波长大于 780nm 的辐射称为红外线、无线电波。紫外线和红外线虽然不能引起人的视觉，但其他特性均与可见光相似。人的眼睛对不同波长的可见光会产生不同的颜色感觉，将可见光波长从 380~780nm 依次展开，光将分别呈现紫、蓝、青、绿、黄、橙、红色。单一波长的光呈现一种颜色，称为单色光。有的光源如钠灯，只发射波长为 583nm 的黄色光，这种光源称为单色光源。一般光源如天然光和白炽光源等是由不同波长的光组合而成的，这种光源称为多色光源或称复合光源。

在建筑光学中用光通量、发光强度、照度和亮度等参数表示光源和被照面的光特性；用光影深浅来表示建筑物表面和被观察物体的亮度差别；用光的吸收、反射、散射、折射、偏射等来表示光线从一种介质进入另一种介质时变化规律；用发射或反射光谱、亮度和色度坐标来表示光源色和物体色的基本特性。建筑光学就是要利用上述光、影、色的基本特性，创造良好的建筑光环境。

6.1.2 光的物理量度

光环境的设计和评价必须有定量的分析和说明。光的度量方法有两种：第一种是辐射度量，它是纯客观的物理量，不考虑人的视觉效果；第二种是光度量，是考虑人的视觉效果的生物物理量。常用的光度量有光谱光效率、光通量、照度、发光强度和亮度。

6.1.3 光环境质量的评价标准

为了建立人对光环境的主观评价与客观的物理指标之间的对应关系,世界各国的科学工作者进行了大量的研究,大部分成果已列入各国照明规范、照明标准,成为光环境设计和评价的依据和准则。制定照度标准的主要依据是视觉功效特性,同时还应考虑视觉疲劳、现场主观感觉和照明经济性等因素。科学地评价光环境应包括以下内容。

(1) 适当的照度水平

1) 照度标准

人眼对外界环境明亮差异的感觉,取决于外界景物的亮度。但是,要规定适当的亮度水平就显得相当复杂,因为它涉及到各种物体不同的反射特性。所以,实践中还是以照度水平作为照明的数量指标。

照度标准除了根据视觉功效制定外,还应根据降低视觉疲劳、提高劳动生产率的要求加以修正。提高照度水平对视觉功效有一定程度的改善,但并非照度越高越好。无论从视觉功效还是从舒适感考虑,理想照度最后都要受到经济水平、特别是能源供应的限制,所以,实际应用的照度标准大都是折衷的标准。

表 6-1 是 CIE 对不同作业和活动所推荐的照度标准。标准所给出的是照度范围而不是一个确定的照度值,以便设计人员根据具体情况选择适当的数值。一般采用所属照度范围的中间值,下列情况采用照度范围的较高值:

CIE 对不同作业和活动推荐的照度 表 6-1

照度范围(lx)	作业或活动的类型
20~30~50	室外入口区域
50~75~100	交通区、简单地判断方位和短暂逗留
100~150~200	非连续工作用的房间,例如工业生产监视、贮藏、衣帽间、门庭
200~300~500	有简单视觉要求的作业,例如粗加工、讲堂
300~500~750	有中等视觉要求的作业,例如普通机加工、办公室、控制室
500~750~1000	有较高视觉要求的作业,例如缝纫、检验、试验、绘图室
750~1000~1500	难度很高的视觉作业,如精密加工和装配、颜色辨别
1000~1500~2000	有特殊视觉要求的作业。如手工雕刻、很精细的工件检验
>2000	极精细的视觉作业,如微电子装配、外科手术

(A) 作业面本身的反射比与对比特别低;
(B) 纠正工作差错代价昂贵;
(C) 视觉作业非常严格;
(D) 精确度或生产率至关重要;
(E) 工作人员的视觉能力差。

反之,作业本身的反射比与对比特别高,工作速度或精确度无关紧要,或者是临时性工作时,则可选用照度范围的下限值。

2) 我国的照度标准

我国新编照度设计标准已经考虑到与国际标准的一致性，同时也兼顾我国的地域特点，以及经济条件、民族习惯和建筑物的使用率等因素。我国的照度标准也给出一个三个照度等级值组成的照度范围，以有利于设计人员灵活应用照度标准。在一般情况下，视觉作业的分类、对应的照度分级及照明方式可参照表 6-2 大致选取。

视觉作业的分类、对应的照度分级及照明方式　　　表 6-2

视觉作业分类	照度分级(lx)	照明方式	视觉作业分类	照度分级(lx)	照明方式
特殊视觉作业的照明	2000	优先采用一般照明与局部照明结合的混合照明也可以采用一般照明	简单视觉作业的照明	30	推荐采用一般照明
	1500			20	
	1000			15	
	750			10	
	500			5	
一般视觉作业的照明	300	优先采用一般照明，然后考虑采用一般照明与局部照明结合的混合照明		3	
	200			2	
	150			1	
	100			0.5	
	75				
	50				

3) 照度均匀度

一般照明时不考虑局部的特殊需要，为照亮整个假定工作面而设计均匀照明。一般来说，不需要整个室内的照度完全均匀，但却要求整个房间内任何位置都能进行工作。所以，对一般照明还应当提出照度均匀度的要求。照度均匀度是以工作面上的最低照度与平均照度值的比来表示，我国照明标准中规定的照度不均匀度不得小于 0.7，CIE 和经济发达国家建议的数值是不小于 0.8。

工作房间的一般工作区域（例如交通区）的平均照度不应低于工作区平均照度的 1/3。相邻房间之间的平均照度比不应超过 5∶1。

4) 空间照度

在交通区、休息区、大多数公共建筑，以及居室等生活用房等这些场所，适当的垂直照明比水平面的照度更为重要。近年来已经提出两个表示空间照明水平的物理指标：平均球面照度与平均柱面照度。实践证明平均柱面照度有更大的实用性。

(2) 舒适的亮度比

在工作房间里，除了工作对象外，作业区、顶棚、墙、窗和灯具都会进入人的眼帘，它们的亮度水平和亮度图式会对视觉产生重要影响。无论从可见度还是从舒适感的角度来说，室内主要表面有合理的亮度分布都是非常必要的，它是对工作面照度的重要补充。

在工作房间，作业近邻环境的亮度应当尽可能低于作业区本身的亮度，但最好不要低于作业亮度的 1/3。而周围环境视野（包括顶棚、墙、窗户等）的平均亮度，应尽可能不低于作业亮度的 1/10。灯和白天的窗户亮度，则应控制在作业亮度的 40 倍以内。这就要统筹考虑照度和反射比这两个因素，因为亮度与二者的乘积成正比。

（3）宜人的光色、良好的显色性

光源色的选择取决于光环境所要形成的气氛。例如，照度水平低的"暖"色灯光（低色温）接近日暮黄昏的情调，能在室内创造亲切轻松的气氛；而希望紧张、活跃、精神振奋地进行工作的房间，宜于采用"冷"色灯光（高色温），提供较高照度。

从建筑的功能，或从真实显示装修色彩的艺术效果来说，光源的良好显色性具有重要作用。

（4）避免眩光干扰

产生眩光是光环境的重要缺陷，眩光可以损害视觉、也能造成视觉上的不舒服感。产生眩光的原因很多，主要有以下两种。

1）由于视野内的亮度分布不适当，即在视野内出现了不同的亮度，并形成了大的亮度比。

2）另一种原因是由于视野内的亮度范围不适当，即视野内出现了太亮的发光体。

眩光可以损害视觉（失能眩光），也能造成视觉上的不舒适感（不舒适眩光）。这两种眩光效应有时分别出现，但多半是同时存在着。对室内光环境来说，不舒适眩光往往比失能眩光出现的机会多，且更难解决。凡是能控制不舒适眩光的措施，一般均有利于消除失能眩光。因此控制不舒适眩光更为重要，只要将不舒眩光控制在允许限度内，失能眩光也就自然消除了。眩光对人的生理和心理都有明显的危害，且会对劳动生产率有较大影响，眩光如同噪声一样，是一种环境污染。

6.2 照度的测量

6.2.1 照度计

照度计是测量光照度的常用仪器，最简单的照度计由硒光电池或硅光电池与微电流计组成。光电池是把光能直接转换成电能的光电元件，在光线的作用下光电池产生与光照度成比例的电流，通过串联在电路的检流计测出电流强度后便可获得测量表面的照度值大小。

（1）照度计的构造与测光原理

一般的照度计是由感应接受器及检流计（微安电流表）组成。感应接受器包括光电池、滤光器、余弦校正器等部分。感应接受器的核心元件为硒光电池或硅光电池。

硒光电池的构造如图 6-1 所示，它是在钢质基板上涂上一层不透光的纯半导

6 建筑光学测量

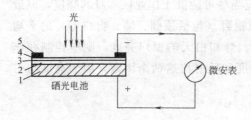

图 6-1 硒光电池和微电流
计组成的照度计原理图
1—金属底板；2—硒层；3—分界面；
4—金属薄膜；5—集电环

体硒层，然后在硒层上镀上一层极薄（约 $5×10^{-3}\mu m$）的透明的金（铂）薄膜。在金膜与半导体硒的接触面上，金的自由电子流到硒层里去，与半导体硒接触的金的表面上便带有正电荷，硒的表面上接受了电子，填补了"空穴"所带的负电荷，在交界面形成了一个电场，此电场将阻止金属的电子向硒层运动或硒层的"空穴"向金层运动，从而形成一个阻挡层。但是当光电池受到光线照射后，光线透过金膜照射到硒层，使硒吸收了能量，使硒原子中的电子外逸成为自由电子，它就能迅速通过阻挡层达到金层里去，从而使阻挡层两边产生一个电位差，与硒接触的钢质基板为正极，金膜为负极。当外电路接通时，从硒层中迁移到金属中的电子沿外电路又回到硒层中和了硒层中由于光作用使电子外逸而形成的"空穴"，因此在电路中呈现了电流，即为光电流。其方向为由硒层指向金层，此时串联在电路中的微安计就可测出与光照度成正比例的光电流大小，据此便可测出照射在硒光电池上的照度值的大小。

(2) 照度计的有关修正

为了使光电池接受的被测光照的光谱效应与人眼（应理解为"平均"人眼）的相对光谱效应相一致，同时还要改正光线照射光电池时由于照射角度倾斜而可能引起的测量误差，因此还要在光电池上增加一些附件，以修正测量中的误差，提高测量结果的精确度。这些修正包括：

1) 光谱灵敏度修正

根据光度学的原理，照明用光的计量应以"平均人眼"共有的相对光谱光效率函数（或称相对视见函数）V（λ）特性为基础，因此用于物理测光的光电感应器也必须具有与 V（λ）一致的光谱灵敏度。但是常用的光电池的相对光谱灵敏度与 V（λ）曲线相比较都有相当大的偏差（图 6-2）。

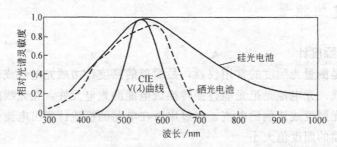

图 6-2 光电池的相对光谱灵敏度与 V（λ）曲线的比较

由上图可见硒光电池的光谱灵敏度分布曲线与硅光电池相比，较为接近 CIE 推荐的人眼的视觉函数，但是仍然要加上一个滤光器，全部或部分滤除不需要的波长部分，使之符合人眼的视觉灵敏度。为此，仪器制造厂家在生产照度计时一般都在硒光电池上面附加一个校正滤色片。它是一片黄绿色的滤光片，可将光谱的紫红色部分的透过量减少,以校正测量时不同波长接受灵敏度不同而引起的误差。硒光电池的光谱灵敏度与人眼的视觉灵敏度稍为接近一些,因而硒光电池的滤色校正器较易制作;硅光电池的灵敏度曲线与人眼灵敏度曲线偏离更大,所以硅光电池加滤光校正器后它的灵敏度显著降低。为了补救这一缺陷,有的厂家在生产硅光电池照度计时就在仪器的电路中加一个放大器把光电流进行放大,以弥补由于附加滤光校正器而造成的损失。硅光电池照度计的基本电路图如图6-3所示。

2) 余弦修正

硒光电池表面为一光滑的镜面,当射向光电池的入射光线与光电池的表面

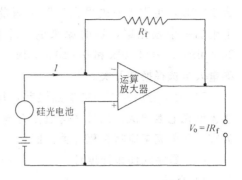

图 6-3 硅光电池照度计的基本线路图

不是垂直作用,且倾斜角度较大时,光电池表面的镜面反射作用会将部分入射光线反射掉而引起测量结果的误差,这一现象称为光电池的余弦效应。为了修正这一误差,通常要在光电池上外加一个均匀漫透射材料的余弦校正器,以保证从任何角度入射光线的条件下都能满足光电流输出的余弦法则,即这时的照度等于光线垂直入射时的法线照度与入射角余弦的乘积。有的厂家为了减少光电池附件的数量就将滤光片与余弦校正器合在一起,这样使用起来就更加方便。

6.2.2 照度计的使用方法

普通类型的照度计多用硒光电池作接受器,用微安表检流,分为指针式和数字式。

(1) 指针便携式照度计

指针式便携式照度计的一般外形如图6-4所示。其使用方法简介于下:

1) 照度计使用前应先检查电流表指针是否正确指在"0"位上,否则应进行调整,调整螺钉的位置可从电表的下方外壳处找到。电表检查好后即将光电组件的手柄接线插头插入仪器的光电池插座内。

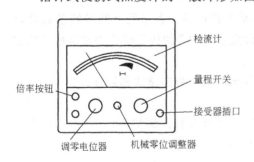

图 6-4 指针式照度计的仪器面板图

2) 测量前要大致估计光源的强弱程度,若待测的照度值估计大于1000lx时,必须将减光罩旋入光电池头部,以免因照度过大引起硒光电池的疲劳,而可能损坏电流表指针。有的照度计则要按下"倍率按钮",这时实际照度为表面指示值×倍率。

3) 测量时要注意手柄头部的硒光电池尽量与入射光线呈垂直位置,如果要测的是水平面的照度而入射光线与光电池平面呈倾斜角度时,则光电池上应加放余弦校正器以免引起测量的误差。

4) 一般的照度计都有几个量程档,由测量人员估计大致的照度范围后选择

合适的量程挡位置。调挡时要由高照度档向低照度档依次调试，应以指针处于该档满量程的 50% 以上范围为宜。

如有的仪器备有 0~200lx，0~500lx，0~1000lx，三个量程档，最大量程为 1000lx，可用于室内采光和照明测量。若用于室外采光测量时就要在光电池上附加一个减光罩，这时原来的三个档的量程分别都提高 100 倍，达到 0~20000lx，0~50000lx 和 0~100000lx。具有自动切换量程功能的照度计就不必由测量人员选择换挡开关。

5) 为了避免实测中的偶然误差，每个测点要读取三次读数，实测时可用手遮盖硒光电池数次，以其平均值作为该点照度的测定值。测量时间以 0.5~1min 为宜，测量完毕应将量程开关拨回到"关"的位置上。

(2) 数字式便携照度计

1) 概述

近年来数字式照度计发展和普及很快，此类照度计具有结构小巧，读数和使用方便。一般采用硅光电池或硒光电池作为光敏元件，经高性能集成运算放大器放大，并经 A/D 转换后由液晶显示屏显示读数。数字式照度计的接受器都配有 V（λ）修正滤光片，符合 CIE 规定的人眼视觉光谱特性，并配置有余弦校正器，使接受器对各种不同角度光源的响应值符合余弦法则。对点、线、面光源、漫射光源及各种不同颜色的可见光均能准确测量。

2) 特点

(A) 以数字读数代替指针读数，大大减少了读数误差；

(B) 采用了高性能的集成运算放大器，故仪器在使用中不需调零，避免了零点漂移，大大提高了测量精度；

(C) 仪器设置了读数保持功能开关，当测试环境照度多变时，将读数保持开关拨向"Keep"一端，就可以将该瞬时的照度值保持下来；

(D) 有一些数字式照度计设计了自动换挡电路，各量程之间的转换自动进行，无需人工操作，只要把显示屏上的读数和相对应的挡位值相乘便是最后的测量值；

(E) 可以存贮数据，并可以和微机通讯，进行数据整理和处理。

3) 基本技术参数

测量范围：0.01~200000lx，档位分 4 档或 5 档。例如有：0.01~20/200/2000/20000lx；和 0.1~200/2000/20000/200000lx 等。

准确度：±3%。

重复性：±2%。

6.2.3 照度计的校正

硒光电池或硅光电池的灵敏度都会随使用而发生变化，为了保证照度测量的必要精确度，照度计要定期进行刻度校正，在大型实测之前最好能对所用仪器再次进行校正。

(1) 校正原理

照度计的刻度校正要在光轨上进行。校正照度计刻度的基本原理是点光源照度与发光强度之间关系的平方反比定律。利用已知发光强度的标准灯泡作为光源，设定光源与被照面之间的不同照射距离，就可按平方反比定律的公式把被照面上的准确照度值计算出来：

$$E = I/l^2 \tag{6-1}$$

式中　I——光源在被照表面方向的发光强度（cd）；

　　　l——光源灯丝表面至被照面的距离（m）；

　　　E——被照面上的照度（lx）。

测试时将光源和光电池都装在试验用的光轨上，用作光源的标准灯泡装在光轨的一端，把照度计的光电接收器（光电池）装在光轨的另一端，光轨上标有测量距离的尺寸刻度。灯泡和接收器分别装在可沿光轨移动的小车上，如图6-5所示。

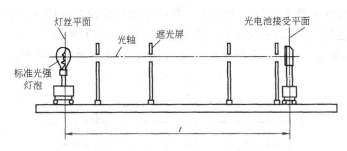

图6-5　照度计校正装置示意图

首先调整标准灯泡的灯丝平面和接收器平面，使它们都要垂直于光轴线，并使它们的中心点对准测量轴线，此时接收器平面与灯丝平面应相互平行，还要在接收器和标准灯泡之间的适当位置上放置3～5片带孔的遮光屏，以保证光源的一个光束能照射到接收器上，又能排除不需要的杂散光的影响。测试中调整光源到接收器距离时，要注意灯丝平面距接收器的最小距离必须大于标准灯泡灯丝线性尺寸的10倍以上，以确保灯丝作为点光源的试验条件。

（2）实验设备

1）光强标准灯

要使用Ⅱ级标准光强灯泡，上海灯泡厂生产的标准灯泡的型号为BDQ型，直流供电，在规定电压和电流条件下灯泡灯丝法线方向的发光强度是一个定值。

2）可调直流稳压电源

3）光轨

又叫光度台，光轨长度宜为6～9m，轨道平面要经过严格的水平校准，轨道侧面应标有距离刻度，由它提供精确的距离值l，轨道两端设置有两个小车，通过转动光轨上的传动小轮可使小车在轨道上前后移动。小车平台上安有夹具，可用来固定标准灯泡和光电接收器。光轨表面要进行发蓝处理成深黑色，以避免轨道表面成为光反射面。

（3）刻度校正步骤

1）首先在光轨上安装好标准光强灯泡和光电接收器，并按前面提出的要求进行光轴线与光轨面平行的调整，以及接受器平面与光轴线垂直度的调整。

2) 接通标准灯供电电源，经稳压器调到规定的电压，使灯泡在额定电压下预热 3~5min，待灯泡发光稳定后，才可进行标定工作。

3) 使照度计的光电池在 1000lx 照度下曝光 3~5min 使其稳定。

4) 移动光电池在光轨上的位置。每停放一个位置要记录光电接受器与灯泡之间的距离，以便计算光电池表面接受的光照度 E_s，同时读出与光电池连接的照度计电表上的照度读数 E_m，每个停留位置要进行三次照度读数。

测量要由远到近进行，对照度计的每一量程档要检定 5 点以上。由于我国目前生产的标准灯泡的功率最大的是 BDQ-8 型标准灯，在保证点光源的条件下最高只能产生 3000lx 的照度，因此照度值大于 3000lx 范围以外的刻度标定，此办法已不能解决问题，而要采用别的标定方法。

(4) 数据整理

将光电池在光轨上的每一个标定位置计算出的实际照度值 E_s 与标定的照度计实测的照度值 E_m（取三次读数的平均值）在坐标纸上描绘 E_s-E_m 曲线，描图时以 E_s 为纵坐标，以 E_m 为横坐标，见图 6-6，并求出曲线的斜率：

$$k = \mathrm{tg}\alpha = E_s/E_m \tag{6-2}$$

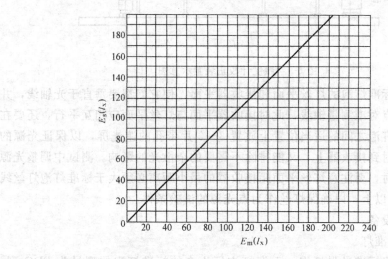

图 6-6 照度计刻度校正曲线（E_s-E_m 对照曲线）

曲线的斜率 k 即为刻度校正系数，在照度计的实测值上乘以校正系数 k 就会得到正确的照度计读数：

$$E_s = kE_m \tag{6-3}$$

也可在校正过程中根据实际照度值利用照度计内的可变电阻调整表头的读数，使照度计的电表读数与实际的照度相一致，这样就省去了实测值与实际值的换算过程。

6.3 亮度的测量

6.3.1 亮度计的类型

目前用于光环境或光源亮度测量的仪器按其测量原理和构造的不同分为两大

类型：一类是遮筒式亮度计；另一类是透镜式亮度计。遮筒式亮度计适用于测量面积较大、亮度较高的目标，而透镜式亮度计则适宜在被测目标较小，或在观测距离较远时采用。

6.3.2 遮筒式亮度计

遮筒式亮度计是根据亮度与照度关系的立体角投影定律的原理而制作的。该定律揭示：某一亮度为 L_a 的发光面在被照面上形成的照度是发光表面的亮度 L_a 与发光表面在被照面上形成的立体角 ω 在被照面上的投影的乘积，即：

$$E = L_a x \omega \cos\theta \tag{6-4}$$

这个定律表明：照度仅和发光表面的亮度及其在被照面上形成的立体角有关，而跟发光表面面积的绝对值无关。当立体角固定，就可以从待测表面亮度形成的照度值推算出该物体表面的亮度，把亮度测量转换为照度测量。

遮筒式亮度计的构造示意图如图 6-7 所示。

亮度计的主体部分是一个圆形的遮光筒，筒的一端有一个圆形窗口，窗口直径为 D；另一端安有光电池 C，光电池的直径为 d，通过窗

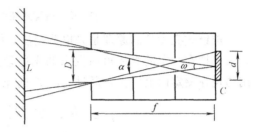

图 6-7　遮筒式亮度计构造原理示意图

口光电池可以接受到亮度为 L 的发光或反光表面的照射。为了遮蔽杂散反射光的影响，筒的内壁是无光泽黑色饰面，筒内还设有若干光阑。

按图 6-7 所示的遮光筒尺寸，当遮光筒长为 f，开口直径为 D，如果遮光筒窗口与被测发光（或反光）表面的距离不大，则可认为窗口亮度即等于光源被测部分（图中 α 角所张的面积）的亮度。按照立体角投影定律可以算出在遮光筒后部的光电池上的照度值 E。考虑到入射光线与光电池平面法线间的夹角 $\theta = 0°$，$\cos\theta = 1$，公式（6-4）可写成以下形式：

$$E = L\omega\cos\theta = L\omega \tag{6-5}$$

$$= L \cdot \frac{\pi}{4}\left(\frac{D}{f}\right)^2 \cdot \omega_0 \tag{6-6}$$

式中　L——待测表面的亮度（cd/m²）；

D——遮光筒窗口的直径（m）；

f——遮光筒的长度（m）；

ω_0——立体角单位（sr）。

因此，当由光电照度计测出照度 E 后便可计算出待测的亮度值：

$$L = E \cdot \frac{4}{\pi}\left(\frac{f}{D}\right)^2 \cdot \frac{1}{\omega_0} \tag{6-7}$$

遮筒式亮度计适用于测量面积较大、距离近、亮度较高的目标。

6.3.3 透镜式亮度计

当被测目标较小，或距离较远时，要采用另一类透镜式亮度计来进行测量。这类亮度计通常设有目视系统，便于测量人员瞄准被测目标。光辐射由物镜接收

并成像于带孔反射板，光辐射在带孔反射板上分成两路；一路经反射镜反射进入目视系数；另一路通过小孔、积分镜进入光探测器。透镜式亮度计的光路系统如图 6-8 所示。

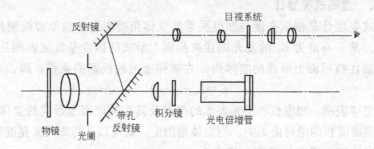

图 6-8　透镜式亮度计的光路系统

透镜式亮度计的原理是光电测定法，构造上采用透镜和光阑。从光源的小面积出发把在一定的立体角内发出的光通量投射到光探测器上，如图 6-8 中所示，用透镜在测定面上成像，通过光阑 A 的光投射到光探测器上，像面照度 E 为

$$E=\frac{\tau\pi L}{4}\cdot\frac{(\Phi/f)^2}{(1+m)^2}=\frac{\tau\pi L}{4F^2}\left(1-\frac{f}{l}\right)^2 \quad (6-8)$$

式中　τ——透镜的透光率；
　　　Φ——透镜的有效口径（m）；
　　　f——透镜的焦距（m）；
　　　m——透镜的放大倍数；
　　　F——透镜的口径比（f/Φ）；
　　　l——被测面到透镜之间的距离（m）；
　　　L——被测定面的亮度（cd/m²）。

当由光电照度计测出照度 E 后便可计算出待测的亮度值：

$$L=\frac{4EF^2}{\tau\pi}\left(\frac{l}{l-f}\right)^2 \quad (6-9)$$

根据式（6-8），像面照度 E 不仅与测定面的亮度 L 成比例，而且也随透镜到被测面之间的距离 l 变化。为了预防距离 l 的变化，作为良好的构造要使入射在像面上光的立体角经常保持恒定，在光路中把光阑加进去，由透镜的 F 值决定立体角 ω_1，由光阑决定 ω_2，这时在测定距离内最好是取 ω_2 比 ω_1 小。此时像面照度 E 值。

$$E=\tau\pi L\omega_2 \quad (6-10)$$

$$L=\frac{E}{\tau\pi\omega_2} \quad (6-11)$$

出售的透镜式亮度计光学系统的参数如下：f：200mm，D：采用 ϕ60mm 的物镜，光阑 A 为开有椭圆孔 Φ3.5～7mm（短径）的与光轴成 30°的反光镜，通过孔的光与被反射的周围视野分开。仪器的视角一般在 0.1°～2°之间，由光阑调节控制。

6.3.4 亮度计的使用

为了使亮度测量更精确，对亮度计有以下要求。

(1) 光谱响应度

在亮度测量度中，仪器的光谱响应度分布必须与国际照明委员会（CIE）明视觉光谱光效率相一致。

(2) 对红外辐射的响应

光度计测量的是可见光区发光体的光亮度值，它不应对红外辐射产生响应。然而，亮度计所用的某些光电探测器件，诸如硅光电二极管，它在近红外区有较强的响应度，如果在红外区的透射比不等于零，则会给测量结果带来显著误差。

(3) 对紫外辐射的响应

亮度计除了不能对红外辐射产生响应以外，也不能对紫外辐射产生响应；而亮度计所用的光电倍增管或硅二极管，在紫外区均有不同程度的响应，应加以控制。

在用照度计和亮度计测量光亮度时，各种特性随时都有可能发生变化，使用时应严格按说明书的要求使用。它们使用时的特征要求除以上的描述的以外，还有绝对光谱响应的不稳定、零点漂移、测量距离变化引起的误差、磁场的影响、电源电压改变所引起的不稳定性以及换挡误差等因素，均影响它们的基本特性，在实际测量时应尽量控制与避免。为了获得精确的测量结果，要按照有关规定对它们进行测量和检测，定期去计量部门进行校准。

7 建筑声学测量

7.1 建筑声学测量系统

建筑声学主要包括室内音质设计问题和噪声控制问题，相应的建筑声学测量也包括这两方面的内容。

声学测量必须具备声源、可控声学环境（声学实验室）和声接收分析设备系统三个条件。测量声源时，通常把待测声源置于一定的声学环境中，直接由声接收设备对其声信号进行接收分析；测量材料和结构声学特性时，如材料吸声系数、构件隔声量测量等，一般做法是把待测材料和构件置于特定声环境中，由声源发声，此时接收设备接收到的声信号已反映了待测材料和构件的影响，因此，通过对接收信号的分析即可获得材料和构件的声学特性；测量声学环境时，只需具备声源和接收设备即可。声源在待测环境中发声，分析接收到的声信号，就可了解环境的声学特性。声学测量中所用的声源、声环境及接收设备必须满足一定的要求。

7.1.1 声源

测试所用的声源有普通声源和电声源两种，前者如产生脉冲声的发令枪、爆竹、气球（爆裂发声）、电火花发生器和产生宽带稳态噪声、标准打击器等；后者通常由信号发生器、滤波器、功率放大器和扬声器组成。信号发生器通常有白噪声发生器、粉红噪声发生器、正弦信号发生器和脉冲声发生器等几种。图 7-1 为各种声源框图。白噪声和粉红噪声是两种具有特定频谱的稳态噪声。白噪声的频率特性是在相等带宽内具有相同的能量，见图 7-2 (a)；当用等比带宽滤波器（如 1/1 倍频程滤波器或 1/3 倍频程滤波器）去分析时，则中心频率增加一倍（相当于绝对带宽增加一倍）能量就增加一倍，即增加 3dB，见图 7-2 (b)。粉红噪声则是在等比带宽内具有相等的能量，见图 7-2 (c)；而在等带宽时，频率增加一倍，能量减少一半，即降低 3dB，见图 7-2 (d)。

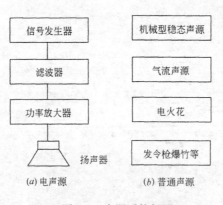

图 7-1 声源系统框图

7.1.2 声学实验室

消声室和混响室用在声学测量过程中产生典型的声学环境，即自由声场和扩

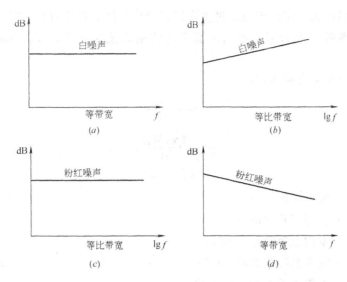

图 7-2 白噪声与粉红噪声的频谱特性

散声场。

进行声学测量时要正确选择实验室，使测量工作又快又准确。例如扬声器的声功率和指向性的测量通常在消声室内进行，但如果只需知道声功率和频谱，则在混响室内测量比较快；又例如测量机器噪声功率，在混响室内也较省事。

(1) 自由声场和消声室

自由声场是只有直达声而没有反射声的声场。在实际中只能做到反射声尽可能小，和直达声相比可以忽略不计，就可以认为是自由声场了。消声室是指一个具有自由声场的房间，或者近似地是声吸收特别大的房间。在这种房间内，只有来自声源的直达声，没有各个障碍物的反射声，也应该没有来自室外的环境噪声。为了使室内情况接近自由声场，室内六个表面都应该敷设吸声系数特别高的吸声材料或吸声结构，在使用频率范围内吸声系数应该大于 0.99。对于消声室内的吸声结构，最常用的是尖劈。铺在地面尖劈的上方应该装设水平的钢绳网，以便放置试件并可在房间内走动。

消声室内自由声场的鉴定，除了测量房间内的背景噪声以外，主要是观察与理想自由声场接近的程度。一般用声压与点声源距离成反比的定律来检验。也就是说，距离增加一倍，声压级减小 6dB，允许偏差范围大约±0.5dB。

为了避免消声室外声源和振源对消声室内声学测试的影响，通常消声室需要采取一定的隔声和隔振措施。

消声室主要用于对声源特性的测量及用于模拟自由场条件的环境声学实验等。

(2) 混响声场和混响室

混响声有两种含义，第一种是指扩散声场；另一种是指声源在室内稳定地辐射声波时，室内声场在离声源某个距离外，混响声比较均匀的区域。扩散声场是指空间各点声能密度均匀，从各方向到这某一点的能流率相同，并且由各方向到达的声波相位是无规则的。具有扩散声场的实验房间就是混响室。它是吸声很小，混响时间很长，室内声波经过多次反射形成声能分布均匀的房间。混响时间是指室内声源停止发音后，室内声能密度按指数规律衰变，降低 60dB 所需的时间。

混响室内测量采用下式：

$$T_{60} = \frac{0.161V}{A} \tag{7-1}$$

$$\overline{p^2} = \frac{4\rho_0 c W_A}{A} \tag{7-2}$$

$$A = S\overline{\alpha} + 4mV \tag{7-3}$$

式中　T_{60}——混响时间（s）；
　　　V——房间容积（m³）；
　　　A——室内总吸声量（m²）；
　　　S——室内总吸声面积（m²）；
　　　$\overline{\alpha}$——各表面的平均吸声系数；
　　　m——空气中声传播的声强衰减常数（m⁻¹）；
　　　c——空气中声速（m/s）；
　　　$\rho_0 c$——空气的声阻抗率（Pa²）；
　　　W_A——声源的声功率（W）；
　　　$\overline{p^2}$——声压平方的平均值（Pa²）。

混响室的设计要求尽量加长空房间的混响时间以保证室内声场扩散。混响时间的极限，在高频率决定于空气的分子吸收，在低频率则决定于墙、天花板和地板表面的吸收。常用的材料有瓷砖或水磨石等。混响室的体形常采用不规则形状房间或者边长成调和级数比的矩形房间。使混响室不规则的方法是把相对壁面做成不平行或者在壁面上装设凸出的圆柱面或者用 V 形墙，鉴定混响室的方法是测量声场的衰变曲线。室内混响声场在各点的混响时间应该相同，衰变曲线虽有起伏，但接近指数律；各点的声压接近，而混响室的混响时间越长越好。

混响室具有表面吸声很小、混响时间长、扩散性好、声场分布均匀等特点，主要用于测量材料吸声系数、声源声功率及混响时间等。

（3）隔声实验室

设计两间紧邻的混响室，一间作声源室，另一间作接收室，就可以用来测量位于公共墙面上的墙壁、门窗等结构对空气隔声特性，也可测量楼板的撞击声的隔声特性，这就是隔声实验室。隔声实验室主要用于测量构件空气声及撞击声隔声量。

（4）高噪声室

高噪声室是一种小型混响室，主要用来进行强噪声下的环境试验。为了提高室内声压级通常采用容积甚小的混响室。小型混响室的主要声学特点是低频响应起伏大，其扩散特性差。这时混响室采用不规则形状对房间简正方式分布影响不大，因此通常用长宽高比例为调和级数的矩形房间简化施工，其低频特性可以采取其他措施来改进。小混响室内声场的频谱，在低频段主要决定于房间特性，大约每倍频程15dB的斜率下降，高频特性决定于扬声器，但由于高声强的非线性效应，可以稍展宽其高频响应。

在小混响室设计中，往往需要同时考虑几个互相有联系又矛盾的因素。若允许的最大空间起伏大些，则使用的最低截止频率就可低些，反之就要高些。而人们希望的是截止频率越低越好，同时声场的空间起伏也越小越好。能够使用的最低截止频率往往又决定于混响室容积的大小。体积大，最低截止频率就可以低些；反之，就要高些。而容积的大小又关系到所能达到的最大总声压级。容积过大，要得到较高的总声压级就比较困难，因为它涉及到声源所能提供的最大功率，涉及到实验室规模、经费等。因此高噪声室要合理选择各种参数，使它既不过高要求以免不必要的花费，同时又能满足使用要求并具有一定的技术水平。

7.1.3 声学测量接收系统

声学测量接收系统通常由传声器、放大器、滤波器、显示装置、记录装置、数据处理装置等组成。图7-3为声学测量接收系统框图。

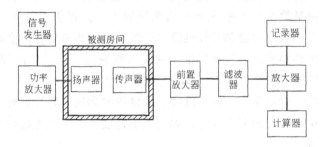

图7-3 声学测量接收系统框图

（1）传声器

传声器的作用是把声学物理量转换成电学物理量，而连接其后的仪器设备都是处理电学物理量的。基本的声学物理量是声压、质点速度和位移。因为测量声压的传声器比测量质点速度和位移的传声器具有制造简单、性能良好的优点，又可以模拟人耳这个同样是接受声压的接收器，所以现在广泛使用的是把声压转换成电学量（通常是电压）的传声器。因此，声学测量中最常用的基本声学物理量是声压。

传声器的种类很多，声学测量中常用的是电容传声器。它具有灵敏度高（即在一定声压作用下输出的电压高）、动态范围大、频率响应好（在很宽的频率范围内有平直的响应）以及性能稳定等优点。电容传声器价格较高，且需配有提供极化电压的电源，这是它的不足之处。另有一种驻极体电容传声器，其稳定性稍差，但不需另加极化电压，因此使用方便，可作为测量精度要求较低的测量传声器。

根据测试条件的不同，传声器灵敏度又分为自由场灵敏度、扩散场灵敏度和声压灵敏度。一般自由场灵敏度都是指0°入射角而言。扩散场灵敏度是当声波无规入射时的灵敏度，即所有入射角的自由场灵敏度的平均值。压强灵敏度是不管声场条件，只考虑传声器膜片上所受到的实际声压情况，即传声器输出电压与作用在膜片上的声压之比。形状规则的传声器，这三种灵敏度之间有一定的

7 建筑声学测量

关系。

为了方便测量，有的传声器做得使 0°入射时的自由场灵敏度频响尽量平直，称为自由场型传声器。有的传声器做得使压强灵敏度或扩散场灵敏度的频响尽量平直，称为压强型传声器。

在进行声学测量时，应按照声场情况，选用适当型号的传声器。如在室外测试时，应选用自由场型传声器；在反射声较强的室内测试时，可选用压强型传声器。在缺乏自由场型传声器而又要进行自由场 0°测试时，可考虑以压强型传声器在 75°入射时使用。对于直径较小的传声器，如直径 12mm 以下，由于大多数声学测量的主要频率范围内的灵敏度随入射方向变化不很大，因此可以忽略方向的影响。

(2) 测量放大器

由传声器接收来的信号一般是微弱的，在进行信号分析之前必须加以放大。放大器一般设有直接和前置放大器输入端。前置放大器输入端给传声器提供必需的极化电压。测量放大器有输入和输出两级放大，共提供增益 100dB 以上。在两级放大器之间插入滤波器和计权网络。两级放大器均有各自的衰减器。两个衰减器的配合使用要得当，一般是尽量少在输入级衰减，以便获得较大的信噪比，但要注意不能使输入级过负荷，否则信号失真较大。

测量放大器一般带有快、慢、脉冲、峰值等时间响应特性，配上电容传声器后，可成为实验室用的精密声级计，如配上加速度计，即成为振动测量仪器。

(3) 滤波器

滤波器是一种选频装置。根据不同频率成分的通过特性，滤波器可分为低通滤波器、高通滤波器、带通滤波器和带阻滤波器等几种。在信号频率分析中主要使用带通滤波器。带通滤波器又有恒百分比带宽、恒频带带宽和恒频率数带宽之分，常用的为恒频带带宽滤波器，如 1/3 倍频带滤波器和倍频带滤波器。

理想的滤波器对通带内的信号没有衰减，使其全部通过；对通带外的信号全部衰减，不能通过。但实际的滤波器对通带以内的信号仍会有一定程度的衰减，而通带以外的信号也有少量通过，见图 7-4。

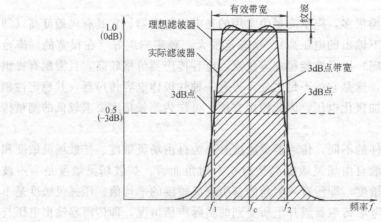

图 7-4 滤波器的幅度频率特性

通常把滤波器通带两侧衰减 3dB 的频率叫做滤波器的截止频率,高端的叫做高截止频率 f_2,低端的叫做低截止频率 f_1,称 $\Delta f = f_2 - f_1$ 为滤波器的带宽;$f_c = \sqrt{f_1 \cdot f_2}$ 为滤波器的中心频率。于是一个滤波器的特性可以用中心频率 f_c 和带宽 Δf 表示。

声学测量中,通过使用滤波器可以了解被测对象的频率特性,以及把不需要的频率成分滤除掉,以改善接收信号的信噪比。

为了使测得的声学物理量与人的主观感受有较好的对应关系,在声学测量接收系统中加入计权网络,以便对不同频率的声音进行不同的衰减。计权网络是滤波线路的一种,通常有 A、B、C、D 四种,分别用于测量不同的噪声,测量结果分别用 dB(A)、dB(B)、dB(C) 和 dB(D) 表示。在环境噪声测量中,通常都采用 A 计权。如果对所有频率都不衰减,则被称为"线性"(档),测量结果直接用 dB 表示。

(4) 读出及记录设备

接收系统测量结果通常以指针指示或数字显示的方式表示,如测量放大器、声级计面板上的表头或数字显示。有时为了对测量结果作进一步分析,如混响时间测量(声压级衰变过程)时,需要把结果输出到其他记录或显示设备。

声级记录仪是常用的记录设备之一。它能记录直流和交流信号,可用于记录一段时间内噪声的起伏变化,如分析某时段交通噪声的变化情况;也可用来记录声压级衰变过程,如测量房间混响时间。

(5) 声级计

把传声器、放大器、计权网络和显示装置等组成一个仪器,就是声学测量中广泛使用的声级计。

图 7-5 为声级计方框图,有时也把倍频带滤波器或 1/3 倍频带滤波器组合到声级计中,成为一台功能较全的组合式声学测试设备。

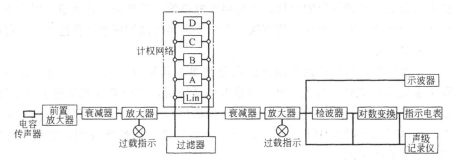

图 7-5 声级计工作原理方框图

通过放大、处理后的噪声信号,在表头上指示读数或显示数字时,其响应时间一般有"快"和"慢"两档。功能较多的声级计有更多不同的平均时间。对于脉冲声级计,还有"脉冲"档以及"脉冲保持"、"最大值保持"等不同功能。使用中应根据不同类型的噪声信号,选用合适的时间响应档。"慢挡"可以测量不短于 1000ms 的声音信号;"快挡"可以测量不短于 200ms 的声音信号;短于 200ms 的脉冲声,必须用"脉冲"挡测量。对长于 1000ms 以上的稳态信号,用

"慢挡"、"快挡"和"脉冲"档测量，得到的结果应当相同。

目前一些声级计还增加了储存和计算功能；可以按一定采样间隔在一段时间内连续采样，最后计算出统计百分数声级和等效连续 A 声级，实际上已成了一台噪声分析仪，用于环境噪声的测量十分方便。

声级计每次使用前都要用声级校正设备对其灵敏度进行校正。常用的校正设备有声级校正器，它发出一个 1000Hz 的纯音。当校正器套在传声器上时，在传声器膜片处产生的一个恒定的声压级（通常为 94dB）。通过调节放大器的灵敏度，进行声级计读数的校正。另一种校正设备为"活塞发声器"，同样产生一个恒定声压级（通常为 124dB）。活塞发声器信号频率为 250Hz，所以在校正时，声级计计权必须放在"线性"挡或"C"挡。

声级计一般配有防风罩，在室外有风情况下使用。稍大的风会在传声器边缘上产生风噪声，给传声器套上防风罩可减少风噪声的影响。

随着计算机技术的不断发展，计算机应用于声学测量越来越广泛，经传声器接收、放大器放大后的模拟信号，通过模数转换成为数字信号，再经数字滤波器滤波或快速傅利叶变换（FFT）就可获得噪声频谱，对此由计算机作各种运算、处理和分析，可以得到各种所需的信息。最终结果可以很方便地存贮、显示或通过打印机打印输出，做到测量过程自动化，显示结果直观化，大大节省人力，提高测量效率。

7.2 声级计及其分类

7.2.1 声级计的应用

声级计是一种按照一定的频率计权和时间计权测量声音的声压级和声级的仪器，它是声学测量中最常用的基本仪器。声级计可用于机器噪声、车辆噪声、环境噪声以及其他各种噪声的测量，也可用于电声学、建筑声学等测量。因为声音是由于振动而产生的，因此，把声级计上的传声器换成加速度计传感器，就可以利用它来测量振动。

为了使世界各国生产的声级计的测量结果互相可以比较，国际电工委员会（IEC）制定了声级计的有关标准，并推荐各国采用。1979 年 5 月通过了 IEC 651 标准，这个标准统一并取代了以前公布的 IEC 123、IEC 179 和 IEC 179A 等几个标准。我国国家标准 GB/T 3785—1983《声级计电、声性能及测试方法》等效采用了 IEC 651 标准。

7.2.2 声级计的分类

(1) 按用途分类

声级计按其用途可以分为：一般声级计、脉冲声级计、积分声级计、噪声暴露计（又称噪声测量计）、统计声级计（又称噪声统计分析仪）和频谱声级计等。

(2) 按其体积大小分类

声级计按外形和体积大小可分为台式声级计、便携式声级计和袖珍式声级计。

(3) 按其显示方式分类

按声级计测量结果的显示方式可分为模拟指示（电表、声级灯）和数字显示声级计。

(4) 按仪器准确度分类

按仪器准确度分类，声级计可分为四种类型：0 型声级计，作为标准声级计；1 型声级计，作为实验室用精密声级计；2 型声级计，作为一般用途的普通声级计；3 型声级计，作为噪声监测的普查型声级计。四种类型的声级计的各种性能指标具有同样的中心值，仅仅是容许误差不同。而且随着类型数字的增大，容许误差放宽。根据 IEC 标准和国家标准，四种声级计在参考频率、参考入射方向、参考声压级和参考温湿度等条件下，容许的固有误差如表 7-1 表示。

各种类型声级计的固有误差（单位：dB）　　　　表 7-1

声级计类型	0	1	2	3
固有误差	±0.4	±0.7	±1.0	±1.5

7.2.3 积分声级计

(1) 积分声级计的性能

在实际应用的许多场合，尤其对于非稳定噪声，需要测量噪声的等效连续声级 L_{eq}。但是，一般声级计是不能直接测量等效连续声级的，只能通过测量不同声级下的暴露时间，然后计算等效连续声级。显然，这种方法是非常花费时间和人力的，而且测量结果的准确性也有一定限制。使用积分声级计就能够直接测量并显示出某一测量时间内被测噪声等效连续声级，使测量变得非常简单、快捷和准确。

积分声级计又称为积分平均声级计或平均声级计，它除应符合 IEC 651《声级计》标准中有关指向特性、频率计权特性和各种环境下的灵敏度要求外，还应符合 IEC 804《积分平均声级计》中规定的积分和平均特性、指示器特性和过载检测及指示特性的要求，这些特性要求对于测量稳态声、断续声、起伏声和脉冲声的等效连续声级 L_{eq} 是必须的。

积分声级计和一般声级计都对频率计权声压进行平均，然而平均过程在两个方面是有所不同。首先，一般声级计仅有有限个固定的、且持续时间相对较短的指数平均特性，最通用的就是 F（快）和 S（慢）两种，前者平均时间常数是 0.125s，后者是 1s。相比之下，积分声级计的线性平均时间要长得多，可达几分钟或几小时。其次，积分声级计对发生在选定的平均时间内的所有声音给予同等重视，而一般声级计则对最新发生的声音比先前发生的声音要重视得多，一般声级计的时间计权按指数衰减，这样，如使用 1s 特性，起主要作用的是最近 1s 内发生的声音，而对之前 10s 发生的声音很少起作用。

积分声级计比一般声级计应具有更宽的线性度范围，对于 0 型积分声级计至少为 70dB，1 型为 60dB，2 和 3 型为 50dB，它们相应的脉冲范围分别至少为 73dB、63dB 和 53dB。不管是模拟式的还是数字式的积分声级计，指示器范围应至少为 30dB。

7 建筑声学测量

积分声级计应具有检测峰值过载的监视器。在积分期间的任何时刻，若发生过载，监视器应能给予锁定指示。只重新开始计算等效连续声级时，过载指示才被复位。

有的积分声级计还设计成能测量 A 计权声暴露级 L_{AE} 和平均 AI 计权声压级 $L_{AIeq\cdot T}$。L_{AE} 是在一定时间间隔测得的，相对于 $4\times 10^{10} Pa^2 \cdot s$ 的 A 计权声暴露级，$L_{AIeq\cdot T}$ 是用频率计权 A 和时间计权 I，在一定时间间隔内测得的平均声压级。

积分声级计也分为 0、1、2、3 型，它们的固有误差及适用场合与一般声级计相同。

(2) 积分声级计的原理

积分声级计通常由传声器、具有规定频率计权的放大器、积分器、时间平均器及指示器组成，随着计算机技术的发展，在积分声级计中已普遍使用单片计算机技术。典型的积分声级计工作原理方框图如图 7-6 所示。

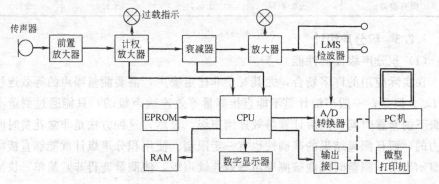

图 7-6 积分声级计工作原理框图

(3) 积分声级计的应用

积分声级计的典型应用有：

1) 能引起听力损伤或烦恼的工业噪声测量；

2) 公共噪声（交通、居民住宅区、工业区及机场）测量，这种噪声可能使人烦恼或者违反规定；

3) 测量产品噪声或其他声源的平均声压级，在这种情况下，可以使用积分功能来确定空间平均和时间平均。

4) 脉冲积分声级计

脉冲积分声级计是在一般的声级计的基础上增加了 CPU，即增加了储存和计算功能；可以按一定采样间隔在一段时间内连续采样，最后计算出统计百分数声级和等效连续 A 声级；可以进行等效噪声级、单爆发声暴露级、振动级等测量，实际上已成了一台噪声分析仪，用于环境噪声的测量十分方便。

7.2.4 噪声统计分析仪

噪声统计分析仪又称统计声级计，是用来测量噪声级的统计分布，并直接指示 L_n（例如 L_5、L_{10}、L_{50}、L_{90}、L_{95} 等）的一种声级计。噪声统计分析仪是一种数字式谱线显示仪，能把测量范围的输入信号在短时间内同时反映在一系列信号通道显示屏上，这对于瞬时变化声音的分析很有用处，通常用于较高要求的研究、测量。噪声统计分析仪型号很多,其中有用干电池可携带的小型实时分析仪,并具有储存功能,对现场测量,特别是测量瞬息变化声音很方便。

这种仪器能测量并用数字显示 A 声级、等效连续声级 L_{eq}、均方偏差 SD 等。它还可以通过打印机打印上述测量结果,并画出噪声级的统计分布图和累积分布图。噪声统计分析仪还能用来进行 24h 环境噪声监测,每小时测量 1 次,然后显示或打印出每小时噪声值(L_{eq}、L_{10}、L_{50}、L_{90}、SD),并画出 24h 的噪声分布曲线。有的噪声统计分析仪还具有数据存储功能及输出接口,可把存储数据送到计算机显示、打印、存盘或进一步处理,以及进入数据库。噪声统计分析仪最适用于各级环境监测部门进行环境噪声自动监测。

噪声统计分析仪的基本组成与积分声级计相似,不过数据存储器(RAM)的容量更大,增加了输出接口,一般还配备微型打印机,程序软件也更丰富,许多计算和统计功能都能由软件来完成。

7.2.5 滤波器和频率分析仪

滤波器是只让一部分频率成分通过,其余部分频率衰减掉的仪器或电路。滤波器有四种,即高通滤波器、低通滤波器、带通滤波器和带阻滤波器。在频率分析中经常使用的是带通滤波器。

国际标准化组织(ISO)和我国国家标准规定了倍频程和 1/3 倍频程滤波器的中心频率(见表 7-2)。知道了中心频率 f_0,就可以知道滤波器的频率范围,因为 $f_0=\sqrt{f_1 f_2}$、$f_2/f_1=2^n$,所以滤波器的上限频率 f_2 和下限频率 f_1 可由下式求出:

$$f_2=\sqrt{2^n}f_0 \qquad (7-4)$$

$$f_1=f_0/\sqrt{2^n} \qquad (7-5)$$

倍频程和 1/3 倍频程滤波器的中心频率(单位:Hz)   表 7-2

倍频程	1/3 倍频程		
16	16	20	25
31.5	31.5	40	50
63	63	80	100
125	125	160	200
250	250	315	400
500	500	630	800
1000	1000	1250	1600
2000	2000	2500	3150
4000	4000	5000	6300
8000	8000	10000	12500
16000	16000	20000	25000

各种滤波器与测量放大器(或声级计)配合使用,可以用来进行频率分析。有时将滤波器与测量放大器组合成一台仪器,这种仪器通常称为频率(或频谱)分析仪。根据滤波器的特性,有 1/3 倍频程和倍频程频谱分析仪、恒百分带宽频率分析仪和恒带宽频率分析仪(外差分析仪)。

7.2.6 声级记录仪

声级记录仪是常用的记录设备之一。它能记录直流和交流信号,可用于记录一段时间内噪声的起伏变化,以便于对环境噪声作出准确评价,如分析某时段交通噪声的变化情况;也可用来记录声压级衰变过程,如测量房间的混响时间。

磁带记录仪(录音机)可以把噪声记录在磁带上加以保存重放。

7.2.7 实时分析和数字信号处理

在信号频谱分析中,前面介绍的不连续档级滤波器和扫描滤波器分析方法对稳态信号是完全适用的;但对于瞬态信号的分析,则只能借助于磁带记录器把瞬态信号记录下来,做成磁带环进行反复重放,使瞬态信号变成"稳态信号",然后再进行分析。如果用实时分析仪进行分析,则只要将信号直接输入分析仪,立刻就可以在荧光屏上显示出频谱变化,并可将分析得到的数据输出并记录下来。有些实时分析仪还能作相关函数、传递函数分析,其功能也就更多。

实时分析仪有模拟的、模拟数字混合的以及采用数字技术的。

7.2.8 声校准器

声校准器是一种能在一个或几个频率点上产生一个或几个恒定声压的声源。它用来校准测试传声器、声级计及其他声学测量仪器的绝对声压灵敏度,有时候还将它作为声测量装置的一部分,来保证声测量的精度。作为一种校准器,对声校准器的准确度和稳定度都比一般仪器有更高的要求。为了能满足声学测量的校准要求,IEC 942—1988《声校准器》标准,将声校准器的准确度等级由原来的1级、2级、3级提高到0级、1级、2级,并提出了相应的稳定度指标。要求声校准器至少产生一个不低于90dB的声压标称值。声校准器允许误差及稳定度极限见表7-3。

声校准器允许误差及稳定度极限   表7-3

声级校准器级别	0	1	2
允许误差 dB	±0.15	±0.3	±0.5
稳定度 dB	±0.05	±0.1	±0.2

7.2.9 声学测量仪器使用注意事项

(1)声级计每次使用前都要用声级校正设备对其灵敏度进行校正。常用的校正设备有声级校正器,它发出一个1000Hz的纯音。当校正器套在传声器上时,在传声器膜片处产生一个恒定的声压级(通常为94dB)。通过调节放大器的灵敏度,进行声级计读数的校正。另一种校正设备为"活塞发声器",同样产生一种恒定声压级(通常为124dB)。活塞发声器的信号频率为250Hz,所以在校正时,声级计的计权网络必须放在"线性"档或"C"档。

(2)特殊场合外,测量噪声时一般传声器应离开墙壁、地板等反射面一定的距离。在进行精密测量时,为了避免操作者干扰声场,可使用延伸电缆,操作者可远离传声器。

(3)背景噪声较大时会产生测量误差。如果被测噪声出现前后其差值在10dB以上,则可忽略背景噪声的影响,否则应需进行修正。

(4)测量时如果遇上强风,风会在传声器边缘上产生风噪声,给测量带来误差。在室外有风情况下使用,给传声器套上防风罩可减少风噪声的影响。

7.3 声强测量

在声学测量中,一般是测量声压(或声压级)。声压测量的原理简单,方法简便,测量仪器也比较成熟。测量得声压或声压级后,可以计算得到声强、声强级和声功率、声功率级。但是,声压测量受环境的影响(背景噪声、反射等)较大,往往需要进行修正,有时还需要在特定的声学环境(如消声室、混响室)中进行测量。

随着近代电子技术的发展,各种直接测量声强的仪器相继问世。由于声强测量及其频谱分析对噪声源的研究有着独特的优越性,能够有效地解决许多现场声学测量问题,因此成为噪声研究的一种有力工具。国际标准化委员会已公布了利用声强测量噪声源声功率级的国际标准,即 ISO 9614—1 和 ISO 9614—2,前者规定了离散点测量方法,后者规定了扫描法。国际电工委员会则公布了 IEC 1043:1993《电声—声强测量仪器》——利用声压响应传声器进行测量。

7.3.1 声强测量原理

声场在某一点上,在单位时间内,在与指定方向(或声波传播方向)垂直的单位面积上通过的平均声能量,称为声强。在没有流动的介质中,声强矢量 $\vec{I}$ 等于瞬时声压 $p(t)$ 和同一点上相应的质点速度 $u(t)$ 的时间平均乘积:

$$\vec{I} = \frac{1}{T}\int_0^T p(t)\vec{u}(t)\mathrm{d}t \tag{7-6}$$

在给定方向声强矢量的分量是

$$I = \frac{1}{T}\int_0^T p(t)u_0(t)\mathrm{d}t \tag{7-7}$$

式中 $p(t)$、$u_0(t)$——表示传播方向 r 上某一点的瞬时声压和瞬时空气质点速度。

声场中某点的质点速度的测量可以通过两只适当安放的传声器组成的探头来进行(图7-7),两只传声器测出的声压分别为 $p_1(t)$ 和 $p_2(t)$。当两传声器距离 Δr 远小于声波波长时,

$$p(t) = \frac{p_1(t) + p_2(t)}{2} \tag{7-8}$$

声波传播方向上,质点速度与声压梯度的积分成正比,即

$$u_r(t) = -\frac{1}{\rho_0}\int \frac{\partial p}{\partial r}\mathrm{d}t \tag{7-9}$$

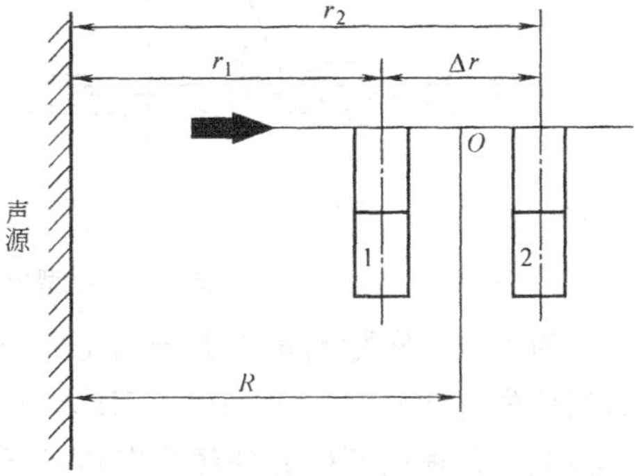

图 7-7 双传声器声强探头示意图

式中 ρ_0——空气密度。

因为 Δr 很小,所以可以用有限差值 $\frac{p_2 - p_1}{\Delta r}$ 来近似声压梯度,于是质点速度为:

7 建筑声学测量

$$u_r(t) = -\frac{1}{\rho_0}\int \frac{p_2(t) - p_1(t)}{\Delta r} dt \tag{7-10}$$

测量点的声强可表示为

$$I_r = -\frac{p_1(t) + p_2(t)}{2\rho_0}\int \frac{p_2(t) - p_1(t)}{\Delta r} dt \tag{7-11}$$

利用电子线路完成上述运算,就可以测量出声强的平均值。

7.3.2 声强测量仪器

声强测量仪器大致有三种:一种是模拟式声强计,它能给出线性或 A 计权声强或声强级,也能进行倍频程或 1/3 倍频程声强分析,适用于现场声强测量;另一种是利用数字滤波技术的的声强计,由两个相同的 1/3 倍频程数字滤波器获得实时声强分析;第三种是利用双通道 FFT 分析仪,由互功率谱计算声强,并能进行窄带频率分析。

图 7-8 所示为小型模拟式声强计方框图。这种仪器应用模拟倍乘方法,能实时测量声压级、质点速度和声强级,测量结果都用 dB 表示。声强测量探头的两只传声器测得的声压 $p_1(t)$ 和 $p_2(t)$,经放大器放大,通过 $f_c = 100\text{Hz}$ 的高通滤波器滤去寄生的低频信号,以避免电路过载。两信号在通道 1 中相减,在通道 2 中相加,分别得到 $(p_2 - p_1)$ 和 $(p_2 + p_1)$,再各自通过 A 计权滤波器(或外接带通滤波器作特殊分析)。其中通道 1 的 $(p_2 - p_1)$ 再进入积分电路,输出信号便是 μ,它用 $(p_2 + p_1)/2 = p$ 的信号相乘,就得到声强 I。经过线性/对数转换器,在电表上得到以 dB 指示的声强级。

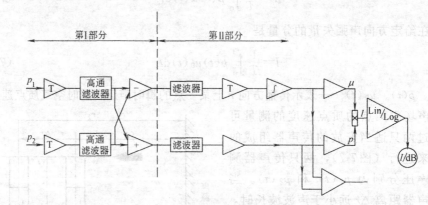

图 7-8 小型模拟式声强计方框图

为了减小实际测量中由于相位失配引起的误差,声强测量探头的两只传声器的相位失配要小(100~10000Hz 小于 0.5°),同时使 p 和 μ 通道在相位上精确地匹配,再根据所研究的频率范围调节距离 Δr,使两个通道之间的相位失配在 100~10000Hz 频率范围低于 1°。

声强测量设备中对两个测量通道的幅度和相位匹配要求甚严,如采用模拟滤波器进行声强分析,将会由于相位失配使测误差大大增加,而使用数字滤波器,则可能完全避免相位失配。虽然数字滤波器具有与一般滤波器相类似的相位响应曲线,但通过将同一滤波器单元在时间上在两测量通道之间平分,使两个滤波器通道的相位函数完全相同,就可避免两通道之间的相位失配。

7.4 振动测量仪器

7.4.1 通用振动计

通用振动计是用于测量振动加速度、速度、位移的仪器，可以测量机械振动和冲击振动的有效值、峰值等，频率范围从零点几赫兹至几千赫兹。通用振动计由加速度传感器、电荷放大器、积分器、高低通滤波器、检波电路及指示器、校准信号振荡器、电源等组成。通用振动计工作原理方框图如图7-9所示。

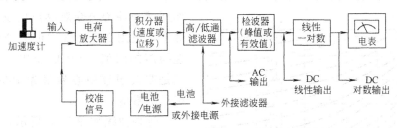

图 7-9 振动计工作原理方框图

7.4.2 振动分析仪

随着大规模集成电路和计算机技术的发展，振动分析仪发展非常迅速。振动分析仪是一种智能化振动信号分析仪，通常利用FFT技术进行窄带谱分析和其他分析，或者利用数字滤波器技术进行倍频程、1/3倍频程和更窄相对带宽的频谱分析。分析通道数目可以是单通道，但更多的是双通道及多通道。分析速度很快，可以实现实时分析。

振动分析仪的实现途径通常有两种。一种是在通用 PC 机上用软件来实现数字信号处理，这种方式硬件简单、通用，但分析速度较慢，当然它可以通过采用运算速度更快的计算机及优化软件设计来提高分析速度；另一种是利用信号处理芯片（DSP）进行分析，硬件比较复杂，但分析速度较快。

7.5 噪声测量

7.5.1 噪声的评价

(1) A声级

声压是描述噪声的一个基本物理量，但人耳对声音的感受不仅和声压有关，而且也和频率有关，声压级相同而频率不同的声音听起来往往是不一样的。根据人耳的这一特性，人们仿照声压级的概念，引出一个与频率有关的响度级，其单位为方（phon），就是取1000Hz的纯音作为基准声音，若某噪声听起来与该纯音一样地响，则该噪声的响声级（方值）就等于这个纯音的声压级（dB值）。也就是说，响度级是声音响度的主观综合感觉评价指标，它把声压级和频率用一个单位统一起来了。

在声学测量仪器中，参考等响曲线，为模拟人耳对声音响度的感觉特性，在声级计上设计了四种不同的计权网络，即 A、B、C、D 网络，每种网络在电路

7 建筑声学测量

中加上对不同频率有一定衰减的滤波装置。C 网络对不同的频率的声音衰减较小，它代表总声压级，B 网络对低频有一定程度的衰减，而 A 网络则让低频段（500Hz 以下）有较大的衰减。因此它对高频敏感，对低频不敏感，这正与人耳对噪声的感觉相一致，所以近年来，人们在噪声测量中，往往就用 A 网络测得的声级来代表噪声的大小，称 A 声级，并记作 L_A，dB（A）。

（2）噪声评价曲线（NR 曲线）

基于人耳对各种频率的响度感觉不同，因此应该给出不同频带允许噪声值。国际标准化组织提出了用噪声评价曲线（即 Noise Rating，简称 NR 或 N 曲线）作标准来评价公众对噪声的反应，实际上，也用 NR 曲线中的数值作为工业噪声的限值。NR 曲线中序号的含义是曲线通过中心频率为 1000Hz 的声压级数值。

这种曲线如图 7-10 所示，可以看出，低频的允许值较高，也就是根据人耳对低频敏感程度较弱以及低频声的处理比较困难而制订的。

NR 数值与声级 L_A 存在一定的相关性，它们之间有如下的近似关系。

$$L_A = NR + 5 \quad (7-12)$$

近年来，各国规定的噪声标准都以 A 声级或等效连续 A 声级作为标准，如标准规定为 90dB（A）则根据上式可知相当于 NR85。由此可见，NR85 曲线上各倍频程声压级的值即为允许值。

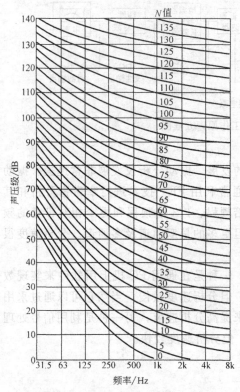

图 7-10 噪声评价曲线（NR 曲线）

7.5.2 噪声控制标准

噪声的危害已被人们所共识，那么对建筑声环境来说，噪声应该控制到什么程度呢？这将涉及到噪声允许标准问题。确定噪声允许标准，应根据不同场合的使用要求和经济与技术上的可能性，进行全面、综合的考虑。例如长年累月暴露在高噪声下作业的工人，听力会受到损害，大量的调查研究和统计分析得到：40 年工龄的工人作业在噪声强度为 80dB 的环境下，噪声性耳聋（只考虑受噪声影响引起的听力损害，排除年龄等其他因素）的发生率为 0；当噪声强度为 85dB 时，发生率约为 10%；90dB 时约为 20%；95dB 时约为 30%。如果单纯从保护工人的健康出发，本来企业噪声卫生标准的限值应定在 80dB。但就现在的工业企业状况、技术条件和经济条件都不可能达到这个水平，世界上大多数国家都把限值定在 90dB。如果暴露时间减半，允许声级可提高 3dB，但任何情况下均不得超过 115dB。所以噪声标准的制定要考虑到各方面的因素。

噪声允许标准通常由国家颁布的国家标准（GB）和由主管部门颁布的部颁标准及地方性标准。在以上三种标准尚未覆盖的场所，可以参考国内外有关的专业性资料制定。

我国现已颁布和建筑声环境有关的主要噪声标准主要有：国家标准 GB 3096—1993《城市区域环境噪声标准》，GBJ 118—1988《民用建筑隔声设计规范》，GBJ 87—1985《工业企业噪声控制设计规范》，GB 12348—1990《工业企业厂界噪声标准》，GB 12523—1990《建筑施工场界噪声限值》，GB 12525—1990 城市区域环境噪声的测量等。

8 建筑热环境实验

8.1 室内热环境参数测定

8.1.1 实验目的与内容

(1) 实验目的

通过实验，使学生了解室内热环境参数测定的基本内容，初步掌握常用仪器仪表的性能和使用方法，明确各项测定应达到的目的。

(2) 实验内容

室内热环境参数的测定共分四个部分的内容：

1) 温度的测定；
2) 空气相对湿度的测定；
3) 气流速度的测定；
4) 室内平均辐射温度 MRT 的测定。

8.1.2 实验仪器设备

(1) 温度的测定

1) 液体玻璃温度计

常用的液体玻璃温度计由内充感温液体的感温包、毛细管和刻度组成。它利用玻璃管内的液体当温度变化时其体积随之发生胀缩的原理制成。感温液体一般用水银和着色酒精。

水银温度计和酒精温度计的测量范围有较大差别，水银温度计的测量范围一般是$-30\sim+350℃$，而酒精温度计的测量范围为$-100\sim+75℃$。在建筑热工测量中常用的刻度范围是$-40\sim+100℃$。

温度计的分度值有 0.1、0.2、0.5、1℃。水银温度计的灵敏度和精度都较高，一般实验室常用的是水银温度计，分度值为 0.1℃。

2) 自记温度计

自记温度计又名双金属自记温度计。仪器由温度感应、传送放大、记录三部分构成。温度感应部分是仪器的核心，温度感应元件由两种膨胀系数相差很大的弹性金属片焊接或铆接而成，一般由膨胀系数很大的黄铜和膨胀系数很小的铟钢组成。当温度变化时由于两种金属的膨胀量不同而发生弯曲，如果双金属片的一端固定不动，则另一端就会产生位移。试验证明自由端的位移与温度变化值成正比，因此可以根据自由端的位移来确定温度的变化。记录部分分日记和周记两种。

双金属自记温度计是一种精度较低的温度计，一般要用精密温度计对其进行校正，它的主要特点是能够连续自动记录气温的日或周的变化曲线。实验室常用的仪器为ZJ-1型温湿度计（可同时测温度和湿度），它的测温范围为 $-35\sim+45℃$，分度值为1℃。

3) 半导体点温度计

半导体具有随温度变化而改变其电阻的特性。这类温度计以半导体热敏电阻作为感温元件，以灵敏电流表作为读数的指示器，并利用一个平衡电桥来完成温度—电流的转换，从而测出温度值。半导体温度计有不同形式的测头，它不仅可以测量空气和液体的温度，也能测量固体表面的温度。

4) 热电势的测量

如图8-1所示，测温热电偶产生的温差电动势要通过能测出微小电动势的检测仪表计量和读数。常用的检测仪表是低电阻电位差计。它是根据电学上的补偿法原理使被测电动势与已知的标准电动势相比较来完成测量工作。为了能够掌握电位差计的正确使用方法，有必要对补偿法测量微小电动势的原理有所了解。

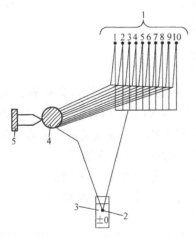

图8-1 热电偶测温装置安装示意图
1—热电偶；2—冷端；3—冰点保温瓶；
4—转换开关；5—电位差计

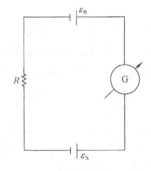

图8-2 补偿法原理电路

（A）补偿法测量电压的原理

如右图8-2所示的电路里，ε_n 为已知电源的电动势，ε_x 为待测电源的电动势，同极并联起来，电路中串上一个检流计 G，如果 $\varepsilon_n=\varepsilon_x$ 时，回路中电流等于0，若检流时指示针不偏转，这时电源 ε_x 与已知电源 ε_n 达成补偿，由此就用已知电动势确定了未知电源的电动势，这就是电学上的补偿法原理。但是用这种办法来测量多种不同大小的未知电动势 ε_x，必须具备可调的已知电源 ε_n，而分压式补偿法正好具

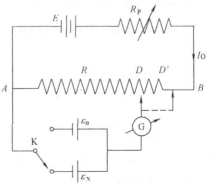

图8-3 分压式补偿法
原理电路

有这一特点。

分压式补偿法测量电压的原理线路，图如图 8-3 所示。它由两部分电路组成：$E—A—D—B—R_p—E$ 回路称为电位计的工作回路，其工作电流 I_0 由可变电阻 R_p 调节，在分压器（电位器）R 两端 A、B 的电压降 $U_{AB}=I_0R_{AB}$；电位计回路之外的 $A—K—G—D$ 电路称为补偿电路，滑动接触在电位计 R 中的 D 点位置可以改变 AD 间的电压 U_{AD}，这个电压就是用来代替可调电动势 ε_n 的。K 为换路开关，可以方便地接通标准电池 ε_n，以校准 U_{AD} 或接通待测电动势 ε_x 以进行测量，标准电池的电动势是稳定的，$\varepsilon_n=1.01867$ 伏。

校准时，开关接向 ε_n，并放 D 于适当位置，调节 R_p 使 ε_n 与 AD 间的电位差 U_{AD} 补偿，即检流计指"零"则有

$$U_{AD}=I_0R_{AD}=\varepsilon_n \tag{8-1}$$

测量时，开关接向待测电压 ε_x，保持 R_p 不变，即上一步已调节好的 I_0 不变，再调节 D 的位置到 D'，U'_{AD} 与 ε_x 补偿，则有

$$U'_{AD}=I_0R'_{AD}=\varepsilon_x \tag{8-2}$$

解出式（8-1）中 I_0，代入式（8-2），可得

$$\varepsilon_x=\varepsilon_n\frac{R'_{AD}}{R_{AD}} \tag{8-3}$$

式（8-3）中 ε_n、R_{AD} 和 R'_{AD} 都是已知量，因此按这个计算式即可算出被测的电动势 ε_x。如果以 A 点为"O"点，而把 AD 间的电阻值按照式（8-3）的关系用电压来标度，就可从仪器上直接读出被测出电压值，这就是用电位差计测量微电势的补偿法基本原理。

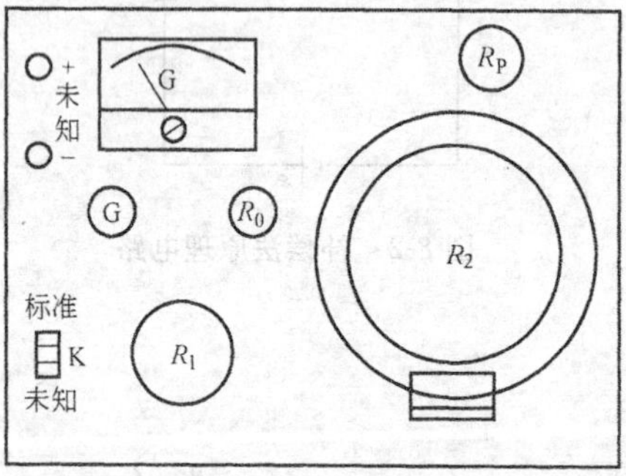

(B) 电位差计使用方法

电位差计的面板结构如图 8-4 所示。

图中 R_0 为检流计的电气调零旋钮；C 为倍率开关，共有 G_1、×1、断、×0.2、G_2 五档；R_1 为步进旋钮，每档递增 10mV，最高档为 110mV；R_2 为滑线读数盘，自 0 至 10.5mV 连续可调；步进旋钮与滑线读数盘读数之和再乘以倍率即为测量值。

图 8-4 电位差计的面板结构图

使用步骤如下：

(a) 将被测热电偶两极分别接在仪器面板上注有"未知"电压的两个接线柱上，要注意极性。

(b) 把倍率开关旋向所需要的位置，一般要根据待测电动势的大小进行选择，建筑热工测量可选用×0.2 的倍率。此时已接通了电位差计的工作电源，三分钟以后调节检流计电气调零旋钮，使检流计指零。

(c) 将板键开关 K（图 8-4 中所示）拨向"标准"，调节多圈变阻器 R_p，使检流计指零。

(d) 再将板键开关 K 拨向"测量",调节步进读数盘 R_1 和滑线读数盘 R_2,使检流计再次指零。至此已完成了热电势的测量步骤,被测的电动势可按下式计算:

$$E_x = (步进盘读数 + 滑线盘读数) \times 倍率$$

(e) 在连续测量时,要求经常核对检流计的工作电流,防止工作电流变化。

(f) 双掷开关 K 只能瞬时接通两边,尤其不能在不平衡的情况下长时间拨向校准端,以免损伤标准电池,更不能任意拨弄旋钮影响仪器寿命,测量完毕以后要把倍率开关拨向"断"档,以避免浪费电池。

(g) 仪器长期搁置不用时,要将工作电池取出(标准电池除外),如发现电流调节多圈变阻器不能使检流计指零时,则应更换 4×1.5V 的干电池,若晶体管放大检流计灵敏度低,则要更换 2×6F22 层压电池。

5) 温度与热流巡回检测仪

该仪器系智能型检测仪器,仪器前级使用了高稳定度,低漂移,低噪声的放大器,确保了测量精度;同时开发了多种软件,使仪器的精度和使用功能有了提高与扩充。

该仪器的最大特点是多点测量,仪器可测量 76 路信号,其中 56 路测量温度,第一路应用 P_t100 铂热电阻,用于测量热电偶冷端温度(即定温),作为另外 55 路热电偶测量的定温补偿用;测量传感器为铜—康铜热电偶,测量范围 $-50 \sim 100$℃,分辨率:0.1℃,其余 20 路测量热流,可直接测量热流计的热电势值。

仪器可选择定点显示和巡回显示两种方式。巡回显示时间间隔为 $1 \sim 25$s。每隔 30min 自动存储,每次能存储 10d 的数据。可打印测量和存储数据,仪器可与微机进行通讯,将数据传输给微机,以便处理。

6) 单点温湿度记录仪

是一种以单片机为核心的智能化仪表,体积小、精度高、使用方便,更重要的是有记忆储存功能。其测温范围一般在:$-30 \sim 50$℃;测量准确度:$\leqslant 0.3$℃;可储存数据 4000 个以上。

7) 红外测温仪

红外测温仪是一种非接触式测温仪器,实验室常用的红外测温仪测温范围为:$-32 \sim 760$℃;测温精度为:$\pm 1\%$ 或 ± 1℃;响应时间:500ms。

(2) 空气相对湿度的测定

1) 干湿球温度计

干湿球温度计由两支相同规格的水银或酒精温度计组成的,其中一支的感温包部包有湿润的纱布,叫湿球温度表,另一支叫干球温度表。当空气中的水蒸汽尚未达到饱和状态时,纱布上的水分就会不断蒸发。水分蒸发就要吸收热量,使得湿球温度表和干球温度表的读数有一差值,差值的大小取决于空气的潮湿程度,计算空气湿度的基本公式是:

$$\Phi = \frac{P}{P_S} \times 100\% \qquad (8\text{-}4)$$

式中 Φ——空气相对湿度；
　　　P——空气中的水蒸汽分压力（Pa）；
　　　P_S——同温同压下的饱和水蒸汽压（Pa）。

$$P = P_S - d(t_0 - t_w) \tag{8-5}$$

式中 t_0——空气的干球温度（℃）；
　　　t_w——空气的湿球温度（℃）；
　　　d——经验系数，与测点处的气压与风速有关。

上式还可写成更一般的形式：

$$\Phi = f(t_0, t_w, v, B) \tag{8-6}$$

式中 v——风速（m/s）；
　　　B——大气压力（Pa）。

在实际应用中，我们利用干、湿球温度计的实测数据，借助于专门的图表来确定空气的相对湿度。

2）通风干湿球温度计

通风干湿球温度计又称阿斯曼温度计。它的测湿原理与干湿球温度计基本相同，但是结构更加合理，在其上部有一发条带动或电动的通风叶片，开动时，能保证有 2m/s 左右的稳定气流通过感温包，改进了普通干湿球温度计测量时气流速度不稳的缺点，也就是在公式（8-6）中减少了变量 v，因而测量结果精度较高。

3）自记式毛发湿度计

实验表明，在一定的范围内，脱脂人发的长度有随空气相对湿度改变而变化的特性。自记毛发湿度计除感应部分外，其余部分和自记式温度计相似，一般把二者合二为一，ZJ-1 型温湿度计就是这样，其相对湿度测量范围为：50%～100%，分度值为 1%。

自记毛发湿度计放置在测点位置须经 5～10 分钟后方可读数。在室外测定时应该放在百叶箱内，使用时要特别注意湿度计的毛发不要沾上油污，不要用手摸。

（3）气流速度的测定

1）热球式电风速仪

热球式电风速仪由热球式感应测头和测量仪表两部分组成。感应测头杆内有一直径约 0.8mm 的玻璃球。球内有加热玻璃球用的镍铬丝线圈和两个串联的热电偶。热电偶的冷端连接在磷铜质的支柱上，直接暴露在气流中。当一定大小的电流通过加热线圈后，玻璃球的温度升高，升高的程度和气流的速度有关，气流速度小的升高的程度大，反之升高的程度小，升高程度的大小通过热电偶产生的电势在电表上指示出来，再查表即可得出测点风速。

2）卡他温度计

卡他温度计是一种利用热力测量风速的仪器。居室内的空气流速通常出现 0.1m/s 左右的无指向性的微风速，用卡他温度计来测量更为有效。

卡他温度计的上部是一玻璃细管，上面有刻度，下部为一个茧形的感温包，内装红色酒精。卡他温度计分低温卡他和高温卡他两种。低温卡他温度刻度为 35～38℃，适合用于测点附近的空气温度在 35℃ 以下的场合；高温卡他的温度刻度为 51.5～54.5℃，适用于测点附近的空气温度在 35℃ 以上的情况下使用。

卡他温度计不能直接测量气流速度，它是用利用仪器周围的气流速度与感温包壁面进行对流和辐射散热时的热平衡关系。测量时要先将卡他温度计加热，然后在待测点冷却，测量冷却速度，计算出冷却力 H，再根据计算公式算出气流速度。测得冷却速度 T 后，计算冷却力的公式如下：

$$H = \frac{F}{T} \tag{8-7}$$

式中　H——空气的冷却力（W/m²）

　　　F——卡他温度计的温度系数（W·s/m²）

　　　T——冷却过程中温度每降 3℃ 所需要的时间（s）。

在使用低温卡他温度计时可根据经验公式（4-9）或（4-10）求出气流速度。

(4) 室内平均辐射温度 MRT 的测定

测量黑球温度的仪器为黑球温度计，它是一个用 0.5～1mm 厚的紫铜板制成的空心球体，球的直径为 150mm，外壳用煤烟薰黑以增加它对环境辐射热的吸收，球的顶部有一个直径为 30mm 左右的开口，孔口内要插入一支水银温度计以测量黑球内的温度，温度计的分辨率应为 0.1℃。测定时将温度计的温包插入黑球的球心处，经过 15～20min 左右的时间，使黑球与环境温度之间达到热平衡，黑球内的水银温度计会指示出一个高于室内空气温度的数值，这个温度叫做测点处的黑球温度 t_g。

测点位置可选在房间中部或人体经常活动的地方。测点高度取距地面 1.5m 高处。测定时可用一个三角架把黑球悬在选定的测点位置。在测量黑球温度的同时还要进行室内气温和气流速度的测量，以上三个项目的测量都要反复进行三次以减少测量中可能出现的误差，测量结果记入测量记录表以便进行数据整理。根据黑球温度、测点处空气温度及气流速度，然后按下式计算平均辐射温度（MRT）：

$$\mathrm{MRT} = t_g + 2.37\sqrt{V_t(t_g - t_t)} \tag{8-8}$$

式中　t_g——黑球温度（℃）；

　　　V_t——黑球附近的气流速度（m/s）；

　　　t_t——黑球附近的空气温度（℃）。

8.1.3　测定的方法与步骤

(1) 温度的测定

1) 仪器：精密温度计或其他便携式温度计，两人一组，每组一支。

2) 在布点位置就位后，各测点按统一的时间测试，第一次读数应在就位 5min 后进行。

3) 测试时温度计的温包应在距离地面 1.5m 的高度，或者其他特殊要求的统一高度。注意防止各种干扰，采取正确的读数方法。使用精密温度计要十分小心，以免损坏。

4）填写实验报告表1，汇总各测点数据，绘出温度分布图，并作简要评述。

使用玻璃温度计，读数时，目光平视，不得用手摸或口吹感温包，并防止其他热辐射影响，由于精密水银温度计的水银感温包大，因而热惯性也相应较大，放到测量地点后至少隔5分钟方可读数。读数时，应先读小数，再读大数，因为测量人员读数时靠近温度计会对读数有影响。

(2) 空气相对湿度的测定

1）仪器：通风干湿球温度计或其他湿度计，2人一组。

2）将通风干湿球温度计挂在支架上，感温包部距地面高为1.5m，在每次测定前5min（夏季）至10min（冬季）用蒸馏水均匀浸润湿球感温包纱布。通风2~3min湿球温度值稳定后，再读数，记录在实验报告表2内，并查出相对湿度。

(3) 气流速度的测定

1）使用卡他温度计测量室内气流速度的方法与步骤：

（A）每2人一组。仪器：卡他温度计一支（根据环境气温情况决定选用低温卡他计或高温卡他计），另需一只秒表、一支普通温度计和一个加热用的白炽台灯。

（B）用卡他计测量冷却时间T。先用台灯加热卡他计，当酒精柱连续连并上升到顶部空腔时，停止加热，观察酒精柱下降情况，当液柱面下降到上方刻度线时，立即启动秒表，柱面下降到下方刻度线时，立即停止秒表，读出秒表所走的时间，即为卡他计测出的冷却时间T，将其记入实验报告表3内。

（C）与此同时，另一同学用温度计测出室内空气温度t，然后按照前述公式计算室内的气流速度。

2）使用热球式电风速仪测定风速

2人一组，布点位置与温度测定相同。各组每次按统一时间读数。可以和测温小组同步进行，测量数据可以相互参照。

例如：QDF-3型热球式电风速仪，其测量范围为0.05~30m/s，使用方法为：

（A）使用前先观察电表的指针是否指于零点。如有偏差可轻调仪表上的机械调零螺丝，使之回零。

（B）将"校正开关"置于"断"，测杆插头插入插座内，杆头螺塞压紧使探头密封。"校正开关"置于"满度"，细心调整"满度粗调"和"满度细调"旋钮，使电表指针在满度位置。

（C）"校正开关"置于"低速"，调整"零位粗调"和"零位细调"两个旋钮，使电表指在零点位置。

（D）经以上步骤后，轻轻拉出探头，即可进行0.05~10m/s风速的测量。测量时探头上的红点面对上风向。根据电表上的读数，从校正曲线上可查出被测风速。如果要测5~30m/s的风速，只要将"校正开关"置于"高速"，即可进行测量。

填写实验报告表5，绘制风速分布图，并作简要评述。

(4) 室内平均辐射温度MRT的测定

1) 测量黑球温度时，要同时将黑球旁空气温度记录在表4中，测量时注意温度计的数读方法，防止干扰影响。

2) 读4次值，然后取平均求出MRT。式中V值用实验报告表3的V值即可。

8.1.4 温度测量的注意事项

(1) 测温时应避免环境影响

测量空气温度时应注意排除周围环境对温度计感温元件的热辐射影响，以防止出现误差。为此要避免阳光的直射，避免地面、物体和人体对温度计的热辐射。在室外测量气温时应把温度计放在气象百叶箱中，百叶箱内外均涂以白色，以减少日射的影响，通风百叶还能使箱内达到规定的气流条件。

室内温度测量时要将温度计固定在要测定的房间内，并使仪表处于工作状态。仪表要避免阳光直射并远离暖气片、火炉等热辐射设施。温度表要悬挂在距地面1.5m高的地方。从仪表上读数时每一测点要读取三次读数，每次读数间隔时间为10~15min，读数的精确度应在0.1℃以下。

(2) 减少误差

使用液体温度计测量时要注意防止读数时可能出现的几种误差，这类误差有仪器误差、观测时的视线误差和惯性误差。

仪器误差：是指温度表制作时由于技术条件的限制、材料的性质以及加工方法不够精确等原因引起的误差，通常仪器在出厂前应经过标定，在使用过程中也应定期（一般为每年一次）进行校正，以消除误差。

视线误差：是指观察温度读数时视线与温度表毛细管中的液柱不垂直引起的误差。

如图8-5所示，标尺与毛细管之间的距离为s，当视线与液柱顶一致时观测的读数值较正确（图中a—a'），若视线与液柱面不平行，眼睛的位置偏高或偏低都会出现读数误差，右图中当视线与水平面的倾角为20°时可能产生的视线误差达0.3℃，因此读数时应极力避免视线误差。

惯性误差：是由于液体温度计测量温度要通过环境温度与感温包中的液体进行热交换而达到平衡状态才能准确量出温度，而达到热平衡需要一定时间。温度表读数的反应与实际温度的不同步出现的误差叫惯性误差。液体玻璃温度计测量环境温度时消除惯性误差的办法是要把温度计放在待测环境中停留不少于5min然后方可观测读数。读数时应先读小数，后读整数（度数），因为测量人员读数时靠近温度表对读数有影响。

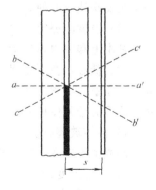

图8-5 读数视线误差

(3) 热电偶热端的布置

在有热辐射的环境中,如阳光直射热电偶或室内有高温热源时采用热电偶测量室内外空气温度和壁面温度,由于热电偶的感温部分和导线有一定的表面积并具有辐射能力,它会跟周围的介质环境进行热交换,从而使测定的温度偏高,因此要采取一些措施来消除这一误差。最简单的办法是在热电偶的热端节点及其附近的一段导线上加套一个直径为30mm用铝箔做成防辐射套筒,以消除热电偶测量空气温度时的误差;用热电偶测量壁面温度时要将热端节点紧贴壁面,并使靠近节点的一段长度不少于100~150mm的引线部分贴附于壁面上,以消除壁面温度的测量误差。

8.2 室外热环境参数测定

8.2.1 实验目的与内容

(1) 实验目的

通过实验,使学生了解室外热环境参数测定的基本内容,初步掌握常用仪器仪表的性能和使用方法,明确各项测定应达到的目的,进一步感受和了解室外气象因素对建筑热环境的影响。

(2) 实验内容

室外热环境参数的测定共分四个部分的内容:

1) 温度的测定;

2) 空气相对湿度的测定;

3) 气流速度的测定;

4) 太阳辐射的测定。

8.2.2 实验仪器设备

根据实验室具体情况,可以采用传统的分项测量仪器,分别测量温湿度、风速、太阳辐射等气象参数,也可以使用新型的一体化的自动气象站。使用前一类的优点是,学生对测量原理便于理解,对培养学生的动手能力是有利的,使用后一类主要是快捷方便。

(1) 温度的测定

基本上和室内热环境参数测量相同,但要注意测温范围,室外可能出现零下几十度的低温,在夏季强烈的太阳辐射下,地面和建筑物表面的温度可能会超过50℃,在室内经常使用的0~50℃的水银温度计在室外使用时,应特别注意。在室外测温时经常使用的仪器有:

1) 液体玻璃温度计

测温范围应在-40~+100℃,分度值为0.1℃。

2) 自记温度计

3) 半导体点温度计

4) 热电偶测温系统

5) 温度与热流巡回检测仪

6) 单点温湿度记录仪

7) 红外测温仪

(2) 空气相对湿度的测定

1) 干湿球温度计

2) 通风干湿球温度计

3) 自记式毛发湿度计

(3) 风速的测定

1) 翼型或杯型风速仪

2) 热球式电风速仪

微风速仪不适合室外测量。

(4) 太阳辐射测量

1) 直接辐射表

2) 总辐射表

3) 散射辐射表

4) 太阳辐射记录仪

(5) 自动气象站

自动测试的气象参数包括：风速、风向、温度、湿度、降雨、太阳辐射和紫外线辐射等。

8.2.3 测定的方法与步骤

(1) 温度的测定

1) 仪器：精密温度计或其他便携式温度计，两人一组，每组一支。

2) 在布点位置就位后，各测点按统一的时间测试，第一次读数应在就位5min后进行。

3) 测试室外空气温度时，温度计的温包应在距离地面1.5m的高度，当测试地面、屋面、墙体表面附近的温度时，可在距表面50mm的高度，或在统一规定的其他高度测量。测量时要避免太阳直接辐射。

4) 室外空气温度测量的布点，应事先进行精心的策划和设计，要有针对性。例如测定不同下垫面的温度场分布规律、不同位置不同朝向的建筑物周围的温度场分布规律等，简单的无目的的，纯粹只是测量温度的测量意义是不大的。

5) 其他测温的注意事项和室内测量相同。

6) 填写实验报告表1，汇总各测点数据，绘出温度分布图，并作简要评述。

(2) 空气相对湿度的测定

1) 仪器：通风干湿球温度计或其他湿度计，2人一组。

2) 将通风干湿球温度计挂在支架上，感温包部距地面高为1.5m，在每次测定前5min（夏季）至10min（冬季）用蒸馏水均匀浸润湿球感温包纱布。通风2~3min湿球温度值稳定后，再读数，记录在实验报告表2内，并查出相对湿度。

(3) 气流速度的测定

1) 使用热球式电风速仪测定风速或机械式风速仪

2) 2人一组，布点位置与温度测定相同。各组每次按统一时间读数。可以和测温小组同步进行，测量数据可以相互参照。

3) 测量方法和室内相同。

4) 填写实验报告，绘制风速分布图，并作简要评述。

(4) 太阳辐射的测定

1) 测量太阳直接辐射；

2) 测量太阳的总辐射；

3) 测量太阳的散射辐射。

8.2.4 实验设计

室外热环境测量实验可以根据实际情况设计为一个综合性实验或设计性实验。

(1) 进行实际热环境测量

可通过对校园、小区、建筑群气象参数的测量来认识和评价该区域的热环境。

(2) 进行一个时段的热环境测量

可对一个区域在一个时段的气象参数测量来认识热环境随时间的变化。

(3) 针对一个题目进行的热环境测量

可根据一个具体的题目来设计一个专项的试验测量：

不同下垫面对地表附近热环境的影响；

绿化对建筑热环境的影响；

不同位置不同朝向建筑的热环境特性；

建筑内外热环境的相互影响等等。

这样的实际题目的测量可能会对实验教学带来意想不到的效果。

8.3 多层平壁稳定传热测定

8.3.1 实验目的

通过实验，使学生加深对稳定传热理论和计算方法的理解，初步掌握围护结构热工测量技术和所用仪器仪表的性能，训练正确的使用方法。

8.3.2 实验装置

本实验装置较为复杂，该装置是按稳定传热拟制，主要由热稳定系统、多层平壁模型、传感系统和测试系统组成。

(1) 热稳定系统

为模拟设定的热环境，需要人为的创造一个能够进行控制的稳定的气候环境，本系统可采用一种调温调湿箱，其温度控制器由水银接触温度计与电子继电器组成，灵敏度高、控制准确，恒温波动幅度不大于±0.5℃，调温范围从比室温升高10℃起到最高70℃。当室温低于10℃时，恒温系统可控制在30~35℃范围内；当室温为10~25℃时，恒温系统控制在48~50℃为宜。

(2) 多层平壁模型

多层平壁模型装置简图如图8-6所示，其结构材料的几何尺寸、导热系统见

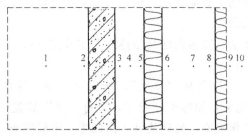

图 8-6 多层平壁模型装置示意图

表 2-1。试件模型的周围是保温层，以达箱体四周绝热的目的。

（3）传感系统

本实验测试传感器为热电偶，布点位置见图 8-6 所示，各测点的编号顺序是由恒温箱内空气温度开始依次向外。各测点热电偶与测试仪器的联接由一台测点转换器来完成，不需要人工拆换测点接头，只需按仪表上的按键即可自动转换，按键的编号和测点的编号是对应的。

（4）测试系统

测试系统包括低阻电位差计、光点反射检流计、标准电池、冷端恒温器以及稳压电源等。

以上仪器仪表的优点是精度高，可以消除电路中及仪器仪表中电阻变化引起误差，但整个系统的组成和结构复杂，操作要求细心熟练。

8.3.3 计算

温差电动势 E 计算公式为：

$$E_e = C(t_A - t_B) \tag{8-9}$$

式中 t_A——热端温度（℃）；

t_B——冷端温度（℃）；

C——热电偶系数（mV/℃）。

式中 C 称为热电偶系数或热电动势率，单位为 mV/℃，它在数值上等于单位温度差所产生的电动势。热电偶系数的大小只与热电偶组成材料有关，而和金属导线的粗细、焊接点的大小、形状无关。建筑热工测量中常用的是用铜与康铜制成的热电偶，其热电偶系数 C 约等于 0.041mV/℃。

温度计算式为：

$$t_A = \frac{E}{C} + t_B \tag{8-10}$$

更准确的方法是查表《温度-热电势对照表》。

8.3.4 测定方法与注意事项

（1）热电偶的测前标定

取与测量使用的热电偶相同的材料，做成一组标定用的热电偶。用两支分度值为 0.1℃ 的标准水银温度计分别放进两个温度不同的恒温器内，测出标定的热电偶的热电势随温度变化的关系，作成曲线或表格，以便测定时根据热电势换算温度。一个比较精确的实验曲线或表格，可以替代热电偶系数 $C=0.041\text{mV}/℃$。

(2) 测量系统的预热

热稳定系统的开动和仪器的联结预热应在实验前进行。

(3) 电位差计的标定

首先将电位差计的 K 转向"标准"，然后将"粗"按钮按下，用可变电阻"粗"旋钮调节工作电流，使检流计回零，再将"细"旋钮按下，用调节可变电阻"细"旋钮调节工作电流，使检流计再次回零，定标完毕。

(4) 测量每个测点的热电势，并观察冷端温度 t_0。

8.3.5 实验要求

2 人一组，每组测定两次，测定结果记录在实验报告中，并计算最终结果。

8.4 导热系数测量实验

8.4.1 实验目的

为了使围护结构的热工设计和计算符合实际情况，必须正确确定所用建筑材料的热物理性能系数。一些设计手册和材料手册推荐了这类材料的热物理指标固然可供参考，但是甚至同一种类和规格的材料，由于产地不同，加工方法不同，其热物理性能往往存在较大的差别，用实测法测定建筑材料的热物理性能系数是获得材料性能的准确数据以解决热工设计问题的一个可靠方法。建筑材料常用的热物理性能系数概括材料的导热系数、导温系数、比热容和蓄热系数。本实验主要进行导热系数测量。

8.4.2 实验内容

利用保护板法导热仪进行建筑材料的导热系数测量。

8.4.3 实验仪器

所使用的导热系数测定仪是按照 GB/T 10294—88《绝热材料稳态热阻及有关特性的测定防护热板法》设计的。用于测量各种绝热保温材料及非良导热材料的导热系数。仪器的测量原理为稳态测量双平板法，采用晶体管稳压电源加热主加热器和自动跟踪的护加热器。温度及功率测量采用高精度数字电压表。这种仪器属于稳态测量，测量结果比较稳定可靠，尤其适用于测量成型纤维状多层复合材料的导热系数。

仪器技术性能如下：

(1) 导热系数测定范围：$0.02\sim 1\text{W}/(\text{m}\cdot\text{K})$；

(2) 相对误差：$\leqslant 4\%$；

(3) 重复性误差：$\leqslant 1\%$；

(4) 温度范围：冷板下限温度高于环境温度 5℃ 上限为 90℃，热板下限温度高于冷板温度 20℃，上限为 150℃；

(5) 电源电压：单相 AC 50Hz（二组 220V）；

(6) 环境条件：温度 0℃~40℃，相对湿度＜90%；

(7) 试件规格：长×宽　300mm×300mm，厚度 10mm~40mm。

8.4.4 实验原理

测定建筑材料导热系数的方法可分为两类：稳定热流法和非稳定热流法。

稳定热流法的基本原理是将材料试件置于稳定的一维温度场中，根据稳定热流强度、温度梯度和导热系数之间的关系确定材料的导热系数 λ。这一关系的表达式为：

$$\lambda = \frac{qd}{t_1 - t_2} \tag{8-11}$$

式中　q——稳定热流强度（kW/m^2）；

　　　d——试件厚度（m）；

　　$t_1 - t_2$——材料试件两侧面的温度差（℃）。

在稳态条件下，保护热板装置的中心计量区域内，在具有平行表面的均匀板状试件中，建立类似于以两个平行均温平板为界的无限大平板中存在的一个恒定热流。通过测定稳定状态下流过计量单元的一维恒定热流量、计量单元的面积、试件的厚度、试件冷、热表面的温差，便可计算出试件材料的导热系数。

根据上述原理可建造两种形式的保护热板法装置，即双试件装置和单试件装置，简称双平板导热仪和单平板导热仪。双试件装置由加热单元、冷却单元、边缘保护单元、测量仪表等组成，单试件装置还应加上背保护单元。双试件装置中，在两个几乎相同的试件中夹一个加热单元，试件的外侧各设置一个冷却单元，热流由加热单元分别经两侧试件传给两侧的冷却单元。单试件装置中加热单元的一侧用绝热材料和背保护单元代替试件和冷却单元，绝热材料的两表面应控制温差为零，无热流通过。边缘保护单元用于限制边缘热损失，保证试件中一维热流场。测量仪表用于对温度、加热电功率、试件尺寸和重量的测量。温度测量除了测量用于计算结果的试件两侧温差外，还应控制试件侧向温差在足够小的范围内，对单试件装置还应限制背保护单元两侧温差，以保证加热单元产生的热流量几乎全部经过试件传给了冷却单元，造成通过试件的单向稳定导热过程。

国内生产一种稳态热流双向平板的导热仪。该仪器是由两个仪器柜组成。一是仪器炉体部分，其双向平板是经精工处理的电加热板，电加热器的厚度小于1mm，整个平板部分温度均匀一致；另一机柜是控制加热和测量系统，包括温度测量、加热功率测量、护加热板温度跟踪自动控制等。

（1）λ 测量的工作原理

在图 8-7 中当主加热器的热量不能沿护加热环板侧向方向传入和传出，此时主加热器的热量只能向两侧的试材方向导出。当随时间不断延长，热面的温度 t_1 和冷面的温度 t_2 不再随时间发生变化时，在这种情况下主加热器的热量稳定地沿试材方向导出，这时可视为稳定导热。根据傅立叶定律

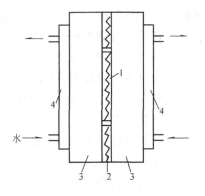

图 8-7　双向平板导热仪示意图

$$q = -\lambda \frac{dt}{dx} \tag{8-12}$$

积分便得：

$$q = \frac{\lambda}{\delta}(t_1 - t_2) \tag{8-13}$$

而主加热器的热量是按主加热器平板面积大、小向试材方向导出的，所以

$$Q_1 = \frac{\lambda}{\delta_1} F(t_1 - t_2) \tag{8-14}$$

式中　Q_1——主加热器右侧导出的热量（W）；
　　　F——主加热器右侧的面积（m²）；
　　　λ——试材的导热系数 [W/(m·K)]；
　　　δ——右侧试件的厚度（m）。

若主加热器左侧与右侧试材相同时，则左侧导出的热量

$$Q_2 = \frac{\lambda}{\delta_2} F(t_1' - t_2') \tag{8-15}$$

主加热器发出的热量

$$Q = Q_1 + Q_2 = IU \tag{8-16}$$

式中　I——主加热器电流（A）；
　　　U——主加热器电压（V）；

若两侧试材的厚度、温度差相等，即 $\delta_1 = \delta_2 = \delta$，$t_1 = t_1'$，$t_2 = t_2'$，则有

$$\lambda = \frac{IU\delta}{2(t_1 - t_2)F} \tag{8-17}$$

当 t_1，t_2，δ_1，δ_2 均不相等，但相差不大时

$$\lambda = \frac{IU}{\left(\dfrac{t_1 - t_2}{\delta_1} + \dfrac{t_1' - t_2'}{\delta_2}\right)F} \tag{8-18}$$

为了实现上述要求，仪器主加热板是由一台晶体管稳压电源加热，护加热板是由温度跟踪器控制加热，由装在主加热板和护加热板上的温差热电堆给出偏差值。经过温度自动跟踪控制器，给出一个触发信号，使得可控硅导通角正比于温差信号的大小，使护加热板的温度不断跟踪主加热板的温度。经过一段时间，主、护加热器的温度不再随时间发生变化时，就是原理所述的稳定导热。对于低导热系数（$\lambda > 0.1$）热电势变化的绝对值 $< 4\mu V/h$。满足上述条件者，可以确定为稳定导热过程。

为了精确测量主加热器的电发热量 Q，用数字电压表测量与主加热器串联的 0.01Ω 标准电阻上的电位差，算得电流。当稳定导热已经建立后，I、U、Δt 代入公式便可求出导热系数。

(2) 温度自动跟踪控制器原理：

温度自动跟踪是用来控制护加热板温度的。主加热器是由晶体管稳压电源加以恒定电源，护加热板是通过主、护加热板温差热电堆给出温差信号，经过滤波→交流放大→相敏检波→变流→交流放大→P、I 运算单元→触发器→可控硅，控制护加热板的加热功率。护加热板的加热功率大小正比于温差信号，从而使得护加热板的温度自动跟踪主加热板的温度。温度跟踪器由以下几部分组成：

①温差信号；②滤波单元；③TF-10A 晶体管调节放大器；④相敏检波器；⑤P，I 阻容运算单元；⑥触发器。

各部分工作原理如下：

1) 温差信号

温差信号是由 8 对温差偶组成的热电堆，8 个偶装在主加热板内，8 个偶装在护加热板上，串联使用，将温差信号放大，作为温度控制器输入信号。

2) 滤波单元

为了消除外界干扰的影响，在温度跟踪器中用 LC 元件组成的"π"形滤波单元，对 50Hz 的端间干扰信号进行衰减，其衰减率约为 60 分贝。

3) TF—10A 放大器

4) 相敏检波器

相敏检波器是将温差信号经变流和交流放大后的交流信号检波成直流，其相位与输入的直流温差信号相位相同，由表头指示其大小及相位。

5) P、I 阻容运算单元

以阻容元件阻成的 P、I 反馈运算电路是由比例、积分作用的基本环节串联而成。

6) 触发器

触发器的作用是产生一个"相位角"随温差信号变化而变化的脉冲，此脉冲加到可控硅的触发极以控制可控硅的导通角。采用的是单结晶体管脉冲电路，它有"手动"和"自动"两种状态。

为了对不同导热系数材料需要加热功率不同，护加热器电源变压器有 6 个抽头，10、20、30、50、80、140V，由面板的转换开关进行选择。

(3) 电源

本仪器需用两组单相电源，其中一组供水浴电源，另一组供控制部分。

(4) 温度控制

在控制柜中部装有温度控制器，用于热板超温保护，当热板高于 150℃ 时控温器触点动作，断开控制柜总电源继电器控制线圈的电源，使总电源切断。

8.4.5 实验方法

(1) 试件的准备：

1) 所测试件必须制成二块 300mm×300mm 方型板，试件表面要求平整，两平面的平面度误差<0.1mm。对于硬质试件不平度<0.05mm，平行度误差小于厚度的 2%。

2) 厚度测量一般用读数精度 0.05 的量具即可，根据情况可采用多点测量计算出试件的平均厚度。

3) 对于软质材料要测量试件最大夹紧力,可采用本夹紧力测定器测量,测出使试件厚度压缩 0.5% 的压力值。

(2) 安装试件

打开炉体左右两侧盖板至极限位置,然后装试件,试件平面要与热板平面接触良好,周边间隙可用玻璃棉填充。装好试件后从右侧面向左侧推动内炉体至极限位置,将左侧盖盖好并锁紧,转动手柄使冷板压紧试件推动内炉体右移 2~3mm。盖好右侧盖并锁紧,推动右侧导杆使冷板压向试件,转动加力手柄给试件加压,通过百分表测头的移动量控制加压力的大小,百分表测头移动 1mm,表示加压力为 30N×(右侧冷板在移动中导杆与孔之间有摩擦阻力,该阻力值不应计入加压力中),一般加压力控制在测出的最大加压力的 50% 即可。

试件加压力最大为 240N,不得超过。

(3) 接通电源

按电源开关,电源指示灯亮开始进行工作。

(4) 调节恒温水浴

接通恒温水浴电源,进行水浴加热,将电接点温度计置于比冷面所需温度稍低一点的位置。调节流量计使流量最大并使两个流量计流量相等。

(5) 接通温度跟踪器,指示灯亮。

(6) 将主热器电源选择开关置于所需的电源电压,如保护指示灯亮需按启动按钮。

(7) 将护加热器的电源选择开关选在适当的位置(一般比主加热器电源高一倍左右)。

(8) 调温度跟踪器的调零旋钮,使偏差表指针为 0,然后置"跟踪"位置。此时偏差表指示为主、护热板温度差。若偏差信号太大,可先用手动跟踪;手动跟踪时将"手动—自动"置"手动"。调手动电位器,使可控硅导通角加大。当偏差表回零,说明已经跟上,可将"手动—自动"置"自动",仪器可自动跟踪。

(9) 将稳定度旋钮(I)顺时针转到头,灵敏度旋钮(P)顺时针逐步增大,到偏差表产生振荡时,往回退一点,使偏差表稳定。然后把稳定度旋钮(I)逆时针拧使偏差表产生振荡,再顺时针拧至偏差表有振,此时,跟踪器误差小而稳定调节品质最好,一般情况下,护加热器电压高时,P、I 值在低位置(接近逆时针到头)。护加热器电压低时 P、I 值在高位置(接近顺时针到头)。当 P 在逆时针到头时触发不起来,可用手动触发或用 P 顺时针拧到头再反回来。

为加速升温过程,可适当加大电压,接近恒温再调回来。热电偶开关共有 6 个按键,本机仅使用 4 个,对应关系如下图所示

热 I	冷 II	热 II	冷 II		
1	2	3	4	5	6

在升温的过程中,将数字电压表电压选择的旋钮调到 0.1V 档(此时末位数显为 μV),将面板上钮子开关拨到 T 的位置,按下热电偶开关 I 键观测温升情况,通过反复调节主加热器电压,最后使温度保持在设定温度左右。

如果偏差表指针长期间在0的左侧，说明护加热器电压不够，需加大一档。

(10) 恒温水浴在升温时需打开"加热"开关，达到预定温度后，除要求较高水温外，一般需要关闭"加热"开关。应按恒温水浴说明书使用。

(11) 测量读值

进入稳态后（对于低导热系数 $\lambda<0.1$，热电势变化绝对值 $<2\mu V/h$；对于高导热系数，$\lambda>0.1$，热电势变化绝对值 $<4\mu V/h$），即可进行测温。可按温度—热电势对照表查值。

测量后应同时测量主加热器的电流与电压。测量电流时，数字电压表电压选择仍在0.1V档，将面板上右边钮子开关拨到"1/V"再将左面钮子开关拨到"I"的位置，此时即可读出 U_I 值（mV）。

测量电压时，数字电压选择在10V或100V档，将面板上左边钮子开关拨到"V"的位置即可直接测量出电压值。

8.4.6 实验注意事项

(1) 热板温度不得高于150℃，否则将使加热板等损坏。
(2) 恒温水浴水槽内应注入蒸馏水，加热器内不得进水。
(3) 测试过程中室温避免有大的波动。
(4) 仪器可连续使用。
(5) 如水浴水流不畅，流量计浮子不能浮起时，可将冷板水平放置几秒钟，水流即可正常。试验结束关机后应将流量计阀门关闭。

8.4.7 实验数据处理

实验数据采集齐后，就可以开始进行导热系数的计算：

$$\lambda = \frac{0.98IU\delta}{2(t_1-t_2)F} \tag{8-19}$$

式中 λ——导热系数 [W/(m·K)]；
I——主加热器电流（A）；
U——主加热器电压（V）；
t_1——热面温度（℃）；
t_2——冷面温度（℃）；
δ——试件厚度（m）；
F——主加热板传热面积（m²），主加热板加热面积 0.02295m²；
0.98——仪器系数。

当 t_1 与 t_2 两面有小差别时可取平均值代入。

8.5 建筑日照实验

8.5.1 实验目的和要求

日照对于建筑造型技术、建筑使用功能、卫生条件等都有密切关系。建筑设计工作者应重视建筑日照的设计。求解日照问题的方法有计算法、图解法和模型试验法。本实验是模型试验法，通过日照仪直接获得任意地点、任意日期和时刻的太阳高度角和方位角，也可以在日照仪上直接绘制棒影图，或对造型较复杂的建筑模型单体或群体直观的试验，研究日照设计问题。

本实验要求同学应掌握好实验原理和方法，熟悉模型试验法也是解决建筑日照设计的重要手段之一。

8.5.2 实验装置

（1）三参数日照仪

日照仪是根据地球绕太阳运行的规律设计的。由于地轴和黄道面约成66°33′的交角进行运行，使太阳光线直射地球的范围一年中在南北纬23°27′之间作周期变化，可以用太阳光线与地球赤道面的夹角表示，称赤纬角d。赤纬角从赤道面算起，向北为正，向南为负。所以夏至点赤纬为＋23°27′，冬至点赤纬为－23°27′，春秋分为0°。因此计算日期时，以春分3月21日～22日，秋分9月22日～23日为零度，并可粗略地认为赤纬分度每度为四天来计算日期。

（2）平行光源

试验中以大型探照灯作光源，射出平行光线，并放在日照仪正方充作太阳。

8.5.3 实验原理

根据地球绕太阳运行的规律，太阳的高度角与方位角取决于地理纬度、赤纬度及时角3个参数。而当太阳的高度角及方位角确定后，棒与影的关系也就可以确定，故在三参数日照仪上的建筑物模型，在模拟的太阳光照射下，就可直接观察。

日照仪盘Ⅰ为赤道平面，根据太阳光线与地球赤道面所夹的圆心角为赤纬角的定义，显然旋转赤道平面盘Ⅰ与太阳光线所形成的角即为赤纬角。并从赤道面算起向北为正，向南为负。即Ⅰ向下倾斜23°27′为冬季，向上倾斜23°27′为夏至。日照仪盘Ⅱ中心端有一轴绕地轴旋转。显然，盘Ⅱ为时间度盘，中12时为正南，顺时针为正，反时针为负。盘Ⅲ为地平面，根据从地平面作垂线与赤道面所形成的平角角为纬度的定义，所以当盘Ⅲ放平时为90°模拟南、北极，盘Ⅲ放垂直时模拟赤道。若日照仪未装置纬度盘，可按照春秋分日中午12点时，太阳的高度角和纬度的关系式决定。

$$\varphi = 90° - h_s \tag{8-20}$$

式中　φ——地理纬度；

　　　h_s——太阳高度角。

赤纬、地理纬度和时间组成了日照计算的三大因素，具备了这三参数测量条件的日照仪，称为"三参数日照仪"。

8.5.4 实验内容与方法步骤

（1）实验内容

1）利用日照仪测试某地区冬至的日出时间，日没时间以及每隔一小时的太阳高度角与方位角。

2）利用日照仪绘制该地区冬至日1∶100的棒影图。

3）利用日照仪上测试二幢建筑相互遮挡情况及日照时间。

(2) 方法与步骤

1) 仪器调整

(A) 将盘Ⅰ指向0°处，调节支座地脚螺钉，用眼观察使之基本水平。

(B) 将盘Ⅱ指向12点处，观察指针投影是否指向正南，否则移动支座，使指针投影位于正南。

(C) 将盘Ⅲ垂直放置，这时指针应没有投影，若有投影可以调节地脚螺丝，使之投影消除。

(D) 调节投影针高度为100mm（或30mm）转旋盘Ⅱ按指针的投影读出相应的高度角，按照 $\varphi=90°-h_s$ 的关系式选择测试的地理纬度 φ。

(E) 按测试日期赤纬读数。

2) 试验要求

(A) 太阳高度角、方位角测试

旋转盘Ⅱ，观察日出指示针投影正与地平面的的平行线相重合，这时可读出日出时间，然后根据高度角、方位角对称于正午12点的原理，从12点开始，以后每隔一小时读出高度角和方位角。

(B) 绘制棒影图

根据棒影图的比例选择投影针的长短，准备一张白纸，用胶带贴在盘Ⅱ上，白纸上应标好角度，然后旋转盘Ⅱ，在白纸上绘出投影针端的轨迹，即为棒影图。

(C) 试验建筑遮挡与日照时间

将建筑模型按比例做好，然后固定在盘Ⅲ上，转动盘Ⅱ时便可直接读出遮阳和日照时间。

把预先按一定比例制作好的建筑物模型放在地平面上，使其朝向与设计朝向一致。转动时间刻度盘，即可观察该地、该日建筑物周围的阴影变化情况，室内日照时间、日面面积以及遮阳板的遮蔽情况，也可用来观察建筑物朝向与间距的关系。

8.6 太阳辐射测量实验

8.6.1 实验目的和内容

使学生在了解了太阳辐射的一些基本知识的基础上，用实验的方法测定太阳的直接辐射、散射辐射和总辐射，学会对相关仪器的使用，进一步理解太阳辐射的基本知识及其对建筑热环境的影响。

8.6.2 实验设备

(1) 直接日射表

直接日射表是由进光筒、感应器、赤道架、纬度刻度盘等附件组成。进光筒主要是控制和保证进入的光为太阳直射光。感应器是仪器的核心器件，由绕线式热电堆构成，在接受了太阳辐射能后产生温差电势，以其电势的大小来计算接受的辐射能。赤道架是支持进光筒并使之自动跟踪太阳的装置。也可以用手动操作。

(2) 总辐射表

仪器由感应部分、底盘和水平器组成。感应部分由透光罩、感应器、干燥器、白色遮光板和防护罩组成。

(3) 散射辐射表

散射辐射表由总辐射表和遮光环组成，遮光环由环圈、标尺、丝杆、支架构成，它的作用是连续遮挡太阳的直接辐射。

8.6.3 设备的安装和使用

(1) 直接日射表的安装与使用

1) 直接日射表安装地点的要求

直接日射表的安装位置应保证在全年所有季节和时间里，从日出到日落，太阳的直射光不会受到任何障碍物的遮挡。如果场地远处有障碍物，必须使日出和日落方向的障碍物高度角不超过5°，同时要尽可能避开地方性雾、烟尘等大气污染严重的地方。通常直射表与其他辐射仪器一起安在观测场内，如果观测场不具备上述条件，也可安装在符合条件的屋顶平台上。

2) 仪器的安装要求

直接日射表要安装在专用的台柱上，台柱一般用钢筋混凝土或木构架做成。台柱的尺寸应比仪器的底座稍大，台柱离地约为1.5m。柱顶应设置安放仪器的木台板，在台板上安装仪器要牢固，即使受到大风等严重冲击和振动也不应改变仪器的水平状态。直射表跟踪太阳的精度与仪器安装是否正确关系极大。直射表安装时必须对准南北向，对好纬度，调整水平以及核对观测时的倾角和时间。安装调整的具体做法如下：

(A) 对南北方向

直射表底座方位线对准南北向很重要，为此首先要测定南北线，测南北线的方法可用经纬仪在当地太阳时的中午观测太阳位置，或在晴天夜晚用经纬仪测北极星的位置，用这些方法把南北线测绘到安装台板上。如果没有经纬仪也可在当地太阳时中午用铅垂线观测其投影线（即当地子午线），并刻绘到台板上。安装时使仪器底座上的南北方位线与台板上的刻绘的南北线相重合，方位对准后初步把底座固定住。

(B) 对纬度

松开仪器纬度刻度盘上的螺旋，转动刻度盘对准当地的纬度，要求准确到0.1°，对准后再加固定。

(C) 调整水平

用底座板上的三个水平调整螺旋调整仪器座的水平，使水准器的气泡居中，调整底座水平的方法与调整测量用的水平仪的方法相同。

方位、纬度和水平调整好以后，便可将仪器稳固地固定在台架上。整个仪器安置以后可使进光筒对准太阳（光点恰好落在瓷盘黑点中心），这时仪器的倾角与时间指针应指在当时的太阳倾角和时间上，但由于仪器制造时刻度不准等原因，往往会有一些误差。直射表安装好后应跟踪太阳一段时间，检查其是否准确,如发现不准时应反复调整直至正确为止,即达到一天的跟踪误差小于一个光点。仪器安置好后将直射表电讯号输出线与记录器联接,同时还要将跟踪操纵盘上引线与秒讯号匣相联接,至此直射表即可开始工作。

(2) 总辐射表的安装与使用

总辐射表安置的场地条件与直射日射表要求的条件相同,另外还需注意不要使仪器靠近浅色墙壁或其他容易反射阳光的物体。可以将直接日射表、总辐射表和散射辐射表全部都安在一个特制的台架上,或分开安在几个台架上。仪器感应面离地高度为1.5m左右,各种辐射表排列的原则是:各仪器间应离开一定距离,要将高的仪器(间接辐射表)安在北面,低的安装的南面,各种辐射表的观测视野不要受到相互影响。

(3) 散射辐射表的安装与使用

散射辐射表的安装要按以下步骤进行:

1) 将遮光环的底座架设在观测台架上,跟直射日射表的安装要求一样也要对准南北向和调好水平,要使仪器标尺指向正北。南北线的确定方法和仪器调水平的方法与安置直射表相同。仪器调好后用备用螺栓将遮光环底板与观测台板固定。

2) 根据当地的地理纬度固定主标尺位置。

3) 把总辐射表固定在遮光环中的支架平台,其高度应正好使辐射表黑体感应面位于遮光环的中心。

4) 将遮光环按太阳赤纬角调在副标尺相应的位置上。

总辐射表和散射表安装完毕后要分别将它们的输出端与记录器或辐射电流表相连接,仪器即可开始观测工作。

辐射观测时间采用地方平均太阳时(简称地平时)。每天定时观测。我国气象部门规定的统一观测时间为每天6时30分、9时30分、12时30分、15时30分、18时30分共五次。

观测散射辐射于每天日出时,要转动丝杆调整螺旋将遮光环按当日赤纬调在标尺相应的位置上,使遮光环全天遮住太阳的直接辐射。除早晨对准位置外,上下午还要各巡视一次,看阴影有无偏离现象。

(4) 辐射观测的计量和记录装置

气象部门的辐射观测站除了进行定时观测要测量辐射照度的瞬时量以外,还需要连续测量一段时间(如一天)里的辐照度的累积量,因此不少辐射观测站配备有输出电压数字化的遥测记录仪器,辐射观测专用记录仪。它具有多个测量通道(1~5个),可以跟各个辐射表连接。这种仪器一分钟内可测出多个辐射表(直接日射表、总辐射表、散射辐射表、反射辐射表和净辐射表)的瞬时量和总辐射量及散射辐射量的累计量,它是一种自动化程度较高的观测仪器。

8.6.4 测量结果的整理

(1) 辐射测量的计量单位

我国从1986年开始已在全国实行以国际单位制为基础的法定计量单位,国家气象局为此也按法定计量单位拟定了太阳辐射的观测量与计量用的单位,它们是：

1）辐照度 E_e

辐照度是指投射到单位面积上、单位时间里的日射辐射能，也就是通常观测到的瞬时量，计量单位取 kW/m^2，读数时取小数点后三位有效数字。辐射照度过去也称作辐射强度，现在把名称和计量单位都修改与世界气象组织（WMO）的规定一致。

2）辐照量 H_e

辐照量 H_e 指一段时间内（如一天内）辐照度的累积总量，以 MJ/m^2 计量，取小数后两位有效数字。辐照量的旧名称是辐射总量。

（2）太阳直接辐射照度 S 的计算

用直射日射表及配套的记录器可直接从仪器上读取辐照度的瞬时值，如选用辐射电流表检测则只能测出由热辐射转换成的热电动势还须再按照电流表的读数修正值 N 来计算得出辐射照度值 S，其计算公式为：

$$S = \alpha_r N \tag{8-21}$$

式中　S——垂直于太阳入射光表面的直接照度（kW/m^2）；

　　　α_r——辐射计仪器的换算系数；

　　　N——辐射电流表的修正读数。

（3）水平面直接辐射照度 S' 的计算

直接日射表测量得到辐射照度是跟太阳入射光线相垂直的表面上的辐射强度，要求得水平面上的直接辐射照度，还要根据观测时太阳的高度角 h_s 进行换算，换算公式为：

$$S' = S \cdot \sin h_s$$

式中　S——垂直于太阳入射光表面的直接照度（kW/m^2）；

　　　S'——水平面上的太阳直接辐射照度（kW/m^2）；

　　　h_s——太阳的高度角。

不同时刻太阳的高度角 h_s 可根据当地的地理纬度 φ、观测时间的赤纬角 δ 和时角 Ω，由下述公式计算求得：

$$\sin h_s = \sin\varphi \times \sin\delta + \cos\varphi \times \cos\delta \times \cos\Omega \tag{8-22}$$

公式中有关的几个参数：地理纬度 φ、赤纬角 δ 和时角 Ω 的含义及参数的确定方法分述如下：

1）地理纬度 φ

系指观测点所处的纬度，可向当地勘测部门了解，要求准确到 $0.1°$。

2）观测时的赤纬 δ

赤纬角要求准确到 $0.1°$。赤纬角是地球绕太阳公转时太阳光线与地球赤道平面的夹角。由于地球在公转过程中地轴与公转的轨道平面（黄道面）始终保持 $66°33'$ 的倾角，因此太阳的赤纬角在一年内的不同季节、不同时间都在变化。

3）时角 Ω

太阳在天空中一日内位置发生的变化由时角 Ω 来度量，因地球每 24 小时旋转 $360°$，故每小时经过的经度为 $15°$。又由于一天内上、下午太阳的位置对称于中午，例如上午 9 时对称于下午 15 时，所以取太阳时中午的时角 $\Omega=0°$，而午前的时角为负，午后为正。任一时刻的时角为：$\Omega=15\tau$，τ 为距正午的小时数。计算时要注意标准时、地方平均太阳时与真太阳时的区别。

地方平均太阳时 t_m 与真太阳时 t_θ 的区别是真太阳时考虑了地球公转椭圆轨道引起的时差 t_m。已知地方平均太阳时求真太阳时可按下式换算：

$$t_\theta = t_m + E_q \tag{8-23}$$

E_q 为时差，算出观测时的真太阳时 t_θ，便可从 t_θ 与时角 Ω 的对照表中直接查出时角 Ω。

(4) 总辐射照度的计算

太阳总辐射照度 Q 由总辐射表测量并配合使用记录器或辐射电流表显示记录。采用记录器可直接显示瞬时值及累计量，如采用辐射电流表计量时，则要根据电表读数作读数修正后按以下公式计算总辐射照度 Q：

$$Q = \alpha_r N \tag{8-24}$$

式中　Q——太阳总辐射照度（kW/m^2）；

　　　α_r——总辐射计仪器的换算系数；

　　　N——辐射电流表的修正读数。

(5) 散射辐射照度 D 的计算

散射辐射照度的测量仪器如前所述，系由总辐射表和遮光环两部分组成。观测时由遮光环挡去直射阳光，但是，当遮光环阻挡直射阳光时同时也遮挡了部分散射辐射。因此，从记录器或电流表上读取的数值要进行必要的遮光环修正。

一般随仪器会提供遮光环修正值表。该表是按一般云量情况下（总云量 4~7），考虑遮光环的实际遮挡状况编制而成的。当天空为少云（总云量 0~3）或多云（总云量 8~10）时，要对表中所列数值作加减的附加修正。

综上所述，计算散射辐射照度 D 的计算公式如下：

$$D = D_H \cdot \alpha_H \tag{8-25}$$

式中　D——实际散射照度（kW/m^2）；

　　　D_H——散射辐射表读数（kW/m^2）；

　　　α_H——散射辐射表遮光环修正系数。

其中

$$\alpha_H = \alpha \pm \alpha_F \tag{8-26}$$

式中　α——散射辐射表遮光环修正值；

　　　α_F——附加修正值。

仪表提供的附加修正值 α_F 一般规定如下：

当总云量 0~3 和 8~10 时，附加订正值 $\alpha_F=0.03$；

总云量 4~7 时，附加订正值 $\alpha_F=0$；

另外散射辐射照度 D 也可通过将总辐射照度 Q 与水平面垂直直射辐射照度

S' 相减而求得：

$$D = Q - S' = Q - S \cdot \sin h_s \qquad (8\text{-}27)$$

8.7 热箱法测试构件总传热系数

8.7.1 实验目的和内容

使学生在了解了总传热系数基本概念的基础上，初步了解总传热系数的测试方法。总传热系数的测定方法有多种，采用热箱法测定是一种使用较多的测试方法。学会用实验的方法测定总传热系数，学会对相关仪器的使用，进一步理解总传热系数的基本知识及其对建筑热工计算中的作用。

8.7.2 实验设备

热箱、冷箱、保护箱及控温和测温装置，热流计、风速仪、尺、秤及烘箱等。实验装置见图 8-8。

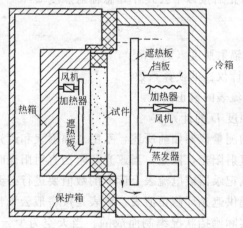

图 8-8 热箱法测试总传热系数装置

8.7.3 实验原理

本法基于平壁的稳定传热原理。在试件两侧的箱体内建立所需要的稳定温度场及必要的风速条件和热辐射环境，在传热达到稳定状态后，根据测得的功率及试件两侧的表面温度及空气温度，即可得出总传热系数及表面换热系数。

8.7.4 实验方法

（1）取具有代表性的构件，其尺寸应符合箱体试件尺寸的要求，准确测量测试件各部分尺寸。

（2）试件湿度应当达到正常使用情况下的平衡含湿率。在测试前、后对试件秤重。测试后从试件中取出有代表性的一块进行秤量和烘干，以求出试件的含湿率。

（3）冷、热箱的温度应尽可能与试件的使用温度一致，其温差宜保持在 $\geqslant 15\text{℃}$。

（4）在热箱箱体各壁面的内、外表面至少设一对热流计，安装在其中心部分，各热流计的系数均应相同。

（5）测定以下数据：进入热箱的总功率（包括箱内加热器和电风扇的功率），热箱箱壁热流计读数，冷箱及热箱的空气温度，试件两表面温度，保护箱及实验室内空气温度，流经试件表面的风速。

（6）对冷、热箱分别进行降温和升温，当试件两表面温度及进入箱内功率出现无规律变化，而且其变化数值在 4h 内小于 2‰ 时，可以认为已达到热稳定状态，取最后 4h 数组的平均数作为测定值。

8.7.5 实验数据整理

实验中所测量的数据可按下列公式整理：

$$K_0 = \frac{Q - ME}{(t_h - t_c)F} \tag{8-28}$$

$$\alpha_i = \frac{Q - ME}{(t_h - \theta_h)F} \tag{8-29}$$

$$\alpha_e = \frac{Q - ME}{(\theta_c - t_e)F} \tag{8-30}$$

式中 K_0——试件总传热系数 [W/(m²·K)]；

α_i——试件内表面换热系数 [W/(m²·K)]；

α_e——试件外表面换热系数 [W/(m²·K)]；

Q——进入热箱的总功率（W）；

E——热箱箱壁热流计读数（mV）；

M——热箱箱壁热流计换算系数（W/mV）；可用下法测定：用一块已知传热系（≤15W/(m²·K)）的均质平板作标准试件，并使热箱和冷箱的空气温度差稳定在 28℃ 以上，调整热箱外的空气温度，使其比热箱内温度高或低几度，分别记录输给箱的稳定功率 Q'、试件热面温度 t_1 及 t_2、试件面积 F' 及箱体热流计电动热 E，并按下式计算：

$$Q' - ME = K(t_1 - t_2)F'$$

因式中试件的传热系数 K 为已知，故可根据测得的 Q'、E、F'、t_1 及 t_2 值，得到热流计的换算系数 M。

F——试件测试部分面积（m²）；

t_h——热箱的空气温度（℃）；

t_c——冷箱的空气温度（℃）；

θ_h——试件热表面的温度（℃）；

θ_c——试件冷表面的温度（℃）。

9 建筑光环境实验

9.1 采光测量实验

9.1.1 实验目的

对建筑采光进行测量是建筑物理实验的重要内容。虽然可以作一系列采光设计计算，但由于影响因素十分复杂，所以只有对建筑采光进行实测才能对其室内光环境质量作出较准确的评价，进而了解建筑物采光设计的实际效果和存在的问题，以便采取有针对性的解决措施。一个良好的光视觉环境应包括适当的照度水平，舒适的亮度对比，宜人的光色和避免出现眩光的干扰。随着采光设施使用时间的增长，采光效果也会变化，要继续保持良好的采光效果必须采取适时的维护保养措施，而通过定期的采光实测对于建立采光设施的合理维护保养制度也是不可缺少的。

9.1.2 实验内容

采光测量实验的内容包括：室内典型剖面（工作面）上各点的照度和室外无遮挡水平面上的扩散光照度的测量，室内墙面、顶棚、地面等饰面材料和主要设备的反射系数的测量，采光口采光材料的透光系数的测量，以及室内各表面亮度的测量。

9.1.3 实验原理

采光系数的概念：室内采光的最终目的是在工作面上获得适当的天然照度，采光测量最主要的工作也是测定由天空光所产生的室内工作面上的照度值。但是，世界各国包括我国在内在制定室内天然光采光标准时，却不使用以勒克斯（lx）来计量的光量单位来规定工作面上的照度标准值，而采用另一个光量的相对单位——采光系数。这是因为室外天空（光）的亮度随着天气的变化和太阳在天空的位置和高度的变化而产生相应的变化，因此由天空光所产生的室内工作面上的照度值也会发生变化，我们在研究利用天空光的室内照度时，不得不考虑室内照度随室外照度而变化的这一特点。为此我们采用室内照度与同一时刻室外照度的比值这一相对照度值作为评价天然采光的定量指标，这就是采光系数的概念。

采光系数可"定义"如下：采光系数是室内工作面上一点 P 直接和间接接受天空光所形成的照度，与同一时刻全天空半球对室外不受遮挡的水平面上产生的照度的比值。当以 C 表示采光系数，E_N 和 E_W 分别表示室内和室外的照度时，采光系数可由以下公式表示：

$$C = \frac{E_N}{E_W} \times 100\% \tag{9-1}$$

采光设计中引入采光系数的概念，在给定的天空亮度分布条件下，计算点 P 和窗子的相对位置，以及窗子的几何尺寸确定之后，无论室外的照度值如何变化，根据立体角投影定律（$E = L_a \omega \cos\theta$），计算点的采光系数总是保持不变。这样就对评价和预测室内天然光的照度水平都比较方便。如果想要知道某一采光系数在室内达到的照度，只要把采光系数乘以当时的室外天空扩散光照度即可解决。

根据上述采光系数的定义，我们在测定室内工作面上天然采光的照明水平时就不能只测定室内工作面上的照度值，还要同时测定室外无遮挡的空旷地面的水平面照度值，才能据此计算出相应的采光系数。

9.1.4 测量仪器

采光实测使用的主要仪器是照度计和亮度计，另需测量尺寸的卷尺等。现场采光实测对照度计的要求是：至少配置两台同一型号的照度计，一台用于室内照度测量，一台用于室外照度测量。用于室内测量的照度计的量程为 $1 \sim 50000$lx，用于室外测量的照度计的量程应为 $0 \sim 100000$lx；照度计应配有余弦和颜色校正装置，没有余弦校正装置的照度计不能用于采光测量。

测量前，室内和室外测量使用的两台照度计应同时在天然光下进行相对校正，并绘出校正曲线，见图 6-6。

亮度测量的仪器多使用光电式亮度计，仪器的量程范围应达到 $0 \sim 4 \times 10^5$ 尼特，视角为 $0.5°$、$1°$、$2°$。

9.1.5 室内外照度的测定

(1) 测量条件

我国采光设计标准采用国际照明委员会推荐的 CIE 标准天空，即全阴天空作为天空亮度分布规律的标准，因此室内、外照度测量的天空条件应选全阴天气（即云量为 $8 \sim 10$ 级的全云天），天空中看不到太阳的位置。不应在晴天和多云天测量，也不宜在雨、雪天测量。

测量时间要选在一天内照度相对稳定的那一段时间内，一般多选在 10 时至 14 时之间为宜，而早晨和傍晚前后照度变化大，不宜在这段时间里进行测量。

为了满足采光系数定义所要求的同一时刻室内外照度之比的条件，室内室外的照度应同时进行测定，一般要使用两台照度计分别在室内室外同时施测。

(2) 室外照度的测量

需要测取的室外照度是指全天空扩散光在室外水平面上产生的照度，因此要选择室外的一块空地作为测点，靠近空地周围没有房屋和树木等障碍物的遮挡，远处的建筑或其他遮挡物与测点接受器的距离应大于遮挡物高度的 6 倍，即距离 l 与遮挡物高度 h 之比要大于 6（见图 9-1）。

测量时操作人员要将照度计的接收器水平放置在测点处，然后离开接收器一段距离（视接收器引线的长短而定），以防止测量人员遮挡射向接受器的光线，要从测点附近的照度计电表或显示屏上读数。由于光电池具有惯性，当照度变动

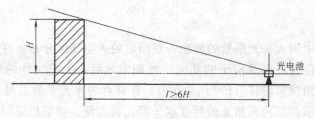

图 9-1 建筑物遮挡示意图

时线路中的电流在短暂时间内还会维持不动,因此在测量前应将光电池在相近的照度环境下曝光 2min 后才能施测。测量时要待检流计的指针或数码显示屏稳定后再进行读数,以免惯性引起测量误差。

(3) 室内照度的测量

建筑物的采光测量要测取的照度值不限于测定室内的照度最低值,还要求测定室内工作面上各处照度值的变化情况,包括测定照度最高和最低值以及照度平均值。因此采光实测时要在待测的建筑物中选取若干个有代表性的能反映室内采光质量的典型剖面,然后在典型剖面与工作面的交线上布置一组测点。

对于侧面采光应选取房间里两个有代表性的横剖面,其中一个横剖面通过侧窗的中心线,另一个通过窗间墙的中心线,如图 9-2 中的 Ⅰ—Ⅰ 和 Ⅱ—Ⅱ 剖面。

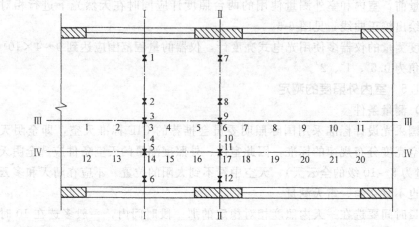

图 9-2 典型剖面布点图

对于顶部采光还要增加两个以上的纵剖面,其中的一个纵剖面应该与纵向天窗水平投影的纵轴线相重合,如图 9-2 中Ⅲ—Ⅲ和Ⅳ—Ⅳ剖面。

对于室内体育馆、练习馆或生产车间这类建筑物,也应根据需要选取室内有代表性的区域或整个室内范围等间距地布置测点进行测量(参见图 9-3)。

剖面图上布置测点的间距取 2~4m,如果房间面积不大也可把测点间距缩小到 0.5~1m,测点距墙或柱的距离为 0.5~1m。单侧采光应在距内墙 1/4 进深处设 1 测点,双测采光时应在横剖面中间设一测点,中间的各测点按等距离布置。假想工作面一般选取距地面高度为 0.8m 的水平面。

走道、通道、楼梯间等交通廊道处布置测点时,可在其长度方向的中心线上进行布置,测点间距取 1~2m,测量高度可定在地面上或距地面为 0.15m 高的

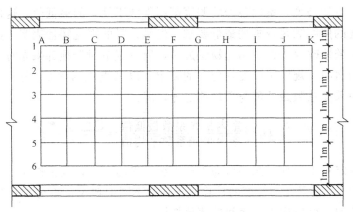

图 9-3　等间距布点图

水平面上。

进行室内照度测量时如果室内还开启有辅助照明灯光,这时应关闭室内所有灯光;若测点还受到从采光口射入的直射阳光的照射则要用遮板挡住直射阳光,并对这些情况作详细记录。

依次在每一个测点上安放好接受器,然后读取测点的照度值,为了避免读数时可能出现的误差,每个测点要读取三次读数。可在测量时由测量人员用手遮挡接受器(光电池)三次,然后分别读数三次,并将每次读数均记入测量记录表。

9.1.6　测量结果的整理

采光实测结果的记录和整理,一般应包括以下内容:

(1) 采光系数最低值 C_{min}

采光系数最低值应取典型剖面和假定工作面(或地面)交线上各测点中采光照度数值中最低的一个。如实测中有两条以上的典型剖面时,则取所测剖面中照度值最低的值作为该房间的评价值。遇有明显的设备遮挡时,可取相邻无遮挡测点上的采光系数值。

(2) 采光系数平均值。$\overline{C}$

采光系数平均值应取典型剖面与假定工作面交线上各测点的采光系数算术平均值,即:

$$\overline{C} = \frac{1}{n}\sum_{i=1}^{n}C_i \tag{9-2}$$

式中　n——典型剖面上的测点数;
　　　C_i——典型剖面上各测点的采光系数值。

当室内有两条或两条以上典型剖面时,各条典型剖面上的采光系数平均值应分别计算,取其中最低的一个平均值作为房间的采光系数平均值。

(3) 采光均匀度 U_c。

在一般情况下,建筑物室内天然照度的分布是不均匀的。对侧窗来说,近窗处的照度高,远窗处的照度低。我国现行的采光标准规定以照度最低值作为设计的标准值。也就是说，室内各处的照度都不得低于规定的最低值，这样就可以保证室内各处的照度满足视觉的最低要求。但是人眼的视觉特性表明：如果视觉对象的照度频繁地改变，也会引起视觉疲劳，所以规范对于顶部采光时采光等级为Ⅰ—Ⅳ级的房间，规定了照度均匀度的要求，以采光均匀度U_c表示。采光均匀度是指室内采光系数最低值与平均值之比，即：

$$U_c = \frac{室内采光系数最低值}{室内采光系数平均值} = \frac{C_{\min}}{\overline{C}} \tag{9-3}$$

规范规定对于顶部采光要求为Ⅰ—Ⅳ级采光的房间，其工作面上的采光均匀度不应低于0.7。采光均匀度的计算应按各个不同的典型剖面分别计算，取其中均匀度最低的一个值作为该房间的评价指标。

(4) 采光系数曲线图

采光系数曲线图是在建筑物的典型剖面（横剖面或纵剖面）图上表示的工作面各测点的采光系数变化曲线（见图9-4）。

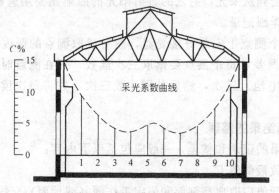

图9-4 剖面采光系数曲线

以剖面图上的工作面高度线作为图形的横坐标轴，并在它的上面标出测点的相应位置，以测点的纵坐标大小表示该点的采光系数数值，纵坐标的标尺应0.5%、1%、2%、3%、5%、……等作为标尺的刻度。各点的采光系数值标出后，将纵坐标的顶点连接成光滑的曲线，即为采光曲线图，它形象地反映了沿该典型剖面上各测量点采光系数的变化趋势。

(5) 等采光系数图

等采光系数图是在建筑平面图上将工作面上采光系数相等的各点用光滑曲线连接绘成的曲线图，它类似于地形图上的等高线，能形象地反映出室内平面上各处采光系数的变化。要绘制等采光系数图，在采光测量时应在室内按方格网布置测点，且测点数足够多的情况下才可能绘出等采光系数曲线图。此外，如果利用电子计算机辅助设计程序，配合使用自动绘图仪也可以将测量结果绘成等采光系数曲线图。

在等采光系数图上应标出采光口位置，顶部采光口（天窗）的位置可在平面图上用虚线标出，同时还应标出采光系数最高值和最低值所在的位置和它们的数值大小。等采光系数图的例子见图9-5。

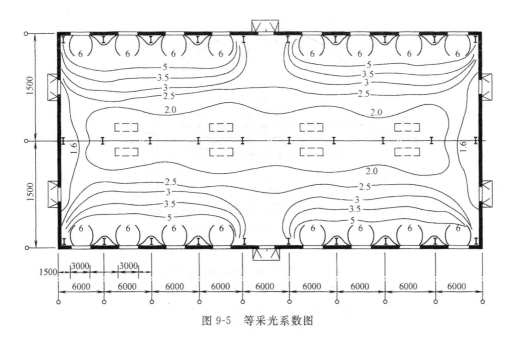

图 9-5 等采光系数图

(6) 采光测量记录表

采光实测结果的记录中还应该包括：测量场所、结构类型、采光形式、窗和地面积、测量时间、天空状况、测量仪器设备型号、测量人等内容。

9.2 人工天穹采光试验

9.2.1 实验目的

利用人工天穹研究建筑物的天然采光性能，是一种以实验为手段的采光设计方法，《工业企业采光设计标准》（TJ 38—79）就是在北京清华大学建筑物理实验室的人工天穹里进行大量的模型试验，以实验数据为基础编制出来的。这种方法能解决一些体形复杂的建筑物用理论计算方法难以解决的采光设计问题，因而得到较广泛的应用。本方法的主要用途在于，研究和设计各种类型的采光口的性能，以及在具体的工程设计中分析和预测它的天然采光设计效果。

9.2.2 实验内容

利用人工天穹和建筑采光的模型，测试分析和预测其天然采光设计的效果。

9.2.3 实验仪器设备

天然采光模型试验的主要设备由一个建造在实验室里的人造天穹、测试工作台和测光仪器（照度计）组成。人工天穹及其设备布置参见图9-6。

人工天穹是一个装置在实验室里的中空半圆球体，用它来模拟室外的设计天空条件。天穹半球的内表面要用完全扩散性的白色涂料涂刷，涂层反射率 ρ 要大于 0.8，半球下部设置灯槽，其中安装人工照明灯具，灯光的配置要使人工天空的表面亮度符合 CIE 规定的标准全云天的天空亮度，即符合蒙·斯本塞（Moon·Spencer）的亮度分布公式：

9 建筑光环境实验

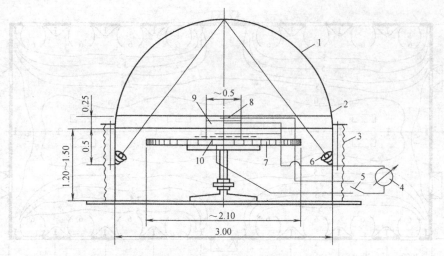

图 9-6 人工天穹及其设备布置示意图
1—半球屋顶；2—角钢圆环；3—黑色幕廉；4—电流表；5—变换开关；
6—投光灯；7—工作台；8—室外接收器；9—建
筑模型；10—室内可移动接收器

$$B_0 = B_z \cdot \frac{1+2\sin\theta}{3} \tag{9-4}$$

式中　B_0——离地面为 θ 角处的天空亮度（cd/m²）；
　　　B_z——天顶亮度（cd/m²）；
　　　θ——高度角（度）。

人工天穹直径的大小对测量精确度有影响，天穹半球的直径增大能提高测试结果的精确度，但要增加建造天穹的工程费和维护管理费用。常用的人工天穹直径为 3~9m，支承在其下的短柱或墙壁上，也可以吊装在天花板上。天穹下面要留有足够大的操作空间，以便在这里设置试验工作台和便于测试人员进行试验操作。天穹下部空间的四周要用黑色绒布遮蔽，以防止白天操作时室外杂散光的干扰。

放置建筑模型的测试工作台要做成一个活动的架子，台面的高低和倾斜角度要能够操纵和调整。台面尺寸应大于测试模型的尺寸，而模型的最大尺寸以不超过人工天穹直径的五分之一为宜。

天穹内壁用人工灯光照明获得必需的亮度。为此，要在半球底部的灯槽内安装大功率的反射型强光灯，灯座要安装在球形活动支座上，使灯光的投射角根据调试天空亮度的需要作上下左右的方向改变。所装灯泡的单灯功率不宜小于150W，以保证试验台面上水平面照度不低于500lx，最好能获得 1000~2000lx 的照度。

模型测试前要把试验房屋制成建筑模型，模型各部分的尺寸应严格按设计或实际比例制作。模型中的采光口的尺寸和构造要尽量做得精细一些。模型与实物比例常取 1:50~1:20，过大的模型在小直径的天穹半球中测试容易引起测量误差。模型内部的颜色要根据试验的不同目的做成与实物颜色一致或做成黑色。

9.2.4 实验原理

人工天穹建筑模型实验的理论根据是立体角投影定律,这个定律反映了光源亮度和由它所形成的工作面照度之间的光度学关系。

由立体角投影定律可知:室内工作面上一点 P 的照度 E_N,是由透过窗口"看到"的天空表面与观测点 P 所形成立体角在被照面上的投影与发光天空亮度的乘积所决定,即:

$$E = \int_\omega B\cos\theta\,d\omega \tag{9-5}$$

(9-5) 式表明,P 点的照度大小只跟 P 点透过采光口形成的天空立体角在被照面上的投影,以及采光口所对应的天空亮度大小有关,而与天穹半球的直径或建筑模型的比例大小无关。建筑模型实验所选取的采光系数不采用工作面的照度绝对值,而取模型内外照度的值——采光系数这一相对值作为评价量,也是为了消除人造天空的亮度与实际天空的亮度不同可能引起的误差。采光系数 C 的表达式见式 (9-1)。

实测时要准备好两台型号相同的照度计,一台照度计的接受器放在建筑模型内的测点外,另一台的接受器放在测试工作台面的中心处。分别测出模型内外的照度值以后就可以公式 (9-1) 计算出工作面上各测点的采光系数 C。照度计配用的光电接受器宜采用面积较小的光电池,常用 $\phi 18mm$ 以下的配有余弦校正和滤色片的光电池,装在一个可沿轨道移动并能观察和记录测点位置的移动装置上。

由于测量获得的采光系数是建筑模型外的全天空水平面照度与模型内工作面上照度之上的相对值,就可以通过标定模型内外两个光电池的测光读数做出一个可以直接读出采光系数的装置,以简化测量结果的计算工作。标定的办法是先将测量室外照度的光电池置于人工天穹的平台中央,测出"室外"水平面的照度,再在邻室的光轨上用标准光源对用于建筑模型内测光的光电池进行标定,算出室外照度为某一定值时室内相应于室外照度的百分数,即采光系数值,调整电位器的度盘上将它标出来,待实测进行时就可以从电位器的度盘上直接读出建筑模型中工作面上的采光系数。

9.2.5 实验步骤

(1) 打开电源,点亮天穹半球照明用的反射灯,检查每盏反射灯的点亮情况,使其达到稳定状态后才能开始进行测试。

(2) 将光电池接受器移到测试平台中心,测出平台中心处的照度,它就代表全天空散光在室外水平面上形成的照度 E_w。

(3) 在测试平台上安装实验用建筑模型,使实验模型的中心与天空半球的中心相重合再将光电池(接受器)放入模型内的可移动轨道,调整模型的方位使待测剖面与光电池的移动轨道相重合,然后将光电池由模型的一端向另一端移动,逐个测定建筑模型有代表性剖面上各测点的照度值 E_N。每次停留在一个测点位置时要重复进行三次测量读数,以消除由于电压波动或误读等原因可能引起的偶然性误差。

(4) 在建筑模型的典型剖面上布置测点，剖面位置选择及测点之间间距的确定均应遵守 GB 5699—85《采光测量方法》中的有关规定，并按模型的缩小比例在建筑模型中确定测点位置。

(5) 测量完毕后切断电源，卸下实验模型，根据记录整理实验数据。实验进行时要将每个测点的测量数据填入测量记录表。

9.2.6 实验结果
(1) 计算采光系数

整理记录时按公式（9-1），$C=E_N/E_W\times100\%$ 算出各测点的采光系数 C 值。

(2) 绘制采光系数曲线图

绘制建筑模型各典型剖面的采光系数曲线图。

(3) 编写实验报告

数据整理及采光曲线的绘制方法与本章 9.2 采光测量部分介绍过的方法相同，此处不再重复。

9.3 室内表面反射系数的测量

9.3.1 实验目的
通过测试了解室内不同表面的反射性能和不同的采光性能，认识室内表面反射系数对室内采光质量的影响。

9.3.2 实验仪器
照度计、反射系数样板盘、光源。

9.3.3 实验内容
实测室内表面反射系数。反射系数测量方法可分为直接法和间接法两种。直接法是用反射系数样板与待测表面进行直接比较，或用反射系数仪直接测出表面反射系数；间接法则是通过测定待测表面的亮度或照度，从而推算出该扩散反射表面的反射系数。

9.3.4 用样板比较法测定反射系数
用于确定表面反射系数的样板比较法是一种简便可靠的方法。本方法使用的仪器是一个反射系数样板盘（见图 9-7）。

该盘由两个同心的圆盘板组成，内圆盘 Ⅱ 划分为 8 个或更多个扇形块，其颜色由浅（白色）到深（暗黑色），它们的反射系数 ρ 值印刷在外圆盘 Ⅰ 上并与扇形块的编号相对应。在外圆盘 Ⅰ 上开有一个开口 Ⅲ，当我们把样板盘放在待测的表面上时，待测表面就从窗口 Ⅲ 显露出来。盘 Ⅰ 和盘 Ⅱ 可同心地转动，这时转动内盘 Ⅱ 比较扇形块材料和待测表面材料的反射系数，用肉眼从颜色上判断。当某一扇形块的亮度与待测表面的亮度最为接近时，那么，该扇形块的反射系数就是待测表面的反射系数。本方法比较观测的误差在 10% 以内。

9.3.5 用照度计测定反射系数
根据材料反射系数的定义：反射系数 ρ 是投射到某一表面的光通量 Φ_i 与被

9.3 室内表面反射系数的测量

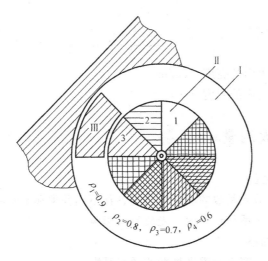

图 9-7 反射系数样板盘
Ⅰ—外圆盘（固定盘）；Ⅱ—内圆盘（活动盘）；Ⅲ—窗口

该表面反射出的光通量 Φ_P 的比值，即：

$$\rho = \frac{\Phi_P}{\Phi_i} \times 100\% \tag{9-6}$$

对于扩散反射的表面，我们可分别以入射照度 E_R 代替入射光通量 Φ_i，以反射照度 E_i 代替反射光通量 Φ_P，以反射照度与入射照度的比值得出该表面的反射系数 ρ：

$$\rho = \frac{E_i}{E_R} \times 100\% \tag{9-7}$$

在测量中，应尽量减少环境其他因素的影响，使用照度计测定室内表面的反射系数要选择不受直接光影响的被测表面位置。例如，被测位置不宜选择在狭窄的窗间墙、近窗的侧墙等处。测量时要将照度计的接受器紧贴被测表面的某一位置，并使光电池朝外，面向入射光线测得入射照度 E_R，然后将接受器感光面（光电池）反转过来对准同一被测表面的原来位置，并逐渐平移开来，此时照度计的电表读数由小渐大，待照度计读数稳定后读取电表上的读数，此数即为墙面的反射照度 E_i。根据这两项读

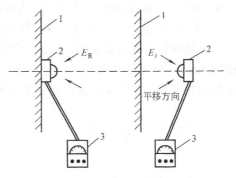

图 9-8 反射系数测量示意图
1—被测表面；2—接受器；3—照度计

数按公式（9-7）即可计算出该表面的反射系数 ρ。测量室内表面的反射系数要在被测表面上选取 3～5 个测点，然后计算它们的算术平均值作为该被测表面的反射系数。测量过程及仪器位置的布置见图 9-8。

对漫反射表面，分别用亮度计和照度计测出被测表面的亮度和照度后，由下

式求出反射系数：

$$\rho = \pi L / E \tag{9-8}$$

式中　L——被测表面的亮度（cd/m^2）；

　　　E——被测表面的照度（lx）。

9.4　透光系数测量

9.4.1　实验目的

通过对外窗的透光系数的测量，认识各种不同种类和不同厚度玻璃的透光性能，并了解外窗透光系数对室内采光质量的影响。

9.4.2　实验内容

用照度计实测外窗不同透光材料的透光系数。

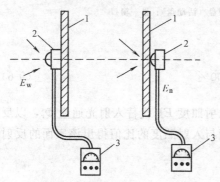

图 9-9　透射系数测量示意图
1—被测透光材料；2—接受器；3—照度计

9.4.3　测量方法

根据测定反射系数相同的道理，同样可以用照度计测量采光材料的透光系数。测量要在天空扩散光的条件下进行，测量人员将照度计的接收器分别贴在被测窗口透光材料的内外两面上，两测点的位置应在同一轴线上。在测量时，分别读取内外两测点的照度值，按下列公式求出透光系数 τ：

$$\tau = \frac{E_N}{E_W} \times 100\% \tag{9-9}$$

式中　E_N——接受器贴于透光材料内面测得的照度值（lx）；

　　　E_W——接受器贴于透光材料外面测得的照度值（lx）。

测量时接受器位置布置的示意图见图 9-9。可选取不同的并具有代表性的外窗透光材料 3～5 块作为试件，每块透光材料可选一个测点或多个测点，取各测点的透光系数的算术平均值作为该采光材料的透光系数。

9.5　室内照明测量

9.5.1　实验目的

对已建成房间的照明效果进行检测，保证室内照明满足相关标准要求和设计要求，建立照明设施的维护保养制度，有必要对建筑物的照明情况进行现场调查和实测。通过实验要求同学掌握实测方法和结果整理方法。

9.5.2　实验内容

根据各种建筑物的使用功能和要求的不同，室内照明实测的内容也有差别。室内照明测量的内容一般包括：室内工作面上各点照度的测量、室内各表面的反射系数测量以及室内各表面和设备的亮度测量。就照度测量来说,对于有确定工作位置的房间(如阅览室和工厂的生产车间),要求测定实际工作面的照度;没有固定工作地点的房间,要求测定假想工作面(距地面以上 0.8m 处)的平均照度;还有一些视觉工作对象是垂直工作面,如图书馆的书库、商点的货架、中心控制室的仪表盘等等,要求测定垂直面上的照度。因此,要根据被测对象的不同情况,选择适合的测量内容和要求。

9.5.3 测量仪器

室内照明测量用的照度计宜为光电式照度计,读数显示为指针或数字式均可,要求仪器的精确度达到 II 级以上。考虑到测量中将遇到各种类型的具有不同光谱特性的光源,以及测点的光线可能来自不同的方向和角度的多处光源,因此,照度计的接受器应当带有滤光片和余弦修正装置,测量仪器在测量前也必须经过校正。

9.5.4 测点布置

国家标准《室内照明测量方法》规定:对于一般工作照明,测定工作面上的平均照度要采用方格网的布点方法,即将测量区域划分成大小相等的方格(或接近方格)测量每个方格中心的照度 E_i,然后把所有的方格测点的照度值累加起来,求出它的算术平均值,即为测量区域的平均照度值 $\overline{E}$:

$$\overline{E} = \frac{1}{n}\sum_{i=1}^{n} E_i \tag{9-10}$$

式中 $\overline{E}$——测量区域的平均照度(lx);

E_i——每个测量网格中心的照度(lx);

n——测量网格数,即测点数。

测量网格大小的划分应视待测房间面积的大小而定,面积较大的房间或工作区可取 2~4m 的正方形网格;对于小面积的房间可取 1m 见方的正方形网格;遇到走廊、通道、楼梯等长条形的工作区域,则在它们的长度方向的中心线上按 1~2m 间隔布置测点。

局部照明时的测点布置,可在需要照明的地方设置测点进行测量。当测量场所狭窄时,选择其中有代表性的一点;当测量场所比较宽敞时可按上述一般工作照明的布点方法进行测量布点。

测量结果的平均照度值的精确程度显然跟测点数目的多少有关,测点数目越多,要求方格网的尺寸要小,得到的平均照度值会精确些,但花费的时间和精力也要更多。如果由测量获得的平均照度的误差控制在±10%范围以内,则允许减少测点数目以减轻测量工作量。但允许的最少测点数要根据室形指数来确定。

室形指数 K_r 是反映房间比例关系与光源光通量利用程度的一个量,对于矩形房间,K_r 值的计算如下式

$$K_r = \frac{LW}{H_{rc}(L+W)} \tag{9-11}$$

式中 L——房间长度(m);

W——房间宽度（m）；

H_{rc}——工作面以上至灯具出光口的高度（m）。

由室形指数控制的室内照明最小测点数可参见表 9-1，室内空间的划分参见图 9-10。

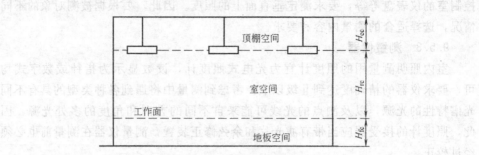

图 9-10　室内空间的划分

最少测点数与室形指数关系　　　　　　　　　　　　表 9-1

室形指数 K_r	测点数	室形指数 K_r	测点数
<1	4	2~3	16
1~2	9	≥4	25

9.5.5　照明测量方法

(1) 光源的准备

测量开始前要把测量范围里的照明用灯全部打开，白炽灯需点亮稳定 5min，荧光灯需点亮稳定 15min，高强气体放电灯（高压汞灯、高压钠灯、金属卤化物灯等）需点亮稳定 30min 以上，待各种光源的光输出达到稳定状态后再进行测量。对于新安装灯泡都应经过一段时间的使用，气体放电光源要使用 100h 以上，白炽灯要使用 20h 以上，才能作为测量用的光源。测量时还要排除其他无关的光源的干扰。

(2) 照度计的使用

用照度计测量时应注意电表头上量程档的选择，一般要先从大量程档开始，根据电表上照度的指示值逐步从大到小找到需用的档次，原则上不允许在该档最大量程的 1/10 范围内测定，以保证表头指示的读数在准确计量的量程范围之内。

对于自动换档的数字式照度计不存在这个问题，只需直接读数，但显示屏上的读数一定要和该档的档位数相对应。

(3) 数据的采集

为了提高测量的准确性，每一个测点要读取三次读数。为此，要用手遮挡接受器数次来获得多次读数，每次读数时要等待电表的指示值稳定后再行读数。

(4) 测量条件

测量进行中应保持电源电压稳定，并使之在灯泡的额定电压下进行测量。如达不到这一要求，应在测量照度的同时测量电源电压，当与额定电压不符时，则应比照电压的偏差对光通量予以修正。

9.5.6 室内表面反射系数的测量

室内的反射表面包括墙壁、天棚、地面和大面积的室内家具表面等等，它们对室内工作面的照度有一定程度的影响，为了便于分析室内的照明效果，有必要在照度测量的同时对室内各反射面的反光系数进行实测。

室内表面反射系数的测量方法可分为直接法和间接法：直接法是指用样板盘的比较测定法，我们已在本章 9.3.4 节用样板比较法测定反射系数部分中作过介绍，此处不再赘述；间接法是通过测量被测表面的照度，从而推算出均匀扩散反射系数。

用间接法测定表面的反射系数要选择不受直接光照射的表面位置，首先将照度计的接受器紧贴被测表面的某一位置，使感光面朝外，测出自室内灯具射出的光通量所产生的照度 E_R，然后将接收器的感光面对准同一被测表面的原来位置，从墙面起始逐渐向外平移，照度计的读数由小变大然后趋于稳定。如果把照度计的接收器再往外移，读数反而下降，则应在读数趋于稳定时读取照度 E_i，这时接受器距墙面的距离约为 200～400mm，测量时的示意图 9-11 所示。

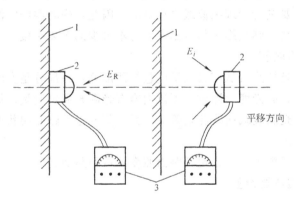

图 9-11 反射系数测量示意图
1—被测表面；2—接受器；3—照度计

反射照度 E_i 和入射照度 E_R 测出后，可按下式计算所测面的反射系数 ρ：

$$\rho = \frac{E_i}{E_R} \times 100\% \tag{9-12}$$

测量表面应选择亮度比较均匀而有代表性的部分，在每一种待测表面上要选取 3～5 个测点进行测定，然后求出它的算术平均值作为该表面的反射系数值。

9.5.7 照明测量的数据整理

测量结果的计算和整理工作包括平均照度 $\overline{E}$ 的计算、照度最高值 E_{max}，照度最低值 E_{min} 的大小和位置的分析，它们的计算和分析方法均可参见本章 9.1 节采光测量部分的相关内容。照度均匀度的均匀度可按下式计算

$$U_E = \frac{E_{min}}{\overline{E}} \tag{9-13}$$

室内照明测量记录中还应包括以下内容：测量地点、环境条件、灯具型号规格、灯具布置、灯具清洁程度以及测量结果详细记入测量记录。

9.6 道路照明测量

9.6.1 实验目的

道路照明是市政建设中不可缺少的一项公共设施，它对防止夜间交通事故、消除车辆堵塞和减少交通拥挤等方面都起着重要的作用。道路照明的目的在于确保夜间行车和行人的交通安全，提高夜间道路交通的利用率。因此道路照明系统的设计和维护管理都要立足于保证照明系统的质量，创造一个高质量的夜间道路光环境，满足行人和车辆必须的视觉要求。而道路照明质量的现场测量是检验道路照明系统的设计和维护管理是否达到规定要求的必要手段。

道路照明设施在施工安装完毕交付使用之后要进行定期的现场测量，其目的是检验路面的实际照明效果与原设计是否相符，为以后进行更经济合理的设计提供依据。此外，照明系统经过一段时间的使用以后，由于灯具污染和光源光通量的衰减，照明效率会逐渐降低，通过实测可以了解灯具污染和光源衰减的程度，以便决定是否需要进行清理维修或更换灯泡。因此，现场照明实测是提高设计水平、积累技术资料、健全维修保养制度所必不可少的重要手段。

9.6.2 实验内容

道路照明的光学测量从广义上讲应包括两部分：一部分是实验室里进行的道路照明光源和灯具的光度学测试，测试内容有光源光通量测量、灯具配光曲线测量、灯具效率和光源衰减曲线测量等等；另一部分是道路照明状况和照明设施运行情况的现场测量。

道路照明的现场光学测量包括路面照度测量和路面亮度测量。

9.6.3 实验仪器设备

（1）照度计

用于道路现场测量的照度计和其他场合的照度测量一样，要求它应配有颜色修正滤光片和余弦修正器，尤其是余弦修正要比一般室内的照明测量要求更为严格。这是因为测量路面上某点的水平照度时，必须计入比较远处的照明器发出的以大角度入射的光线的作用，所以其余弦修正需达到 85°。此外，由于一般道路的路面照度比较低，所以要求照度计应具有较高的灵敏度，照度计读数的分辨率要高，以能准确读出 0.2lx 的为宜。还由于道路野外测量的环境条件变化不定且比较恶劣，因此还要求仪器的稳定性能要好，对环境温度的依赖性要小。由于测点多要经常移动位置，照度计重量要轻和便于携带。

（2）亮度计

根据路面平均亮度的定义，路面平均亮度 L_{av} 可以有两种数学表达式：

$$L_{av} = \frac{\int L dA}{\int dA} \tag{9-14}$$

$$L_{av} = \frac{\sum L \Delta A}{\sum \Delta A} \tag{9-15}$$

对于上述两种不同的路面平均亮度表达式，要选用不同的亮度计去实现其平均亮度的测量。公式（9-14）描述的路面平均亮度叫表面积分亮度。测量时要选用积分亮度计，它可以直接测量路面的平均亮度。公式（9-15）描述了另一种平均亮度表达式，它所对应的测量方法要求把路面划分成若干单元面积 ΔA，在每一个单元面积上设一个测点，在这种情况下，使用可以逐点测量亮度的光电式点亮度计。

9.6.4 路面照度测量

(1) 路面照度的概念

通常讲的路面上某一点的照度，实际上是指该点水平面照度，即该点在道路的水平表面上的照度，因此在测量时接收器（光电池）一定要放平。

而路面平均照度是指一段道路范围内路面平均的水平面照度，为此要把待测道路段的路面划分成许多小元面积，并认为在每一块小面元上的照度分布是均匀的，然后把各个小面元的照度值与其所对应的面元面积相乘并求和，再除以这些小面元面积的总和，便得到待测路面的平均照度，路面平均照度的概念可用以下数学式表达：

$$E_{av} = \frac{\sum_{i=1}^{n} E_i \Delta A_i}{\sum_{i=1}^{n} \Delta A_i} \tag{9-16}$$

(2) 测量地段的选择和测点的布置

1) 测量地段的选择

测量前应选择好合适的测量地段，它应该是能代表被测道路的照明状态的典型地段，要尽量选择没有外来光干扰的道路路段，同时还要考虑测量方便和要有利于测量工作的正常进行。通常要选择在道路的直线段上，地段长度视灯具的布置情况而定。例如，某一条道路，照明器安装间距最小为35m，最大为40m，多数为37m，则应该选择间距为37m的地段作为测量场。此外，还应该考虑光源的一致性、照明器安装的规整性等具体的因素。根据CIE的建议，测量场在纵方向（沿道路的行车方向）应包括同一排的两个灯杆之间的区域，而在横方向（即与道路走向成垂直方向或路宽方向）可以是整个路宽也可以向外扩展1.5车道线，为了减少测试工作量，在横向包括整个路宽就可以了。在测量地段内，考虑到灯具照明光线分布的对称性，也可以再缩小测量范围。图9-12列举了路灯单列布置、双面布置和双面交错置布置等几种情况下的路面照明的测量范围，图中画斜线部分是最小的测量范围。

2) 测点的布置

施测前还要在选定的测量范围内布置好测点，布置测点的一般做法是把测量范围内的道路段划分成若干有规律的、大小相等的长方形或正方形方块，每个方块既是照度测定的单元，也是根据测量结果计算路面平均照度的计算单元（图9-13）。

9 建筑光环境实验

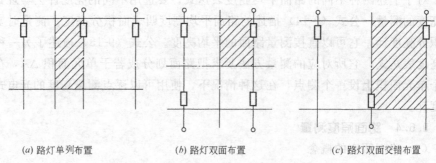

(a) 路灯单列布置   (b) 路灯双面布置   (c) 路灯双面交错布置

图 9-12 路面照度测量的最小测量范围

图 9-13 路面照度测量地段的分块示意图

当采用四点法计算路面平均照度时，小方格的四个角点即为测点，测出四角的照度值后，以 4 个读数的算术平均值来代表小方块的平均照度，然后把整个路段所有小方块的平均照度累加起来求和，再除以小方块的个数就可获得典型路段范围内路面平均照度值。

如何划分方块并决定纵向和横向的方块数以及每块的边长尺寸呢？一般情况是在道路横向以车道的宽度作为分块的宽度，即双向单股车道的路面在横向划分为两块，每块宽度为 3.5～4m，双向双股车道路面划分为四块，双向三股车道路面划分为六块，依此类推；纵向分块在两灯柱之间可划分成 3～4m 长（最长不超过 5m）的偶数个块。施测前最好在白天到测量地段丈量好分块的尺寸，并在路面上用粉笔标出方格的交点，到夜间测量时，测量人员就可以很方便地找到放置接收器的测点位置进行照度测量。

(3) 测量注意事项

1) 测量不应在雨天、雪天或有明月的夜晚进行，同时要求测量的路面应干净和干燥。

2) 测量前应提前开亮路灯，尤其是对于气体放电光源要在开灯后 20～30min，待放电稳定后才能开始进行测量。

3) 测量时，照度计的接受器要放平，距地面高度为 150mm。如不符合这一要求，接收器的高度不在 150mm 的水平或倾角大于 10°，均应在测量报告中加以说明。

4) 测量过程中还要注意当时的环境温度的变化和供电电源电压的变化，并将气温和供电电压同时测出,并记录在测量报告里。

5) 测量人员要着深色衣服,不要遮挡光源射向接受器的光线,也要小心排除道路两旁商店橱窗的灯光或其他建筑物上射出的强光干扰,要尽量选择没有外来光干扰的道路路段作为测量地段。

6) 除了按方格网布点测量路面水平面平均照度以外,还应将几个照度特殊点的照度值测出,这里指的特殊值是指照度最高值和最低值。一般情况下,照度最高值应在灯的垂直投影处,最低值在两灯柱间的中点处。

7) 水平面照度测量时要把光电池依次放在预先布置好的测点上,读取照度读数时,为了确保系统的稳定和测量结果的重复性,要在同一点上多次反复测量(每一测点不少于三次),以验证读数是否能在5%范围内重复,若重复性不好,应考虑读数误差,或应寻找电源电压是否稳定等原因。

8) 道路照明实测除了测定路面水平面的照度外,还要测量车道中心线上迎向和背向1.5m高的垂直面照度。

(4) 道路照度测量的数据整理

1) 测量报告的内容

道路照明测量报告的内容应包括以下各项:

(A) 测量日期、时间、气象条件;

(B) 测量地段(城市、街道)的名称;

(C) 采用灯和灯具的型号、规格、生产厂家;

(D) 照明器的安装方式(间距、高度、仰角、臂长);

(E) 现场条件(环境温度、电源电压等电器运行条件);

(F) 灯具和光源的使用天数;

(G) 测点布置及测试数据。

2) 数据整理和计算

(A) 路面平均照度的计算。

从现场测量获得路面各测点的照度值以后,即可按"四点法"计算出该区段路面的平均照度。"四点法"计算平均照度的原理如下:

取测点布置方格网中的一个网格作为计算单元,该单元四个角点测得的四个照度值分别是 E_a、E_b、E_c 和 E_d 的算术平均值就是这个计算单元的照度平均值 $\overline{E_0}$。(见图9-14)。

如果整个道路区段中共有 $M \times N$ 个 $\overline{E_0}$,那么全路段的平均照度 $\overline{E_{av}}$ 应为 $M \times N$ 个 $\overline{E_0}$ 的算术平均值。考虑到在整个运算过程中,处于路段四角的方格网的角点(图中用◎符号标记)的照度值在运算中只使用一次,处于路段测量范围四边的角点(图中以○表示)的照度值在运算中要使用两次,而处于测量范围内部的方格网角点(图中以·表示)的照度值在运算中要使用四次,所以,"四点法"计算路段平均照度 E_{av} 的公式具有以下形式:

$$E_{av} = \frac{\sum \overline{E_0}}{MN} = \frac{1}{4MN}(\sum E_\circledcirc + 2\sum E_\circ + 4\sum E_\cdot) \qquad (9\text{-}17)$$

式中 M——测量地段内纵向网格数；
N——测量地段内横向网格数；
$E_⊚$——测量地段内四角测得的照度值（lx）；
E_o——测量地段内除4角外，周边各测点的照度值（lx）；
$E_·$——测量地段内部网格交点测得的照度值（lx）；
E_{av}——道路测量地段的平均照度值（lx）；

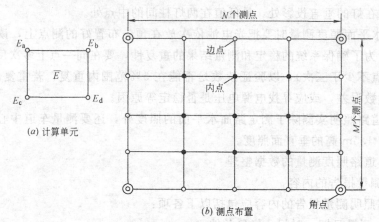

图 9-14 四点法计算路面平均照度的示意图

(B) 总照度均匀度和纵向照度均匀度。

司机驾车在路面行驶时要想获得良好的可见度及舒适条件，除要求路面达到一定的照度（或亮度）外，还要求路面照度均匀。道路照明均匀性的评价指标有两个，即总的照度均匀度和纵向照度均匀度。

总的照度均匀度 U_0 是指整个车道上测量区段内的照度最低值与照度平均值之比：

$$U_0 = \frac{E_{min}}{E_{av}} \tag{9-18}$$

式中 U_0——总的照度均匀度；
E_{min}——测量地段内照度最低值（lx）；
E_{av}——测量地段内照度平均值（lx）。

北美照明委员会的道路照明标准规定：总的照度均匀度 U_0 对于各级道路（人行道除外）均不得小于 0.33。

纵向照度均匀度 U_L 是指沿车道中心线上测出的最小照度值与最大照度值之比：

$$U_L = \frac{E_{min}}{E_{max}} \tag{9-19}$$

式中 U_L——纵向照度均匀度；
E_{min}——沿车道中心线上测出的最小照度值（lx）；
E_{max}——沿车道中心线上测出的最大照度值（lx）。

控制道路纵向均匀度是为了避免发生司机在路面上驾驶时相继出现的明暗区对司机视力的干扰。为了给司机提供舒适的视觉条件，要求沿车道的中心线上要有一定的纵向均匀度，为此，要对车道上的最大照度和最小照度之比加以控制。产生道路路面照度纵向不均匀的主要原因是，灯柱间距过大和灯具的间距（L）与挂高（H）之比 $L:H$ 过大所致，如果控制 $L:H$ 使之小于 5 时，则可改善路面照度的纵向均匀度。

（C）等照度曲线图

道路的等照度曲线图是一张类似于绘有等高线的地形图形式的道路照明平面图，但是它上面描绘的不是路面高程的等高线，而是反映道路平面上各处照度大小的等照度曲线。它的绘制方法如下：在绘有照度测量方格网的道路平面图上，先在各测点处标出该测点的实测照度值，用内插法找出路面照度为 1、3、5、10、15、20lx……等一些特征点的平面位置，然后把照度值相同的各点用光滑曲线相互连接起来，就构成一幅等照度曲线图。图 9-15 是根据某街道的实测照度值按上述方法绘制出的一幅道路等照度曲线图，图上还应标注照明灯具的位置，最大照度和最小照度的大小和位置。

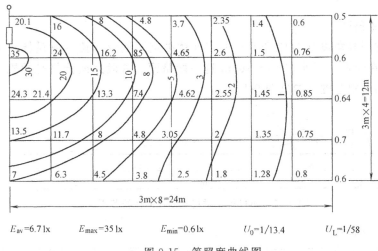

图 9-15　等照度曲线图

9.6.5　路面亮度测量

（1）路面亮度的概念

国际照明委员会（CIE）和北美国家新近制定的道路照明标准已经改变过去沿用的以照度值规定路面照明要求的做法，而改用亮度值来规定路面照明要求。道路照明设计虽然可以对路面亮度进行计算，但由于影响因素很多，设计时的各种参数不可能准确无误，而实际安装后的路面亮度和原先设计的可能会有较大出入，因此有必要通过直接测量来确定驾驶员所感受到实际亮度值。

路面上的亮度和照度二者既有联系，又有区别。路面上某点的照度只和照明器的光度特性和该点的几何特性有关，而亮度除了和上述因素有关以外，还和路面的反光特性有关，因此测量亮度和测量照度的方法也有很大区别。测量路面上某点的照度时，要把照度计的接受器放在路面的测点上，使接受器直接接受各个照明器射向它的光线，而测量路面上某点的亮度时，则要把亮度计架设在离测点还有相当一段距离的远处，令接受器的镜筒瞄准测点，接受器接受到的是包括测点在内有一定大小面积上的反射光，也就是说，这样测得的是有一定大小的路面上的平均亮度。

（2）测量条件

路面的亮度与观察者（司机）所处的位置、观察方向、观察者眼睛高度、光源的位置和光强等有关，因此要对这些观察条件予以统一的规定。

1）观测点的高度

国际照明委员会（CIE）规定观察高度为距路面1.5m，这相当于卡车司机和轿车司车机驾车时眼睛的平均高度，观测时要把亮度计调至离地1.5m高。

2）观测点的位置与方向

观测点的位置和方向则要根据司机占据的部位及运行过程中的观察方向来规定。观测点的纵向位置定在距测试点第一横排60m处。观测点的横向位置跟观测的项目有关：对于平均亮度和总的亮度均匀度的测量，观测点需位于距道路右侧1/4路宽处，而对于纵向均匀度的测量，观测点则需位于每一条车道线的中心线上。

3）测量角度

司机的观察角度通常取0.5°～1°，这就决定了测量部位（测量场）为司机（观测点所在位置）正前方60～160m这一段路面，这段路面恰好是司机行车时视觉作业的注视范围（参见图9-16）。

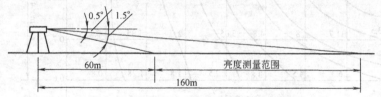

图9-16 司机行车时视觉作业的注视范围

（3）测点布置

与照度测量的布点方法相类似，亮度测量也采用将测点均匀分布在实际路面上的办法布点，以便能够利用逐点测得的亮度数据来计算路面平均亮度和亮度均匀度。路面均匀布点示意图如图9-17所示：

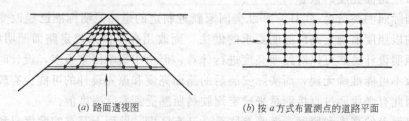

(a) 路面透视图　　　　　　　　(b) 按a方式布置测点的道路平面

图9-17 路面亮度测量测点布置示意图

布点的疏密程度影响到测量的精确度，另外还要考虑亮度计的视角要求，也应考虑避免花费过多的测量时间。当用逐点测量和计算路面平均亮度和均匀度时，国际照明委员会（CIE）规定的测点间距如下：道路的纵方向（沿道路走向）当同一排两灯间隔 $s \leqslant 50m$ 时，可在两灯柱间布置 10 个等距离的测点；当两灯柱间的间隔距离 $s > 50m$ 时，则应使测点的纵向间距 $\leqslant 5m$。在道路的横方向（与道路走向垂直的方向）可在每条车道线内布置 5 个测点，中间一个测点需位车道的中心线上，两侧最外的测点位于距车道为 1/10 车道宽度处。如果预期亮度的均匀性较好，或者是允许有稍低的亮度均匀度，为了节省测量时间和费用也可以在每条车道上横向只布置三个测点，中间一个测点仍要位于道路中心线上，外面两个测点距车道线的边界为 1/6 车道线宽度。

(4) 亮度测量的注意事项

前面介绍过的照度测量注意事项中除了仪器和仪器的使用有区别，如照度计的接受器要水平放置这点不适用以外，其余各条注意事项都适用于亮度测量。此外，亮度测量不同于照度测量的一个特点是测量人员要在远离测点的地方用亮度计的镜筒瞄准测点。怎样才能在夜晚测量时瞄准测点呢？一般的做法是要准备一盏小型红色信号灯，测量时把信号灯依次放在每一个测点上，待亮度计镜筒瞄准信号灯以后，及时把信号灯撤走再进行读数。

(5) 亮度测量数据整理

1) 求路面平均亮度 L_{av}

若用积分亮度计进行路面平均亮度的测量时，则直接测得的结果就是路面静态平均亮度值；如果要求测得路面的动态平均亮度，就需要进行两次测量，一次其测量区域从灯下开始，另一次其测量区域从灯柱间 1/2 处开始（对交错排列时从位于不同排的两灯之间 1/2 处开始），把两次测量的结果取其平均值即为路面的动态平均亮度。

若采用点式亮度计逐点进行测量，当测点均匀分布在实际路面上时，则可把测得的各点亮度值 L_i 直接进行算术平均，便得动态平均亮度：

$$L_{av} = \frac{1}{n}\sum_{i=1}^{n} L_i \tag{9-20}$$

式中　L_i——逐点测量所得测点亮度值，尼特；

　　　n——测点数；

　　　L_{av}——路面平均亮度，尼特。

2) 求总的亮度均匀度 U_0

根据亮度均匀度的定义式进行计算

$$U_0 = \frac{L_{min}}{L_{av}} \tag{9-21}$$

从测得的均匀分布的点的亮度值中，找出测量区域内的最小亮度值与 (9-21) 公式求得的平均亮度值比，即得到路面总的亮度均匀度。

3) 求纵向均匀度 U_L

求纵向均匀度时要把亮度计架设在每一条车道的中心线上，对车道中心线上的测点进行亮度测量，从测得的亮度值中找出每条车道上的亮度最大值和最小值，按照以下公式分别算出每条车道上纵向均匀度 U_L：

$$U_L = \frac{L_{\min}}{L_{\max}} \tag{9-22}$$

根据上述计算结果把几条车道的纵向亮度均匀度值再进行比较，找出其中最小的一个纵向均匀度值作为整个路面的纵向亮度均匀度的评价量。

9.7 光源光通量测量

9.7.1 实验目的

光通量是光源的基本参数。利用积分球检测光源的光通量，是研究和测定光源发光特性的基础实验。

9.7.2 实验内容

利用积分球和标准灯泡，测定待测光源的光通量。

9.7.3 实验设备

主要有积分球，照度计，标准光强灯泡。

(1) 积分球

测定光源光通量的主要设备是积分球。积分球是一个直径为 1~5m 的空心圆球，球的内表面用无选择性反光材料涂刷成均匀扩散表面，使得球壁的任何一个部分面积都能同等地受到其余面积反射过来的光线的照射，所以积分球内壁各处的照度大小都相等。

积分球是由两个半球壳体合拢而成的空心圆球，球的直径 D 可为 1~5m，其最小尺寸可视被测灯的尺寸大小而定，一般以不小于被测灯尺寸的 6 倍为宜，如能再大一些就更好，适当大一些的积分球的固定支架要能作前后移动，使这半球能放开和合拢，以便进行光源和灯具的安装、拆卸操作。积分球的构造可参见图 9-18。

球的内壁上要涂刷具有均匀扩散性质的白色涂料，涂料的反射率 ρ 为 0.8，无光泽，尽可能对不同光谱无选择性，涂料的推荐

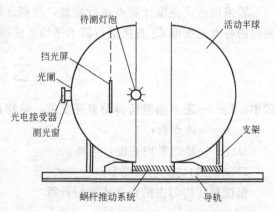

图 9-18 积分球构造示意图

配方及涂刷方法附注于后面。球壳的一边开设一个测量窗口，用来安装测光装置——照度计的接受器，窗口里要加设一个可变光阑，调节阑上的调整螺钉，可以控制光电池上接收的光通量大小，借以扩大设备的测光范围。光阑关闭后还可对光电池起保护作用，避免光电池在不使用时长时间在强光下曝光造成它的灵敏度降低。

在积分球球心处设有能固定光源的接线灯架，在球心测光窗口之间，距球心为 1/3 球半径处装置一块遮光挡板，挡板的大小应刚能遮蔽测光窗口，使光源的直射光线不能进入窗口。挡光屏面对窗口的一面必需涂刷与球内表面相同的涂料，而另一面测涂以能获得最大反射率的涂料。

各种待测光源在光通量测定前需有足够的点亮时间，测定时要在额定电流下预热 3~5min，待光流稳定后才能进行照度测量。如待测光源是荧光灯，由于它对温度很敏感，需要特别小心，应使灯管周围温度维持在 25℃ 左右，为此有必要在球内装设测温表和温控装置以控制球内温度。

（2）照度计

照度计的量程应为 0~100000lx；照度计应配有余弦修正和颜色校正装置。

（3）标准光源

作为比较测量用的标准光强灯泡使用 II 级标准光强灯泡，由直流稳压电源供电。如果待测光源是荧光灯，对比测量的光源也要使用标准的荧光灯，供电则要由交流稳压电源提供。

9.7.4 实验原理

积分球是一个空心圆球体，球的内表面具有良好的均匀扩散反射性能，内壁各处照度大小相等。在球壳内部的中心处放置光源，光源发出的总光通量为 Φ，球内壁的反射系数为 ρ，且 $\rho<1$。对球壁上任一点 P 来说，当球心处光源发出的光通量向四周空间均匀发射时，球壁上任何一处都将获得直射光形成的照度和反射光形成的照度（图 9-19）。

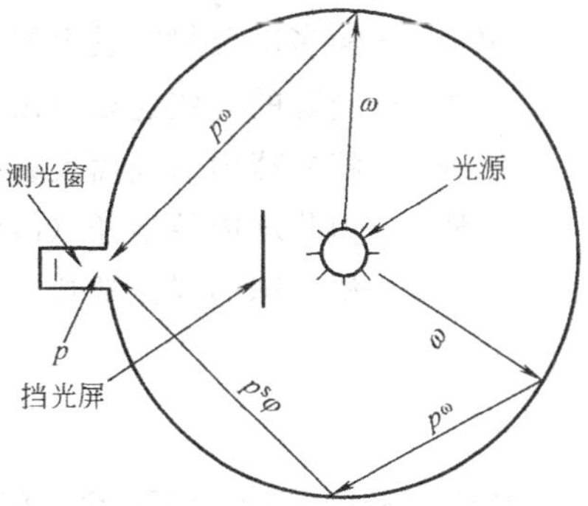

直射光形成的直接照度为 E_d：

$$E_d = \frac{\Phi}{S} = \frac{\Phi}{4\pi R^2} \quad (9-23)$$

图 9-19 积分球测量光通量原理图

式中 Φ——光源发出的光通量（lm）；

S——积分球的内表面积，当球半径为 R 时，球内表面积 $S = 4\pi R^2$（m²）；

E_d——由光源直接照射在球内壁上产生的照度（lx）。

光通量 Φ 投射到球体内壁上以后，由于壁面材料的反射系数很大，虽有少量光流被壁面吸收，但绝大部分光流将被壁面反射，反射光通量为 $\rho\Phi$，这部分反射光照到球壁上形成的照度叫做一次反射光照度 E_{R1}，且：

$$E_{R1} = \frac{\rho\Phi}{4\pi R^2} \quad (9-24)$$

同理，还会产生 2 次、3 次、和多次反射光，每增加 1 次反射，被反射的光通量将是前一次的光通量与壁面材料反射系数 ρ 的乘积，经过 n 次反射后，作用在球壁上的总光通量 Φ_0，应是直射光通量 Φ 与各次反射光通量叠加后的光通量总和：

$$\Phi_0 = \Phi + \rho\Phi + \rho^2\Phi + \rho^3\Phi + \cdots + \rho^n\Phi = \Phi + \Phi(\rho + \rho^2 + \rho^3 + \cdots + \rho^n) \quad (9\text{-}25)$$

式（9-25）右边括号里的式子是一个无穷等比级数数列，当 $\rho<1$ 时，数列是收敛的，根据等比级数之和的极限的原理可知

$$\lim_{n\to\infty}(\rho + \rho^2 + \cdots + \rho^n) = \frac{\rho}{1-\rho} \quad (9\text{-}26)$$

将以上等比级数和的极限代入（9-25）式，得到：

$$\Phi_0 = \Phi_d + \Phi\left(\frac{\rho}{1-\rho}\right) \quad (9\text{-}27)$$

公式（9-27）中 Φ_0 为作用在积分球内壁上的总光通量，右边第一项为直射光通量 Φ_d，第二项为经多次反射的反射光通 Φ_R。反射光通量在积分球内壁上产生的照度为反射光照度 E_R。

$$E_R = \frac{\Phi_R}{S} = \frac{\Phi\left(\dfrac{\rho}{1-\rho}\right)}{4\pi R^2} = \frac{\rho}{4\pi R^2(1-\rho)}\Phi = C\Phi \quad (9\text{-}28)$$

式中　E_R——反射光照度（lx）；

　　　Φ_R——经多次反射的反射光通量（lm）；

　　　Φ——光源的光照通量（lm）；

　　　ρ——积分球内壁表面反射系数；

　　　R——积分球内腔半径（m）；

　　　C——积分球的仪器常数，令

$$C = \frac{\rho}{4\pi R^2(1-\rho)}$$

从式（9-28）知 $C = E_R/\Phi$，如果把已知光通量 Φ 的标准灯装进积分球里，从球壁上测量出内壁上附加照度 E_R 值的大小，便可计算出积分球的仪器常数 C。

从式（9-28）可知反射光在球壁上产生的附加照度 E_R 与光源的光通量 Φ 和积分球仪器常数 C 成正比，而跟光源的位置和光强的分布无关，因此可以通过测定球壁上的反射附加照度 E_R，就可以测算出光源的光通量 Φ。

为了测量反射光附加照度值，需要在积分球壁上开设一个测量照度的小窗口，同时在测量窗口和光源之间设置一个挡光板，用来遮挡光源射向测量窗口的直射光。这时在测量窗口测得的即为反射光附加照度值 E_R。

以上对积分球里光的传播过程的分析是一种理想的状况：首先它假设内表面各处的反射系数 ρ 完全均匀一致，且为一常数，它对不同频率光谱光线的反射无选择性。但实际上内壁的反射涂料及涂刷技术不能完全达到这一要求；其次，它假定球的内腔是全空的，球体内的反射光通量除极少量为球壁吸收外，不为其他任何别的物体吸收，但实际上球体内的灯具和挡光屏板均有吸收作用，因此实际情况与理想条件之间有一定的差别。因此我们就不能利用积分球进行光通量绝

对值的直接测量，但是我们可以采用间接的办法，即把一个已知光通量大小的标准灯泡与待测灯泡分别放进积分球中进行反射光附加照度的测量，把两次测得的照度进行比较从而推算出待测灯泡的光通量大小，这就是用积分球置换法测定光源光通量的基本原理。

9.7.5 实验步骤

（1）第一步要测定标准光源在积分球内壁上产生的反射光附加照度，为此，先将标准灯泡装入积分球内的接线灯架上，检查电源接线情况，调整好挡光板的位置，然后将积分球的两半球合拢。

（2）启动和调节稳压电源装置，使标准灯达到稳定发光状态，以待测定。

（3）把测量窗口中的光电池接受器跟照度计的电表头或其他照度读数显示和记录装置接通，调整光阑调节螺丝，选择合适的光阑大小，然后进行标准光源的反射光在球壁上产生的附加照度 E'_{RS} 的读数和记录。

由于光阑的减光作用，球壁上的实际照度 E_{RS} 应为：

$$E_{RS} = E'_{RS}/\beta \tag{9-29}$$

式中　E'_{RS}——标准灯泡产生的反射附加照度实测值（lx）；

　　　E_{RS}——标准灯泡产生的反射附加照度实际值（lx）；

　　　β——光阑的减光系数。

为了保证测量状态的稳定和读数的准确，每项测量重复进行 3 次的读数，每两次读数之间的时间间隔为 1～2min。测量读数要记入记录表。然后将稳压电源的电压缓缓调小直至关闭，至此完成了标准灯泡反射光附加照度的测量，便可打开活动半球的壳体，取下放入的标准灯泡。

（4）然后在积分球内换上待测灯泡，合拢半球，按照上述的 2～3 项的做法和要求，对待测灯泡进行反射光附加照度 E_{Rm} 的测量，这一步测量应继续保持测定标准灯泡时测量窗口中光阑的大小不变，即保持光阑的减光系数 β 值大小不变。这时测得的附加照度值为 E'_{Rm}，实际的壁面附加照度 E_{Rm} 应为：

$$E_{Rm} = E'_{Rm}/\beta \tag{9-30}$$

（5）测量完毕后打开活动半球，从积分球内取出待测灯泡，放开光电池接受器的接线，关闭光阑，全部测量过程至此结束。

9.7.6 实验数据整理

积分球中光源的光通量 Φ 与球壁反射光附加照度 E_R 的关系经推算得出如公式（9-28）的结果：

$$E_R = C\Phi$$

当积分球中放入标准光强灯泡，则有：

$$E_{RS} = E'_{RS}/\beta = C\Phi_s \tag{9-31}$$

当积分球中放入待测灯泡，则有：

$$E_{Rm} = E'_{Rm}/\beta = C\Phi_m \tag{9-32}$$

式中　Φ_s——已知的标准灯泡的光通量（lm）；

　　　Φ_m——待测灯泡的光通量（lm）；

　　　β——光阑的减光系数；

　　　C——积分球的仪器常数；

E'_{Rs}、E'_{Rm}——分别为装入标准灯泡和待测灯泡时积分球测量窗口中照度计的读数（lx）。

将式（9-30）和式（9-31）两式进行比较，由于两公式中系数 β、C 均相同，整理后可得到以下结果：

$$\frac{E'_{Rs}/\beta}{E'_{Rm}/\beta}=\frac{C\Phi_s}{C\Phi_m}\Rightarrow\frac{E'_{Rs}}{E'_{Rm}}=\frac{\Phi_s}{\Phi_m}$$

$$\Phi_m=\Phi_s\frac{E'_{Rm}}{E'_{Rs}} \tag{9-33}$$

式（9-33）中各符号的含义同前，由积分球测量窗口测出标准灯泡和待测灯泡在球壁上的反射光附加照度值 E'_{Rs} 和 E'_{Rm} 后，又已知标准灯泡的光通量 Φ_s，代入式（9-33）便可以计算出待测光源的光通量大小。

9.7.7　辅助灯法测定光源光通量

在积分球内用置换法测定光源光通量时，装入球壳里的灯具和挡光板等都会吸收一部分由光源发出的光通量。如果标准灯泡和待测灯差别较大，就需要测定各自的自吸收比率，这样将带来测量工作复杂化。解决这个问题的办法是在积分球内再安装一辅助灯和一个挡光屏，辅助灯要安装在与测量窗口相对的另一半球壳里并靠近球壁的地方（图9-20）。

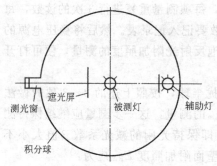

图 9-20　辅助灯法测量光通量示意图

利用辅助灯装置可以消除灯具吸收反射光附加照度值外，还要测出在积分球内分别装有标准和待测灯但不点燃。而只点燃辅助灯时球壁的反射光附加照度。这个测量步骤可以把两种灯具的吸收差别反映出来，因此，整个测量工作要分4分步进行，其具体步骤如下：

第1步：将标准灯置于积分球内，只点燃辅助灯，不点燃标准灯，从测量窗口测得壁面的附加照度为 $E'_{R(1)}$；

第2步：将标准灯置于积分球内，点燃标准灯，不点辅助灯，从测量窗口测得标准灯的附加照度值 E'_{Rs}；

第3步，将待测灯泡置于积分球内，只点燃辅助灯，不点待测灯，测出壁面的附加照度值 $E'_{R(3)}$；

第4步，将待测灯泡置于积分球内，点燃待测灯，不点辅助灯，从测量窗口测得待测灯的附加照度值 E'_{Rm}。

根据上述4步所测出的点燃不同灯泡的反射光附加照度值，即可计算出待测

灯的光通量 Φ_m：

$$\Phi_m = \Phi_s \frac{E'_{Rm}}{E'_{Rs}} \cdot \frac{E'_{R(1)}}{E'_{R(3)}} \qquad (9-34)$$

9.7.8 积分球内壁的涂料

积分球内壁的涂料配方及涂刷方法如下：

（1）底层：合成树脂漆（例如环氧树脂涂料，白色）或其他适当底漆涂料。

（2）用合成胶粘剂（乙烯基醋酸脂或羧甲基纤维素）在球内壁上裱糊一层纤维布。

（3）第一层涂料：涂料配方为（按重量比）：硫酸钡 100；水 40；聚乙烯醇 2。用配好的涂料在裱糊层上刷 1～5 遍，使涂层厚度达到 0.5～1mm，涂层干燥后用 80～100 号砂纸轻轻打平。

（4）面层涂料

分两层涂刷，其配方涂刷方法也略有差别：

第一次涂刷面层的配方是（按重量比）：硫酸钡 100；水 40；聚乙烯醇 2。本配方的涂料涂刷 1～5 遍，涂层厚度为 0.5～2mm，涂层干燥后用 280 号砂纸打磨。

第二次涂刷面层的涂料配方（按重量比）为：硫酸钡 100；水 240；聚乙烯醇 1。按此配方的涂料用一软刷涂刷或喷涂 1～2 遍。

9.8 灯具配光曲线的测定

9.8.1 实验目的

为了帮助设计人员了解灯具光强分布的特性，为照明设计提供依据，制造厂家常常将灯具的光学特性资料用表格或图形表示出来。以照明器中心为原点绘出的、表示照明器空间不同方向和角度的发光强度分布状态的曲线图形称为灯具的配光曲线或光强分布曲线。

本实验是通过实际测试的方法测量或验证灯具的配光曲线。

9.8.2 实验内容

测量不同灯具的配光曲线。

9.8.3 实验设备

（1）光轨

对光轨的要求已在第 6 章中照度计刻度校正试验中作了介绍，实测要求光轨的有效长度不小于 6m，要配用能绕垂直轴作 360°转动的旋转平台，旋转平台转动时刻度读数要求准确到 1°。

（2）照度计

照度计的光电接收器应配有余弦修正及滤光器，使用前照度计要经过刻度校正。

（3）交流稳压电源装置及电工计量仪表

9.8.4 实验原理

配光曲线的绘制要以灯具的光中心为坐标原点，把空间各个方向上的光强矢量按一定的比例绘在 x、y、z 坐标上，然后把矢量终端联接起来，形成一个封闭的光强体，再用通过照明器 z 轴的平面切割光强体，切割平面与光强体表面的交线形成一个封闭的曲线，这就是灯具的配光曲线。

对于体形为轴对称旋转体的灯具，其发光强度的空间分布也是沿 z 轴对称的，可以通过灯具轴线（z 轴）取任意平面作为绘制的切割平面，该平面内的光强分布曲线就代表了灯具在整个空间的光强分布。

如果灯具的发光强度空间分布是不对称的，例如，长条形的荧光灯等灯具，则需要用若干个不同部位的测光平面来测绘这类灯具的配光曲线图。

配光曲线通常按极坐标方式来绘制，以灯具的光中心作为极坐标的原点，把发光体各个方向上的发光强度用矢量标注出来，连接各个方向的光强矢量的终点即构成一幅配光曲线图。用极坐标表示的光强分布具有直观性，便于设计人员使用。

灯具的空间光强分布参数要通过灯具的光度测量才能得到，光度测量可利用光学实验室里的光轨进行。测试过程的示意图参见图 9-21。

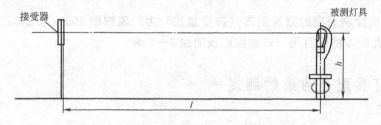

图 9-21 利用光轨测量灯具的配光曲线示意图

灯具放置在光轨一端的一个平台上，平台可绕垂直轴作 360° 的旋转运动，灯具安放时要使它的发光中心与旋转平台转动中心相重合。在光轨的另一端安放测光照度计的接受器，接受器要面向发光器，接受器的中心点与发光器光中心的连线要跟光轨的基准面平行。通过微动机构转动旋转平台，发光器以不同方位的发光强度照射在光电接受器上，照度计上可读出相应的照度读数。根据光度学的距离平方反比定律，发光强度与对应的照度之间有以下关系：

$$I_0 = El^2 \tag{9-35}$$

式中 E——光电接受器上的照度读数（lx）；

l——发光器光中心距接受器的距离（m）；

I_0——发光器在 θ 角度方向的发光强度（cd）。

式（9-35）中，发光器光中心距接受器的距离 l 可从光轨中量出，通过实验可测出不同角度时发光器在光电接受器上产生的照度值，便可由本公式计算出发光器的发光强度 I_0。

9.8.5 测量步骤

（1）配光测量的剖面选择

测量前要根据灯具的形状选择配光测量的剖面位置及数量。如果灯具的形状是不对称的，例如荧光灯，它有两条轴线，一条轴线沿照明器长度方向并通过光中心的中线，即做光轴，通过光轴线的平面叫光轴平面；另一条轴线与光轴相垂直，通过它的平面叫横向平面，测试荧光灯的配光曲线时要同时选定这两个平面作为测光平面。

(2) 确定发光器的位置

按不同的测光剖面要求将待测的发光器用夹具固定在旋转平台上，使发光器的发光中心与旋转轴相重合，旋转平台的角度指零。

(3) 调整光电接受器的位置

调整光电接受器中心的高度，使它与发光器的光中心同高，即使得测试的光轴与光轨基准面平行。

(4) 光源预热

接通稳压器供电电源，白炽灯点燃 3~5min，气体放电光源点燃 30min 以上，待光源的光输出稳定后，即可进行测量读数。

(5) 测量读数

转动旋转平台使发光器停留在不同的位置，测量灯具各个不同角度时的发光强度在照度计接受器上形成的照度值，每次转动旋转平台的角度间隔为 5°，最大不超过 10°。测试读数时要将灯具停留的角度位置及对应的照度值同时记入测量记录。

(6) 实验结束

从 0°~360°的各个测光角度位置全部测试完毕以后，卸下测试灯具，关闭电源，整理测量记录。

9.8.6 测量结果的整理

为了能够在不同的照明器之间进行配光特性的相互比较，配光曲线的测试应在光源的光通量为定值的条件下进行，为此规定绘制配光曲线的光源光通量为 1000lm，配光曲线上的光强矢量即为光源光通量为 1000lm 条件下的光强分布。但是待测灯泡发出的光通量不会正好是 1000lm，所以要把测试条件下记录的发光强度读数换算成发光体为 1000lm 时的发光强度值，为此，整理结果的第一步工作是发光强度值的换算，换算公式及其推导如下。

根据发光强度的定义，发光体在某一方向的发光强度是在该方向上的光通量的空间密度，以单位立体角中的光通量来表示：

$$I_0 = \frac{d\Phi}{d\omega} \quad (9-36)$$

式中　I_0——发光体的 θ 角方向上的发光强度（cd）；

　　　$d\Phi$——元立体角中发射的光通量（lm）；

　　　$d\omega$——光通分布的立体角（sr）。

对于点光源，光流均匀分布的条件下：

$$I = \frac{\Phi}{\omega} \quad (9-37)$$

设光源发出的光通量为 1000 流明时,有:

$$I_{(\Phi=1000)} = \frac{1000}{\omega}$$

若待测发光体的光通量为 Φ_T,则有:

$$I_{(\Phi_T)} = \frac{\Phi_T}{\omega}$$

比较以上二式可知

$$\frac{I_{(\Phi=1000)}}{I_{(\Phi_T)}} = \frac{1000/\omega}{\Phi_T/\omega} = \frac{1000}{\Phi_T}$$

$$I_{(\Phi=1000)} = \frac{1000}{\Phi_T} I_{(\Phi_T)} \tag{9-38}$$

将式 (9-35) 代入式 (9-38):

$$I_{0(\Phi=1000)} = \frac{1000}{\Phi_T} E_0 l^2 \tag{9-39}$$

式中 $I_{0(\Phi=100)}$ ——换算成 $\Phi=1000$ 流明时的发光强度 (cd);

Φ_T ——测试灯具的光通量 (lm);

l ——发光器光中心到接受器的距离 (m)。

完成测量结果的换算以后,就可着手绘制灯具配光曲图。在极坐标纸上以照明器中心为原点,按测量时照明器的中心轴与测光方向的偏转角度 θ,以光强矢量 I_0,按一定比例描出各光强矢量端点,然后将各矢量端点连接成光滑曲线,即为测试照明器的配光曲线。制图时习惯上取照明器中心轴的正下方为极坐标的角度零点。

9.9 照明模型实验

9.9.1 实验目的和要求

在照明设计中,一个合理的设计不单是照度计算,它涉及色彩、艺术效果、视觉心理、工程技术等多方面综合内容,对一个要求较高的照明设计可以在专门的照明实验室,用 1:1 的尺寸实体模型模拟设计方案所设计的条件进行实验比较。当用缩小比例尺寸的照明模型进行实验时,由于灯具、色彩、艺术效果的模拟条件难以实现,因此缩小比例尺寸的照明模型实验一般着重于照明质量、灯具配置(如室型指数、壁面的反射系数、灯的挂高比等)等因素的研究。

通过本实验可以初步了解模型实验的原理和加深对"利用系数"法照度计算理论的理解。

9.9.2 实验设备

(1) 照明模型

可自由组装的木制照明模型,矩形房间,比例 1:5,灯泡功率 25W,电压 12V。

(2) 照度计及微型三脚架。

9.9.3 实验原理

模型是按原型进行缩小，要应用相似理论根据实验研究的要求决定模型的模拟条件，例如比例尺寸，光源配光特性、光通量、内壁反光系数、光色……等。

本实验模型测试的要求是测房间的平均照度 E_{cp}，有公式：

$$E_{cp} = \frac{N\Phi C_u}{A} \tag{9-40}$$

式中　N——灯具数量（个）；
　　　Φ——灯的总光通量（lm）；
　　　A——房间工作平面面积（m）；
　　　C_u——利用系数。

设 A_0 为房间原型工作平面面积，A_1 为缩小比例尺寸房间模型工作平面面积，并设：

$$A_1/A_0 = B_A \tag{9-41}$$

B_A 称面积相似倍数。下述都以角标"1"表示模型的各参数量，角标"0"表示原型的各参数量。与上述同理有：

光通量相似倍数 B_Φ　　　$B_\Phi = \Phi_1/\Phi_0$ （9-42）

照度相似倍数 B_E　　　$B_E = E_{cp1}/E_{cp0}$ （9-43）

利用系数相似倍数 B_u　　　$B_u = C_{u1}/C_{u0}$ （9-44）

如果模型中灯配置的数量与原型一致，那么有：$N_1/N_0 = 1$。

对于房间原型平均照度应为：

$$E_{cp0} = \frac{N_0 \Phi_0 C_{u0}}{A_0} \tag{9-45}$$

即：

$$\frac{N_0 \Phi_0 C_{u0}}{A_0 E_{cp0}} = 1 \tag{9-46}$$

以模型的各相似数代入式（9-45）

$$\frac{N_1 \Phi_1 C_{u1}}{A_1 E_{cp1}} = \frac{B_\Phi B_u}{B_A B_E} \tag{9-47}$$

如果要使原型和模型的两个系统相似，比较（9-46）、（9-47）两式，必然要使：

$$\frac{B_\Phi B_u}{B_A B_E} = 1 \tag{9-48}$$

这就是决定模型与原型相似的条件，式（9-48）称为相似准则。

要建立式（9-48）的条件，难于确定的是利用系数相似倍数 B_u，因为利用系数 C_u 不是一个单一的物理量，它与灯具类型、效率、光强分布特性，房间室空比、室内各表面的反光系数有关。如果在实验条件中控制 $B_u=1$，那么式（9-48）将消去 B_u 项为：

$$\frac{B_\Phi}{B_A}=B_E \tag{9-49}$$

又由于 B_A 为面积的相似倍数,是长乘宽的乘积,如果模型的比例为 B_L,那么就有 $B_A=B_L$,则上式可写为:AL 为模型比例倍数

$$B_E=\frac{B_\Phi}{B_L} \tag{9-50}$$

9.9.4　实验方法与步骤

(1) 测量内表面的反光系数和灯具挂高,测量房间的平均照度和照度均匀度。

(2) 将模型装好,其内表面为白色,开灯;

(3) 将模型的工作表面分成坐标网格,在网格中心处测量照度 E_i;

(4) 改变灯具挂高,再测量各测点照度;

(5) 将模型内表面换成黑色,再按 2、3 程序进行测量各测点照度;

(6) 计算平均照度

$$E_{\text{cp}i}=\frac{1}{n}\sum_{i=1}^{n}E_i \tag{9-51}$$

$$E_{\text{cp}0}=\frac{E_{\text{cp}1}}{B_E}=\frac{B_L^2 E_{\text{cp}1}}{B_\Phi} \tag{9-52}$$

(7) 计算照度均匀度 U

$$U=\frac{E_{\min}}{E_{\text{cp}}} \tag{9-53}$$

10 建筑声环境实验

10.1 城市区域环境噪声的测量

10.1.1 实验目的

学会用定量的方法了解分析声环境,了解国家标准《城市区域环境标准》(GB 3096—1993)、《城市区域环境噪声测量方法》(GB/T 14623—1993),掌握城市区域环境噪声普查和指定地点的环境噪声检测方法,是城市规划专业和建筑学专业的声学实验内容。通过测量也应掌握声级计的使用。

10.1.2 实验内容

测量城市区域环境噪声,用累计分布声级 L_n,等效声级 L_{eq},昼夜等效连续 A 声级 L_{an} 和全市算术平均值,整理测量结果。

10.1.3 实验仪器

测量仪器精度为Ⅱ以上的声级计或环境噪声自动监测仪,其性能符合 GB/T 3875—1983《声级计电声性能及测量方法》之规定,应定期校验,并在测量前后进行校准,灵敏度相差不得大于 0.5dB(A),否则测量无效。一般可使用便携式精密噪声分析仪或便携式声级计,另需要准备三角支架和布点时测量距离用的卷尺。

10.1.4 测量方法

(1) 噪声测量的条件

环境噪声测量一般应选在无雨、无雪的天气(有雨雪特殊条件要求的测量除外),风力小于四级(5.5m/s),风在三级以上时传声器上应加防风罩以避免风噪声的干扰,大风天气应停止测量。

测量仪器采用便携式声级计。可用手持或固定在测量三角架上,传声器要放在距地面高度≥1.2m处,并要求距传声器 1m 以内无反射面存在。

(2) 测量布点的方法

测点布置根据不同情况可选择网格测量法和定点测量法

1) 网格测量法

现在实施的普查办法规定了一种网格布点测量的方法,规定将全市或城市中的某个区域划分 500m×500m 的网格(或者划分为 250m×250m 的网格),网格总数不少于 100 个,测点位置就设在网格的中心。如遇到不适宜于测量的位置(如屋顶、河潭、禁区等),可移动测点位置到偏离中心能够测量的地方。网格的不同点的噪声可能有较大的差别,但是由于我们所采用观测方法本来就只有统计上的意义,所以这样处理还是允许的。

2）定点测量法

在标准规定的城市建成区内，优化选取一个或多个能代表某一个区域或整个城市建成区环境噪声平均水平的测点，进行长期噪声定点检测。

（3）传声器的设置

传声器水平放置，背向最近的反射体。

（4）测量时间

分两个时段，昼间和夜间，其时间可按各地和季节的不同作不同的划分，一般昼间为16h，夜间8h。一般情况下，白天可选上午8:00~12:00之间，夜间选22:00~3:00之间，在此时间内测得噪声即分别代表白天和夜晚的噪声值。

10.1.5 噪声实测

城市环境噪声属于非周期变化噪声，具有较大随机性。国家标准《城市环境噪声测量方法》要求噪声测量的统计量使用"累计分布声级"和"等效连续声级"。因此噪声测量时要采用等时抽样技术。除了使用具有自动记录和分析功能的声级计和声学测试系统测量的情况外，测量时的读数就必须遵守一定的规则。声级计的动态特性要置于"慢档"，采样时间间隔为5秒钟，读一个瞬时A声级值。如果使用的是自动检测采样仪器，则仪器的动态特性设置为"快"，采样时间间隔不大于1秒钟。对每一个测点位置要连续取100个数据（如果测点位置的噪声起伏较大，则要读取200个数据），以此来代表该点的噪声分布。读数的同时要判断测点附近的主要噪声来源（如交通噪声、工厂噪声、施工噪声、居民噪声或其他声源），并记录下周围的声学环境。

10.1.6 测量结果的整理

由于环境噪声是随时间而变化的无规噪声，按《测量方法》的要求，测量结果要用累计分布声级 L_n 和连续等效声级 L_{eq} 来表示。

（1）累计分布声级 L_n 的整理。

在规定测量时间 T 内，N%时间的声压级超过某一 L_A 值，这个 L_A 值叫做累积百分声级，用 L_N 表示，单位 dB。累积百分声级用来表示随时间起伏无规噪声的声级分布特性。按规定，要整理出 L_{10}、L_{50} 和 L_{90} 三个累计分布声级，其中 L_{10} 代表10%的时间超过的噪声级，它相当于噪声的平均峰值，L_{50} 代表50%的时间超过的噪声级，它相当于噪声的平均值；L_{90} 代表90%的时间超过的噪声级，它相当于噪声的本底值。

具体的统计方法是排队法，把每一个测点测得的全部100个数据作为样本，以数据的大小作为排队先后的依据，从小到大依次排列，那末排在第10位的声级值即为 L_{90}，这是由于从第11位开始到第100位数据中有90个数的声级都大于它。依此类推，排在第50位的即为 L_{50}，排的第90位的即为 L_{10}。

如果排队的次序倒过来，按从大到小的次序排列，那末排在第10位的即为 L_{10}，排在第50位的是 L_{50}，排在第90位的是 L_{90}。

为了进一步弄清测点上噪声的平均值与样本的离散情况，还要计算出样本的标准差 σ，可按下式计算：

$$\sigma = \sqrt{\frac{1}{n-1}\sum_{i=1}^{n}(L_{Ai}-\overline{L}_A)} \tag{10-1}$$

式中 L_{Ai}——第 i 次测量的 A 声级读数 [dB(A)]；

$\overline{L}_A$——100 个样本读数的算术平均值；

n——测量得到的 A 声级读数个数，对于每个测量点 $n=100$。

(2) 等效连续声级 L_{eq} 的整理。

计算等效连续声级的公式是：

$$L_{eq} = 10\lg\left(\frac{1}{n}\sum_{i=1}^{n}10^{0.1L_{Ai}}\right) \tag{10-2}$$

式中 L_{Ai}——在某测点上第 i 次测得的 A 声级 [dB(A)]；

n——在该测点上的测量次数；

L_{eq}——测点的等效连续声级 [dB(A)]。

如果所测量的随机噪声的声级起伏能很好地符合正态分布（高斯分布）规律，那么它累积分布描绘在正态概率坐标纸上的图形为一直线，则可以近似地利用前面整理出的累计分布声级 L_n 来推算等效连续声级 L_{eq}，推算的公式是：

$$L_{eq} \approx L_{50} + \frac{d^2}{60} \tag{10-3}$$

式中 $d = L_{10} - L_{90}$

此时等效连续声级所依据的声级样本的标准差也可以从累计分布声级中推算：

$$\sigma = \frac{1}{2}(L_{16} - L_{84}) \tag{10-4}$$

式中 L_{16}——16% 的时间超过的噪声级；

L_{84}——84% 的时间超过的噪声级。

(3) 昼夜等效连续 A 声级 L_{dn} 的整理。

在昼间和夜间的规定时间内测得的等效 A 声级分别称为昼间等效声级 L_d 和夜间等效声级 L_n。昼夜等效声级为昼间等效声级的能量平均值，用 L_{dn} 表示，单位 dB。

考虑到噪声在夜间要比昼间更吵人，故计算昼夜等效声级时，需要将夜间等效声级加上 10dB 后再计算。如昼间规定为 16h，夜间为 8h。昼间和夜间的时间分段，可依地区和季节的不同按当地习惯划定。

当区域环境噪声测量在昼夜 24 小时中连续进行，可按下列公式计算昼夜等效连续级 L_{dn}：

$$L_{dn} = 10\lg\frac{1}{24}(16 \times 10^{0.1L_d} + 8 \times 10^{0.1L_n}) \tag{10-5}$$

式中 L_d——白天测得的等效连续 A 声级 [dB(A)]；

L_n——夜间测得的等效连续 A 声级 [dB(A)]。

若以一次测量结果表示某时段的噪声，则白天测量应在正常的工作期间内进行。早(或晚)及夜间的测量,各地应根据实际情况,选择恰当的时间,要求在该时间内所得测量结果 L_{eq} 值与整个时段的平均 $\overline{L}_{eq}$ 值的偏差为最小。

(4) 全市噪声水平算术平均值的整理

为了对不同城市的环境噪声水平进行比较,可以将市区的环境噪声测量结果根据各网格等效连续声级 L_{eq} 和累计分布声级 L_n (L_{10}、L_{50}、L_{90}),计算出全市的噪声水平算术平均值 $\overline{L}_{eq}$,$\overline{L}_n$ ($\overline{L}_{10}$,$\overline{L}_{50}$,$\overline{L}_{90}$)。

$$\overline{L}_{eq} = \frac{1}{n}\sum_{i=1}^{n}L_{eqi} \tag{10-6}$$

$$\overline{L}_n = \frac{1}{n}\sum_{i=1}^{n}L_{ni} \tag{10-7}$$

式中　L_{eqi}——第 i 个网格的等效连续声级 [dB(A)];
　　　L_{ni}——第 i 个网格的累计分布声级 [dB(A)];
　　　n——全市的测量网格数;
　　　$\overline{L}_{eq}$——该市的等效连续声级平均值 [dB(A)];
　　　$\overline{L}_n$——该市的累计分布声级平均值 [dB(A)]。

(5) 绘制噪声污染图

环境噪声污染图的绘制:以 5dB 间距绘制等 L_{eq} 曲线图,并在网点上列出最大值 L_{max}、标准差 δ 及 L_{eq}、L_{10}、L_{90} 的各算术平均值。

10.2　城市交通噪声测量

城市交通噪声是城市环境噪声的主要来源。

10.2.1　实验目的

掌握城市道路交通噪声的排放值,学习国家标准《城市区域环境标准》(GB 3096—1993)、《城市道路交通噪声测量方法》(GB/T 3222—1994),掌握城市道路交通噪声的定义和测量方法,是城市规划专业和建筑学专业的声学实验内容。通过测量也应掌握声级计的使用。

10.2.2　实验内容

测量城市道路交通噪声,城市道路交通噪声定义为城市交通干线噪声平均值。交通干线即城市规划部门确定的城市主、次干线为城市交通干线道路。用累计分布声级 L_n,等效声级 L_{eq},昼夜等效连续 A 声级 L_{dn} 和全市算术平均值整理测量结果。

10.2.3　实验仪器

便携式精密噪声分析仪或便携式声级计、三角支架、卷尺。

10.2.4　测量方法

(1) 测点的选择

城市交通噪声一般是指市区交通干线路旁的交通运输噪声,测量地段要选择公共交通车辆经常行驶的交通干道,要求干道上通行的机动车流量不少于每小时 100 辆。交通干线的划定也可视当地情况与交通管理部门商定。

测点要选在交通干线的两个交叉路口之间,道路边人行道上,离车道边沿20cm处,此处距交叉路口的距离应大于50m的地方,这样该测点的噪声可以代表两路口间的该段道路交通噪声。

(2) 声级计的设置

声级计水平放置,距地面高度应大于1.2m,传声器面向车道。这样可以使马路上的车辆噪声都近似于90°方向入射,具有相同的灵敏度频率响应,要避免传声器周围有人围观。

(3) 测量时间

测量时间分两个时段,昼间和夜间,具体时间可按各地和季节的不同作不同的划分。一般情况下,白天可选在工作时间范围内,如上午08:00～12:00和14:00～18:00;夜间选在睡眠时间范围内,如23:00～05:00。在此时间内测得噪声即分别代表白天和夜晚的噪声值。

10.2.5 测量及读数方法

声级计放在A计权网格,动态特性要置于"慢档",采样时间间隔为5s。如果可将声级计信号输给声级记录仪,连续记录,每个测点记录20min时间即可,整理时可在记录纸上以每5s为间隔,等间距读取200个数据作为样本。

如果没有声级记录仪,则需要现场读数,这时要训练好记录和读数人员,每隔5秒钟时读取指针所示的瞬时值,也要连续取200个数据,测量时间为20min。在记录噪声声级的同时还要记录某些影响交通噪声的行车条件和指标,如两个方向上的车流量(以辆/h计)、行车速度(以km/h计)和各种机动车的种类、街道纵向坡度和横剖面图。行车速度的测定可在路面上划出20m长的范围,用秒表测出车辆行经20m的时间,再算出其车速。

10.2.6 测量结果的整理

根据要求,评价城市交通噪声采用等效连续声级L_{eq}和累计分布声级L_n和L_{10}(相当于噪声的平均峰值)作为交通噪声的评价量,因此在数据整理时首先要用排队法从测量读数的噪声样本中找出L_{10}、L_{50}和L_{90}。

(1) 求累计分布声级L_n

每一条交通干道的测点上都测得200个噪声级数据,将这些数据按从大到小排队,第20个数据即为L_{10},第100个数据为L_{50},第180个数据为L_{90}。

(2) 求等效连续声级L_{eq}

由于城市交通噪声基本上符合正态分布,因此可利用累计分布声级值按公式(10-3)推算等效连续声级:

$$L_{eq} \approx L_{50} + \frac{d^2}{60}$$

式中 $d = L_{10} - L_{90}$

(3) 求全市交通干线的L_{eq}或L_{10}的算术平均值

为了便于各城市之间进行城市交通噪声水平的横向比较,可根据全市各条干线的测量结果算出反映本市交通噪声水平的算术平均值,计算公式如下:

$$\overline{L} = \frac{\sum_{k=1}^{n} L_k \cdot l_k}{\sum_{k=1}^{n} l_k} \tag{10-8}$$

式中 L_k——在第 K 段道路上测得的噪声级（L_{eq} 或 L_{10}）；

l_k——第 K 个道路测量段的干线长度（km）；

N——全市的交通干线测量段数。

(4) 绘制交通干线噪声污染图

可用不同颜色或颜色深浅对比，显示出噪声污染分布。以 5dB 为间距绘制等 L_{eq} 曲线图，并在网点上列出最大值 L_{max}、标准差 δ 及 L_{eq}、L_{10}、L_{50}、L_{90} 的各加权平均值。

10.3 环境噪声监测实验

10.3.1 实验目的

学会用定量的方法了解分析声环境，运用噪声测量技术可以在任何需要进行噪声测量的地方进行噪声测量和监测。通过测量也可以掌握声级计的使用。

10.3.2 实验内容

测量固定地点噪声，包括室内和室外；进行环境噪声的长期监测；工业企业噪声测量等内容可任选一种进行测量。

10.3.3 实验仪器

便携式精密噪声分析仪或便携式声级计、三角支架、卷尺。

10.3.4 测量方法

(1) 固定地点噪声测量

固定点测试一般是进行对环境噪声标准的监测。测点选在受干扰的人员住宅或工作建筑物外一米处，其他测试方法、时间同城市区域环境噪声的测量。

(2) 城市环境噪声长期监测

目的是为了观察城市环境噪声变化规律和原因而进行的长期监测，有条件的情况下用"自动监测系统"监测，条件欠缺的情况下进行人工监测，可按下述进行。

1) 测点布置：一般希望不少于 7 个测点，其中：繁华市区、典型居民区、工厂各设一点；交通干线和混合区各设两点；测点高度一般不低于 1.2m，也可置于高层建筑上，以扩大监测范围；但测点位置和高度选定后，在整个监测过程中应保持不变。

2) 测量方法：每季度测量一次（有条件时每月测量一次），每次对每个测点进行白天与夜间各测一次，对于不同的测点可根据各测点噪声发生时间特点选择测量时间；同样，当测量时间一旦选定后，对于同一个测点，每次测量时间在整个测试过程必须保持一定；而对不同的测点之间测量时间不要求统一在同一时间同时进行测量。

每次用 A 声级慢档测量。每五秒读一个数，连续读 200 个数据。

(3) 工业企业噪声

1) 测点选择

被测对象（车间）内各点的 A 声级差小于 3dB 时，选择 1~3 个测点进行测试。若大于 3dB 时，可将车间分为若干区域，而任意两相邻区域声级差大于或等于 3dB，每个区域内声级波动必须小于 3dB，每个区域取 1~3 个测点，这些区域必须包括所有工人经常工作、活动的范围。

2) 测量方法

对稳定噪声用 A 声级慢档测量。对不稳定噪声按每五秒钟读一个数，连续读取 100 个数。

(4) 扰民工业噪声源调查测试方法

1) 包络层测点的选取

在每一座工厂边界外一米的包络线上（相邻的两座或两座以上工厂组成的工业小区包络线上），选取测点若干点，要求每个测点间的 A 声级噪声相差为 5dB。

2) 第二层测点

以包络层测点为基点，沿噪声传播方向，选取 A 声级相差为 5dB 的为第二层测点。

3) 按照（2）的原则选第三层测点，一直到接近本底噪声声级为止（指该工厂停止时的环境噪声声级）。

10.3.5 测量结果的整理

测量数据的整理及噪声污染图的绘制同 10.1.6 一节。

10.4 建筑施工场界噪声测量

10.4.1 实验目的

学会用定量的方法了解分析声环境，了解国家标准《城市区域环境标准》(GB 3096—1993)、《建筑施工场界噪声标准》(GB 12523—1990)。通过测量也应掌握声级计的使用。

10.4.2 实验内容

测量建筑施工场界噪声城市区域环境噪声，用等效声级 L_{eq}，昼夜等效连续 A 声级 L_{an} 整理测量结果。

10.4.3 实验仪器

便携式精密噪声分析仪或便携式声级计、三角支架、卷尺。

10.4.4 测量方法

(1) 适用范围

《建筑施工场界噪声标准》适用于城市建筑施工作业期间，由建筑施工场地产生的噪声测量。建筑施工场地指工程限定的边界范围以内的区域，以及规定界线以外的确定用于建筑或拆毁的其他准备区域。

(2) 测点确定

1) 根据城市建设部门提供的建筑方案和其他与施工现场情况有关的数据，

确定建筑施工场地边界线，并应测量并标出边界线与噪声敏感区域之间的距离。

2）根据被测建筑施工场地的建筑作业方位和活动形式，确定噪声敏感建筑或区域的方位，并在建筑施工场地边界上选择离敏感物或区域最近的点作为测点。由于敏感建筑物方位不同，对于同一个建筑施工场地，可同时有几个测点。

3）测点（传声器位置）处于距地面高1.2m的边界线敏感处。如果边界处有围墙，为了扩大监测范围，传声器应置于1.2m以上的高度，并在报告中加以说明。

（3）测量时间

分为昼间和夜间两部分，时间的划分可由当地的有关规定来确定。

测量期间，各施工机械应处于正常运行状态，并应包括不断进入或离开场地的车辆，例如：载货汽车、施工机械车辆、搅拌机（车）等，以及在施工场地上运转的车辆，这些都属于施工场地范围以内的建筑施工活动。

（4）噪声实测与结果整理

参考10.1.5与10.1.6节内容。

10.4.5 测量报告

测量报告中应包括以下内容：

（1）建筑施工场地及边界线示意图；

（2）敏感建筑物的方位、距离及相应边界线处测点；

（3）各测点的等效A声级L_{eq}；

（4）测量结果应及时填入《建筑施工场地噪声测量记录表》。

10.5 混响时间测定

10.5.1 实验目的

学会用定量的方法了解分析室内声环境质量，混响时间是室内音质的最重要的评价指标，是厅堂音质设计的主要依据。因而混响时间的测量也是建筑声学测量的重要内容。掌握混响时间的测定方法，是城市规划专业和建筑学专业的声学实验内容。

混响时间是目前用于评价厅堂音质的一个重要的和有明确概念的客观参数，是判断室内的语言清晰度和音乐丰满度的一个定量指标。根据房间的使用要求不同，它的混响时间也不相同，使听众认为合适的混响时间称为"最佳混响时间"。对已建成的会堂、剧院、播音室等进行声学鉴定，混响时间测试则是重要内容之一。

10.5.2 实验内容

测量厅堂混响时间，测量环境可以按空室、排演时和满场三种情况分别进行。

10.5.3 混响时间的测试原理

W·C·赛宾通过研究提出，当声源停止发声后，声能的衰减率对人耳的听觉效果有明显的影响。他曾对室内声源停止发声后声音衰减到刚听不到的水平所需的时间（秒）进行了测定，并定义此过程的时间为"混响时间"。他发现这一时间为房间容积和室内吸声量的函数。现在关于混响时间的正式定义是：当室内声场达到稳态，声源停止发声后声音衰减60dB所经历的时间（以秒计），即平均声能密度自原始值衰减至百万分之一（60dB）所需的时间，称为混响时间。衰变过程的曲线如图10-1所示。

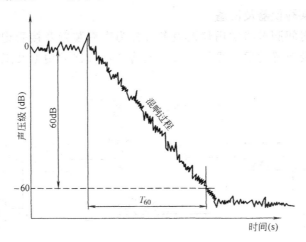

图 10-1 混响过程衰变曲线

计算混响时间的赛宾公式为：

$$T_{60} = \frac{0.161V}{A} \qquad (10-9)$$

进一步完善的伊林—努特生（Eyring-Knudsen）公式为：

$$T_{60} = \frac{0.161V}{-S\ln(1-\bar{\alpha}) + 4mV} \qquad (10-10)$$

式中　T_{60}——混响时间（s）；

　　　0.163——常数；

　　　V——房间容积（m³）；

　　　A——室内总吸声量（m²）；

　　　S——室内总表面积（m²）；

　　　$4m$——空气吸收系数。

室内混响时间的测定就是根据上述定义来进行的的。即在室内声场达到稳态后，关闭声源，将各中心频率的声音的声压级衰减60dB的过程描述成一条衰变曲线，再从衰变曲线上找出它所经历的时间。但是，要使被测厅堂中声源停止发声后声音衰减60dB，那么相应地就应该使声源发出声音比厅堂内的本底噪声至少要高出60dB，实际上这一要求难以做到，因为满场测试时观众厅中观众席本身的噪声水平有的就高达60~70dB。因此，《厅堂混响时间测量规范》规定的测试条件是：在所有测点上，衰变前各个被测频率的声压级应比相应的背景噪声高35dB。我们在理论基础中已经知道，室内声音衰变过程是按指数规律变化的，若将衰减过程曲线按dB换算，则这一过程曲线变成为一条直线，就可以从衰变曲线（直线）的斜率来推算混响时间，这样测量时就不必要求室内噪声实现

60dB 的衰减，而按《测量规范》的规定，实现声源 30dB 的衰减就能推算出衰减 60dB 的混响时间。由测量记录纸带上衰变曲线推算混响时间可利用仪器的计算盘附件，也可根据纸带上的曲线斜率来计算。目前国内外都研制生产了专用的直读式混响计。可以从该仪器上直接读取测量的混响时间值（混响计的测量范围为 0.3～10 秒混响时间）。

10.5.4 实验仪器及设备

厅堂混响时间测量的常用仪器设备可分为声源装置及接受记录装置两大部分，仪器组成及布置的框图见图 10-2。现将各项仪器的用途及工作原理作一简要介绍。

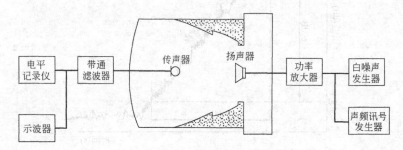

图 10-2 混响时间测量布置方框图仪器

（1）声源部分

包括讯号源、讯号功率放大器和输出声源讯号的扬声器。

常用的讯号源为由讯号发生器发出的啭声或白噪声。白噪声的频率特性是在绝对等带宽内的能量相等，用固定频带宽度测量时频谱连续并且均匀，配合使用 1 倍或 1/3 倍频程滤波器。啭声是一种调频的正弦信号，调制的频率约为 10Hz，采用啭音是为了避免单纯正弦信号会出现驻波现象。

输出功率放大器的作用是将讯号源发出的声源讯号作功率放大，使扬声器能输出一定功率的辐射声能，以便在测试室内造成稳定声扬。对于影剧院等观众厅满场时的混响时间测定，应有 50W 的放大功率，否则声源产生的声压级不能满足测量要求。

测量时用于发声的扬声器系统应是无指向性的，要求频响平直。一般地说，大口径纸盆扬声器对低频响应较好，对高频响应较差，使用时要与高频扬声器配合使用。采用组合音箱是一个较好的方案，扬声器的输出功率和阻抗应与输出功率放大器相匹配。

（2）接受记录部分

它包括传声器、带通滤波器和声级记录仪表。

1）传声器

传声器的作用是把被测的声学物理量转换成电学物理量。由于测量声压的传声器易于制作，还因为人耳也是一个声压接受器，与接受声压的传声器有类似作用，故广泛使用把声压转换成电压的传声器。声学测量接受系统中传声器以后的各种仪器设备都是用于处理由传声器所转换的电学量的。

按传声器本身的构造分类，有晶体式、动圈式、驻极体式和电容式等几种传声器。声学测量常用电容式传声器,它具有灵敏度高、频率响应平直、性能稳定等优点。

2) 带通滤波器

在声学测量系统中,无论是声源系统或是接收系统,通常都加有滤波器。加滤波器的目的是为了了解被测声音的频谱特性,并把不需要的频率成分滤除掉以改善接收系统的信噪比,减少噪声对所需信号的干扰。

在滤波器的输入端加上一个宽频带的讯号(通常是和声压相对应的电压),而在滤波器的输出端就只有一定宽度频带的信号输出。声学测量使用滤波器是由中心频率各不相同,但互相衔接的多个滤波单元组合而成,各中心频率和带宽满足一定的规律。常用的有倍频程滤波器和 1/3 倍频程滤波器。如国产 NL—6A 型带通滤波器具有 50 个 1/3 倍频程滤波单元,其中心频率自 2Hz 至 160kHz,由 3 个相邻的 1/3 倍频程滤波单元可并联组成一个倍频程滤波器,其中心频率自 4Hz 至 125kHz。

3) 声级记录仪

声级记录也叫电平记录仪,是一种把声学测量结果自动记录下来的仪器。声级记录仪与声级计配合使用时可以测量和记录噪声随时间的分布,如果再配合倍频程或 1/3 倍频程滤波器应可以将噪声的频谱直接记录下来供分析和保存,也可以配合声级计测量厅堂的混响时间。

声级记录仪的电子原理方框图参见图 10-3。

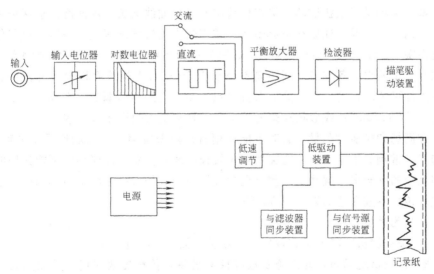

图 10-3 声级记录仪原理方框图

它主要由纸驱动和描笔驱动两大部分组成。纸驱动部分用来驱动记录纸以不同的速度运动,笔驱动部分是根据输入被测信号的大小,使记录笔作不同位置移动的系统。输入信号由输入电位器调节灵敏度,经对数电位计送到平衡放大器,放大后的电压经有效值检波器变成直流电位,再经直流放大后驱动伺服电机,使描笔移动。

记录纸上的测量范围取决于电位计的范围,一般分为 25dB、50dB 和 75dB

三种。常用的是 50dB。其记录纸上的基线和顶线之间是 50dB，纸速为 100mm/s，笔速为 200mm/s。声压的变化通过放大滤波后输入记录仪，记录仪的指针受信号的强弱变化，在记录纸上作横向移动，而记录纸则按一定速度作纵向移动，从而将声音衰减的连续变化记录在纸上，即为衰减曲线。

混响时间测量国内外都研制成或生产有专用的直读式混响计，可测量 0.3～10s 的混响时间。

10.5.5 测量方法与步骤

厅堂混响时间有多种测量方法，这里介绍的是国家标准《厅堂混响时间测量规范》规定的方法，测量环境可以按空室、排演时和满场三种情况分别进行。

(1) 声源及布置

声源由信号源、功率放大器和扬声器组成的声源系统提供。在剧院里进行满场的现场测量时，为了减少观众厅高水平的本底噪声和观众围观的干扰，可以采用大炮仗、发令枪和气球爆裂等发出的脉冲声。声源产生的频带声压级至少应比背景噪声的频带声压级高 35dB。

在剧场、电影院等建筑物的厅堂里测试，扬声器的位置应尽可能放在实际声源的位置附近（舞台、指挥台或讲台），也可放在乐池合唱队席位等其他位置上。对于一般房间可将声源放在离反射面 1m 以外的地方，并从两个不同的位置分别发声。

(2) 测点布置

如果声场是完全扩散的，测点位置将与衰变曲线无关，因此测点应保证在混响声场内进行，但不能放在声源附近，或直达声场较强的区域。一般传声器位置应离声源 1.5m 以外，离开反射面 1m 以外；测点数不少于 3 个，每个测点上至少重复测量两次；各测点之间距离不小于 1.5m；对于建筑面积较大的剧场、电影院大厅可测对称的一半，分区布置测点，测点应距离声源 10～15m，对于体积大的（$V>1000m^3$）或形状复杂的厅堂，重复测量次数还要多一些。

在满场和排演时测量，有时不能使用常规声源发声，可以利用乐队的声源，如选择非常响的乐曲小段并能突然停止较长时间，注意乐曲停顿时不能让乐曲自鸣和观众的喝彩来干扰测量。测点至少选择两个，如选择在厅堂前排和楼厅上的座位，传声器放在地面以上 2.3m 处。

(3) 测量步骤

1) 按被测房间的要求布置好吸声或反射面，关闭好门窗。

2) 在测试现场布置好声源及接收仪器设备，传声器放在规定的测点处，高为 1.5m，仪器应事先做好校准工作。

3) 调节好声级记录仪的走纸速度（一般为 10mm/s），并调节输入衰减器，使本底噪声的声级指示在记录纸的下端 10dB 的范围内。

4) 调整信号源，发出 100～4000Hz 的啭音或者以中心频率的 1/1 或 1/3 倍频程的白噪声，并使声场达到稳态，调整功率放大器的输出功率，使声级记录仪指针上升到 35dB 以上（相对于 0 线），即记录仪的指标值高于本底噪声声级 35dB 以上，最好高出 40dB。

5）中断信号（或发出脉冲信号），在声源停止发声的同时（或稍许提前），开动记录仪的走纸机构，使纸带按一定的速度移动。由于声音的衰减记录仪指针开始下降，在纸上画出衰减曲线。

6）指针下降到"0"线时，及时关掉记录仪，使纸带停止走动。

7）测量要从125Hz到4000Hz中心频率的倍频程或1/3倍频程的范围内，分频率遂次测量，每个频率至少测量3次，取其平均值即为该测点的混响时间。

10.5.6 测量结果的整理

（1）测量记录

在测量前和测量过程中应记录下测试厅堂的名称、体积，并绘制房间的平、剖面图，标注主要尺寸；记录厅堂壁面和天棚的材料和做法，壁面尺寸及室内总表面积；厅堂中的观众席数目，座椅类型；厅堂内各种帘幕、门窗使用情况；舞台设备；厅堂内的温度、湿度；测量仪器的型号、声源讯号的特征；测量日期及测量者的姓名等等，均应作出记录。

在平、剖面图上还应标注声源和测点的位置、高度及测点编号；在衰变曲线记录纸上要注明中心频率、记录纸走纸速度、测试部位及测点编号、以及测试者的姓名和测试日期。

（2）混响时间的计算或度量

1）用混响圆盘直接度量

混响圆盘是一个透明的刻度盘，用于从记录纸带的衰减曲线上直接量出混响时间，量测示意图见图10-4。

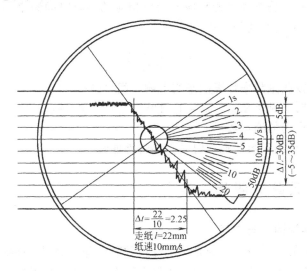

图10-4 混响曲线和混响时间的度量

度盘上划分四个等分，各等分分别适用于不同的纸速和不同的电位计分贝数，度量时圆盘的圆心对准衰减曲线和某一水平线刻度的交点，将粗线对齐由衰减曲线回归成的直线，即可读出混响时间的数值（秒）。

2）根据衰减曲线的斜率计算混响时间

也可以根据记录纸上提供的衰减曲线计算出混响时间，推算的方法是选取记

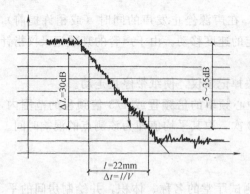

图 10-5　根据衰减曲线计算混响时间 T_{60}

录纸上声强衰减 30dB 的一段曲线作为评价的范围，对于稳态声场选其起始声级以下 5～35dB 的范围，将衰减曲线回归成一条直线，由该直线和斜率，确定混响时间 T_{60}（参见图 10-5）。

图中 $\Delta L = 30\text{dB}$ 表示声压的衰减幅度，Δt 即为衰减 30dB 所需的时间，曲线的斜率为 $\text{ctg}\theta = \Delta L/\Delta t$，当声强衰减 60dB 时，则应有：

$$T_{60} = \frac{60}{\text{ctg}\theta} = 60 \times \frac{\Delta t}{\Delta L} = 2\Delta t$$

而 $\Delta t = l/v$，故：$T_{60} = 2l/v$ 　　　　　　　　　　　　(10-11)

式中　l——对应于 $\Delta L = 30\text{dB}$ 时记录纸上的走纸距离（mm）；

v——记录纸的走纸速度（mm/s）。

3）直读混响时间

现在有的数字式混响时间测定仪，可以从显示屏上直接读出混响时间值。

4）由软件直接给出混响时间结果

（3）按频率计算平均混响时间

在厅堂混响时间测量中，应在不同的测量环境下（空场、满场和其他状况下），按全场每一个测量频率的平均值给出相应的混响时间频率特性，为此要按各测量频率计算混响时间的平均值 $\overline{T}_{60}$。

$$\overline{T}_{60} = \frac{1}{n}\sum_{i=1}^{n} T_{60i} \qquad (10\text{-}12)$$

式中　$\overline{T}_{60}$——按测量频率计算的平均混响时间（s）；

T_{60}——同一频率在第 i 测点上测得的混响时间（s）；

n——全场的测点数。

根据以上计算结果绘制混响时间频率特性曲线。

10.6　吸声系数的测量

10.6.1　实验目的与内容

无论是厅堂的音质设计，或是环境噪声的吸声降噪治理，都要借助各种吸声材料和吸声构造的正确使用，因此，了解工程上常用吸声材料的性能和用法，掌握吸声系数的测试方法，对于建筑工作者很有必要。测定吸声材料和吸声结构的吸声系数或吸声量，目前主要使用混响室法和驻波管法两种方法（后者只能测量材料的正入射吸声系数）。

掌握使用混响室法和驻波管法测量吸声系数的测量。

10.6.2　混响室法吸声系数的测量

（1）混响室测量吸声系数原理

混响室是一间用于测量混响时间的声学实验室，它的特点是室内具有充分均匀扩散的声场，并且要求混响室的平均吸声系数 $\bar{\alpha}$ 极小，从赛宾公式可知：

$$T_{60}=\frac{0.161V}{S\cdot\bar{\alpha}} \tag{10-13}$$

式中 T_{60}——混响时间（s）；

V——混响室体积（m³）；

$S\cdot\bar{\alpha}$——室内平均吸声量。

这个公式表明：混响时间是室内平均吸声量的函数。由于混响室各表面吸声系数很小且均匀一致，故它的混响时间较长。一旦把待测的材料或吸声体放入混响室以后，再次测量该室的混响时间，由于新放入材料的吸声作用，放入试件后的混响时间变短了，由此可以从混响室空室和测量试件两种状态的混响时间变化来推算测试材料的吸声系数。

国际标准化组织 ISO 制订了《混响室测量吸声系数标准》，我国也编制了《混响室法吸声系数测量规范》。按照标准和规范的要求，混响室在低频时要有足够的声扩散条件，房间的容积应大于 200m³，若体积小于 200m³，其下限频率应按下式确定：$f=125(200/V)^{1/3}$，式中 V 为混响室体积。房间的形状可以为矩形，或由不平行或不规则界面组成的其他形状，混响室任意两个面不能相等，也不能成整数倍，室内最大限度应满足 $L_{\max}<1.9V^{1/3}$，不等式中 V 为混响室体积，$L_{\max}$ 是房间边界内的最长直线段，对于矩形房间即为它的主对角线长度。混响室可用于测量的频率的下限为 $f_k=125\left(\frac{130}{V}\right)^{1/3}$ Hz。混响室的界面（如墙、地面、天棚等）应尽可能做成刚性的，可采用水磨石或瓷砖贴面等材料做成。为了声场的充分扩散，需要采取相应的有效扩散措施，除将混响室做成不规则形状外，还可以在混响室内随机地布置（悬挂）扩散板。扩散板应采用吸声系数小，且弯曲程度不同的板，无规则地分散布置在室内，每块板的面积以 1～3m² 为好，所有扩散板的总面积（两面）一般达到混响室总内表面积的 15%～25% 即可。

混响室空室的吸声量要小，当混响室体积为 200m³ 时各频段的吸声量要小于表 10-1 的数值。

混响室空室各频段的吸声量　　　　　表 10-1

频率 Hz	125	250	500	1000	2000	4000
吸声量 m²	6.5	6.5	6.5	7.0	9.5	13

国际标准化组织（ISO）建议混响室空室的混响时间应达到下表中各频率的相应数值：

国际标准化组织 ISO 建议的混响室空室混响时间　　　　　表 10-2

中心频率(Hz)	125	250	500	1000	2000	4000
空室混响时间 T_{60}(s)	5.0	5.0	5.0	4.5	3.5	2.0

（2）测量设备

混响室测量吸声系数的设备包括一间混响室、一套声源和接收记录设备。对

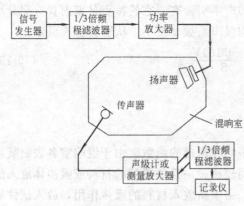

图 10-6 混响时间测量设备布置方框图

混响室的要求已在前面作了介绍，测试设备在混响室中的布置框图如图 10-6 所示。

声源部分应能辐射出足够强的频带白噪声，使混响室内的频带声压级高于背景噪声相应频带声压级 40dB 以上。混响室内用于发声的扬声器要尽可能使用无指向性的扬声器，如测量 300Hz 以下各频段时，应变换一次扬声器的位置，两位置的距离应大于 3m。接收设备采用精密声级计，1/3 倍频程滤波器和声级记录仪，记录仪的衰减速率至少为 300dB/s。

(3) 测量方法

被测材料可以是一定面积的吸声材料或一定数量的吸声体，它们在混响室中的安装方式应尽可能接近实际应用的情况。被测试件为平面试件时应为一个整体。试件面积应为 $10\sim12\text{m}^2$。平面试件形状为矩形时，其长宽比应为 $0.6\sim1.0$，边缘应采用反射性框架封闭，以减少边缘效应影响。框架应紧密地贴在室内的一界面上，其安装位置应使它与房间内其他任一界面的距离不小于 1m。试件框架的厚度不大于 20mm。对于试件背后有较大空腔的构造，其侧面应采用反射材料封闭，并应垂直试件表面。

混响室内的测点至少要设置 3 个以上，测点之间的距离应大于 $\lambda/2$（λ 为所测频带中心频率相应的波长），测点距离声源应大于 2m，距被测试件和扩散板至少为 1m，与混响室任意壁面的距离要大于 $\lambda/4$。

在试件放入混响室之前测量每个测点的混响时间 T_1，试件放入后再测量混响时间 T_2，混响时间的测量应分别在中心频率 100，125，160……4000 和 5000Hz 的 1/3 倍频程上进行，每个测点位置上对每个测量频率要重复进行 $2\sim3$ 次。

(4) 测量结果的整理

1) 根据每个测点上记录下来的频带声压级衰减曲线（曲线形状参阅 10-5 图）逐个计算每一次测出的混响时间，并对每个测点重复测量的读数分别按 T_1、T_2 计算该点的混响时间平均值，然后计算混响室各个 1/3 倍频程的平均混响时间 $\overline{T}_1$（空室）和 $\overline{T}_2$（放入试件）。

2) 将上一步算出的混响室各个 1/3 倍频程的平均混响时间代入下面的公式，计算试件的吸声系数 α 或 ΔA：

当计算吸声材料的吸声系数 α 时，按公式 (10-14)：

$$\alpha = \frac{0.161V}{S_p}\left(\frac{1}{T_2}-\frac{1}{T_1}\right) \tag{10-14}$$

当计算吸声构件的吸声量 ΔA 时，按公式 (10-15)：

$$\Delta A = \frac{0.161V}{N}\left(\frac{1}{T_2} - \frac{1}{T_1}\right) \tag{10-15}$$

式中 α ——被测材料的吸声系数；
ΔA ——每个被测吸声体的吸声量（m^2）；
V ——混响室体积（m^3）；
S_p ——试件面积（m^2）；
N ——吸声体个数；
$\overline{T}_1$ ——未放入试件时空室的平均混响时间（s）；
$\overline{T}_2$ ——放入试件后测得的平均混响时间（s）。

吸声系数计算公式的推导如下：

根据赛宾公式，未放入试件前混响室空室的混响时间 T_1 为：

$$T_1 = \frac{0.161V}{S \cdot \bar{\alpha}} \tag{10-16}$$

当放入表面积为 S_p 的待测吸声材料试件后，混响室的混响时间 T_2 将缩短为：

$$T_2 = \frac{0.161V}{(S - S_p)\bar{\alpha} + S_p \cdot \alpha_p} \tag{10-17}$$

式中 V ——混响室的房间容积（m^3）；
S ——混响室的全部内部表面积之和（m^2）；
S_p ——放入混响室的吸声材料试件面积（m^2）；
$\bar{\alpha}$ ——混响室各表面的平均吸声系数；
α_p ——待测材料的吸声系数。

将式（10-16）、（10-17）两式变换，求 T_1、T_2 的倒数：

$$\frac{1}{T_1} = \frac{S \cdot \bar{\alpha}}{0.161V} \tag{10-18}$$

$$\frac{1}{T_2} = \frac{S \cdot \bar{\alpha} + S_p(\alpha_p - \bar{\alpha})}{0.161V} \tag{10-19}$$

式（10-19）-（10-18）：

$$\frac{1}{T_2} - \frac{1}{T_1} = \frac{S \cdot \bar{\alpha} + S_p(\alpha_p - \bar{\alpha}) - S \cdot \bar{\alpha}}{0.161V} = \frac{S_p(\alpha_p - \bar{\alpha})}{0.161V} \tag{10-20}$$

将上式整理后得：

$$\alpha_p = \frac{0.161V}{S_p}\left(\frac{1}{T_2} - \frac{1}{T_1}\right) + \bar{\alpha} \tag{10-21}$$

式（10-21）导出了待测吸声系数 α_p 与混响时间改变之间的关系，公式右边最末一项 $\bar{\alpha}$ 值很小可忽略不计，所以式（10-21）可简化为以下表达式：

$$\alpha = \frac{0.161V}{S_p}\left(\frac{1}{T_2} - \frac{1}{T_1}\right)$$

这就是要推导的混响室法测量吸声系数的计算公式（10-14）。

10.6.3 驻波管法测定吸声材料的吸声系数

混响室法以比较接近实际的无规则入射声作用来测定材料的吸声系数，是一种较为实用的方法，但它要求在混响室中进行测试，当不具备混响实验室时则无法测试。驻波管法是另一种类型测试吸声系数的方法，它需要的设备设施相对简单，但它适用于测试材料的垂直入射吸声系数。

(1) 驻波管测量吸声系数的原理

驻波管测量材料的吸声系数是利用声音的驻波干涉原理。从物理学中我们知道，当一束声波垂直入射到一个刚性壁面时，由于刚性壁面不能被空气质点所激动，因此在撞击点上（即在空气与壁面的界面上）会发生反射，其反射声波沿着原来的路程反向传播，从而导致入射波与反射波彼此产生干涉，入射波与反射波的振幅与波长又都相同，它们在同一直线上相遇时会产生两波的叠加，但有相位的差别。物理学上把这种两列相同的波在同一直线上相向传播而叠加后产生的波称驻波。驻波管测量吸声系数就是利用这一驻波现象，将待测材料作为阻挡入射声波并使之产生驻波的壁面，由于材料对入射声的吸收作用，反射声的声压会小于入射声压，产生驻波时就会在驻波的波腹和波节的声压大小变化上反映出材料的吸收系数差别来。驻波管的测试原理参见图10-7。

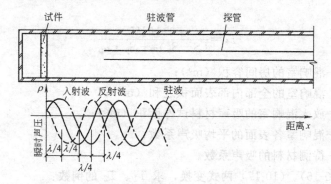

图10-7 驻波管的测试原理图

声学测量用的驻波管是一根内壁坚硬、光滑、且截面均匀的圆管或方管，管子末端有一个可以拆下的刚性管盖，其内可放置待测的材料试件，管子的另一端放置扬声器，驻波管测试吸声系数的全套测试设备装置布置见图10-8。

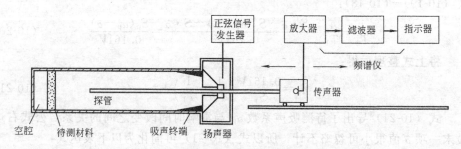

图10-8 驻波管法测量材料吸声系数的装置框图

扬声器从信号源（正弦信号发生器）得到纯音信号，在驻波管中产生平面波，当声波到达另一端的吸声材料表面时声波产生反射，反射波和入射波就在管中形成驻波，产生固定的波节与波腹，建立起驻波声场。在波腹处形成声压极大值，在波节处形成声压极小值，由于反射面吸声材料的吸声性能不同，如材料的吸声系数大，则反射声压小，干涉后它减低入射声的声压值也少，驻波声压的波腹和波节的相差值就不大；如材料的吸声系数非常小，反射声压很大，则干涉后的驻波声压波腹与波节的相差值就大；若完全反射，驻波波节声压为零。利用可移动的传声器探管测出管中声压极大值 p_{max} 和极小值 p_{min}，算出二者的比值 n（叫做驻波比），据此即可推算出材料的正入射吸声系数 α_0。计算公式如下：

$$\alpha_0 = \frac{4n}{(1+n)^2} \tag{10-22}$$

式中 n 为驻波的声压极大值和极小值之比，称为驻波比，$n = p_{max}/p_{min}$。

我们用声压计在驻波管中所测得的声压参数是声压级 L_p，而不是直接测出声压 P，所以以声压来定义的驻波比要用声压级进行的换算。

设 L_{pmax} 为波腹处的声压级，L_{pmin} 为波节处的声压级，波腹与波节的声压级差为 ΔL_p 则：

$$\Delta L_p = L_{pmax} - L_{pmin} = 20\lg\frac{p_{max}}{p_0} - 20\lg\frac{p_{min}}{p_0} = 20\lg\frac{p_{max}}{p_{min}} = 20\lg n \tag{10-23}$$

故：

$$n = \lg^{-1}\Delta L_p/20 \tag{10-24}$$

式中 ΔL_p——驻波管中声压级极大值与极小值的差值（dB）；

p_0——基准声压；

p_{max}，p_{min}——驻波声压的极大值和极小值；

L_{pmax}，L_{pmin}——驻波声压级的极大值和极小值。

测量声压级的频谱分析仪或测量放大器指示电表上，有的装有专门的刻度用于测量吸声等比系数 α_0，操作仪器时只要移动探管找到声压级极大值，并调节放大器灵敏度使指针满刻度，然后再移动探管找到声压极小值，这时表头指针所指即为吸声系数 α_0 值。

（2）测量仪器

本试验所需的测量仪器包括驻波管、声频讯号发生器、功率放大器、探管（传声器）、测量放大器、频谱分析仪等。测试设备的布置框图详见图 10-9。声源及接收设备已在前面作过介绍，此处不再重复。

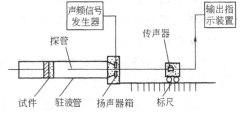

图 10-9 驻波管测量设备

以下只对声学测量用的驻波管的构造和要求作一简介。

驻波管的主要部分是一根内壁坚硬光滑，且截面均匀的金属管子，末端的刚性管盖可以拆下，以便装入待测材料或试件，管的中心有一根和传声器相连的探管，用来测量探管端部的声压。驻波管的截面可为矩形或圆形，管子要有足够的长度，为保证测试材料的最低频率的吸收性能时，低频讯号在驻波管中至少要能形成一个极大值（波腹）和一个极小值（波节），要求驻波管长必须大于半个波长。美国测试标准规定为了获得最佳精度，推荐驻波管长度不得低于下式所给的值：$L = 300/f_下$（m），式中 $f_下$ 为测试频率的下限，以 Hz 计算。同时，为了保

证驻波管中的管波是平面波,管子的截面尺寸要比所测的最高频率声波所对应的波长要小,即要满足以下要求:

对于矩形管(截面尺寸为 $a \times b$):长边边长 $b < 0.5\lambda$;

对于圆形管(管内径为 d):内径 $d < 0.586\lambda$。

管截面尺寸也不能太小,否则,声波在传播过程中和壁面摩擦会使声能衰减太大,为了覆盖 100~5000Hz 的频率范围,通常至少要使用两个不同尺寸的管子。如测量的频率范围为 200~1800Hz,驻波管要用 100mm 的管径,长度 1500mm;测量 1800~6500Hz 频率范围常用 30mm 管径。

(3) 测量步骤

1) 准备好声源及接收设备,检查各仪器设备的接线是否正确,并使声频讯号发生器等电子设备接通电源,预热 15min 以待使用。

2) 将试件装入试件筒内并用凡士林将试件与筒壁接触处的缝隙填塞密封,然后用夹具将试件筒固定在驻波管的顶盖中。

3) 调节声频讯号发生器的频率开关,依次发出自 125~4000Hz 的各 1/3 倍频程声频讯号,通过扬声器在驻波管中建立驻波声场。

4) 移动活筒小车在任一位置,改变接受滤波器的中心频率,使发声讯号与接收讯号频率一一对准。

5) 将探管端部从试件表面慢慢移开,缓慢移动小车以找到声压的极大值和极小值,并记录读数。对每一频率要反复进行三次测量和读数。

6) 将测得的不同频率的驻波声压极大值和极小值读数代入公式求出各频率时的 n 值,再推算材料的吸声系数 α_0。

7) 如测试的频谱分析仪具有直接读取 α_0 的功能,则在移动传声器探管找到声压极大值时,调整声频发生器的讯号输出开关,使指示输出功率的电表指针指向满刻度,然后向后移动小车找出声压极小值,这时便可在频谱分析仪上直接读出待测材料在该频率时的吸声系数 α_0 值。

(4) 实验结果整理

经过以上步骤将测出的材料在不同频率下的驻波声压级极大值的极小值记入测量记录表,再按以下步骤进行计算:

1) 先将 125~4000Hz 频率范围 1/3 倍频程各频率测量时每一频率的三次读数计算出各频率的声压级极大值 L_{pmax}、声压级极小值 L_{pmin} 的平均值 $\bar{L}_{pmax}$ 和 $\bar{L}_{pmin}$,以及二者的差值;

$$\Delta \bar{L}_p = \bar{L}_{pmax} - \bar{L}_{pmin}$$

2) 按公式(10-23)和公式(10-24)计算相应的驻波比 n;

3) 按公式(10-22)计算材料在不同频率下的吸声系数 α_0,绘制频率特性曲线。

由驻波声压级差 $\Delta \bar{L}_p$ 可以通过计算求得吸声系数 α_0,也可通过查找 $\Delta \bar{L}_p - \alpha_0$ 数表和曲线图来解决,关系表及曲线图见图 10-10。也有的仪器可以直读吸收系数。

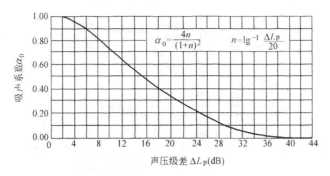

图 10-10 按声压级差 $\Delta \overline{L}_p$ 查找吸声系数

10.7 建筑隔声测量

10.7.1 实验目的与内容

建筑物的围护结构受到外部声场的作用，或直接受到撞击而发生振动，就会向建筑物空间辐射声能。室内接受的声能总是或多或少地小于外部作用的声音或撞击的声能，这时围护结构隔绝了一部分作用于它的声能，叫做隔声。围护结构隔绝外部声场的声能称为空气声隔声；而使墙壁或楼板上受到的撞击声能辐射到室内空间时有所减少称为固体声或撞击声隔声。为了减少外界的声音传入室内，或者室内的噪声传入邻室形成相互干扰，在建筑设计中要考虑墙体、楼板和门窗等构件的隔声性能，合理地进行隔声设计和施工。

建筑隔声量测量就是对建筑构件空气声隔声性能的测量。

建筑空气声隔声量的测量可通过实验室测试或现场测试来确定。

10.7.2 空气声隔声量的实验室测定

虽然材料或构件的隔声性能可以通过理论分析和公式计算获得，但由于在分析推导时作了许多理想的设想，所以使得计算结果和实际情况会有一定的差异。要获得一个构件真正的隔声性能，还是要对构件进行实际的测试。在不同的场合或采用不同的测试方法，所测得的结果也会不同。而在标准实验室中按标准方法进行的测试，其结果是比较准确的，可以此确定材料或构件的隔声性能。

(1) 实验设备

实验设备包括实验室、声源设备、接收设备和记录打印设备，如图 10-11 所示。

1) 实验室

实验室由两个相邻的混响室组成，两室之间是安装试件的洞口。两个混响室应满足下列要求：

(A) 两混响室的体积不应小于 $50m^3$，它们的形状不应完全相同，两室的体积差应大于 10%。

(B) 房间的长、宽、高尺寸比例应合理选择，所有尺寸不应有两个是相同的，也不能成整数比。

(C) 接收室的环境噪声应足够的低。

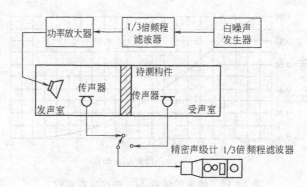

图 10-11 空气声隔声测量方框图

(D) 两混响室之间的任何间接传声与通过试件的直接传声相比可予以忽略不计。为此,声源室和接收室之间在结构上应采取有效的隔声措施。

(E) 接收室的低频混响时间应控制在 2s 左右。

(F) 洞口尺寸一般应为 $10m^2$,对于小型构件可采取实际尺寸。

2) 仪器设备

(A) 声源

声源系统应稳定,在测量的频率范围内具有连续的频率;

声源应具有足够的声功率,保证接收室内任何一频带的声压级比环境噪声声压级至少高 10dB;

扬声器的尺寸不应超过 0.7m。当声源有两个扬声器以上时,扬声器应放置在一个音箱里,并且各扬声器应同相驱动。

(B) 接收设备

测量声压级用的声级计或其他测量仪器应符合国家标准《声级计的电声性能及测试方法》中,2 型或 2 型以上声级计的要求。

(2) 计算公式

1) 室内平均声压级的计算

室内平均声压级按下式计算

$$\overline{L}_p = 10\lg \frac{1}{n} \sum_{i=1}^{n} 10^{0.1 L_{pi}} \qquad (10-25)$$

式中 $\overline{L}_p$——室内平均声压级 (dB);

L_{pi}——室内第 I 个测点上的声压级 (dB);

n——测点数。

如果室内声场较均匀,各测点间声压级差异小于或等于 6dB 时,可直接用各测点数值的算术平均值作为平均声压级。

2) 混响室法测定隔声量按下式进行计算

$$R = \overline{L}_{p1} - \overline{L}_{p2} + 10\lg \frac{S}{A} \qquad (10-26)$$

式中 R——隔声量 (dB);

$\overline{L}_{p1}$——声源室内平均声压级 (dB);

$\overline{L}_{p2}$——受声室内平均声压级（dB）；

S——试件面积（m²）；

A——受声室的吸声量（m²）。

$$A = \frac{0.161V}{T_{60}} \tag{10-27}$$

式中 V——受声室的容积（m³）；

T_{60}——混响时间（s）。

（3）实验步骤

1）按图 10-11 布置好实验仪器设备，测试之前校准仪器设备，并作必要的预热。

2）测量并计算平均声压级 $\overline{L}_{p1}$ 和 $\overline{L}_{p2}$。

（A）测量的频率范围为 100～3150Hz，实验室采用的是 1/3 倍频程，中心频率是 100、125、169、200、250、315、400、500、630、800、1000、1250、1600、2000、2500、3150Hz。

（B）测点

可采用设多个固定传声器位置，在 1/3 倍频程中心频率低于和等于 500Hz 时，取 6 个测点，在高于 500Hz 时取 3 个测点，每个测点每个频率用 5s 平均时间读取平均值。

也可以采用一个具有 p² 积分的连续移动的传声器来获取平均声压级，传声器每旋转一周所用时间应等于或大于 30s。

所有测点距离房间边界或扩散体应大于 0.7m。

3）受声室吸声量的测量

测点位置取 3 个，每个位置至少测 2 次混响时间。

（4）测量结果表达

将测量得到的 $\overline{L}_{p1}$、$\overline{L}_{p2}$、A 代入式（10-26）求出 16 个中心频率的隔声量。测量结果最后以表格和曲线的形式表达。曲线应绘制在纵坐标为声压级（以 dB 为单位）和横坐标以频率为对数刻度的图纸上，频率以 10∶1 的长度应等于 25dB（或 50dB）的长度。

在实验记录中还应记录有关的情况，如使用仪器名称型号、试件安装条件、实验日期和实验人员等内容。

10.7.3 空气声隔声量的现场测定

（1）测量方法和仪器

建筑物中两个房间的内隔墙或分户墙，以及楼板门窗等部件都应具备一定的隔声能力，对于已建成的建筑物可采用现场测量的方法测定这类构件的隔绝空气声的能力。根据建筑声学原理，判断隔墙降低房间噪声实际效果的最终指标是：隔墙一边的噪声发声室的声压级与另一边受声室的声压级差，声压级差 D 由下表示：

$$D = \overline{L}_{p1} - \overline{L}_{p2} \tag{10-28}$$

式中 $\overline{L}_{p1}$——声源室的平均声压级（dB）；

$\overline{L}_{p2}$——受声室的平均声压级（dB）；

因此，对隔墙空气声隔绝量的测试就归结为测量隔墙一边的噪声发声室与另一边的受声室的声压级差。为此要将被隔墙分隔的两个房间之一取为声源室，另一个则为受声室，隔墙试件的面积和房间的形状可不加限制。如果两室是两个尺寸相等的空室，为保证测量在扩散声场条件下进行，应在室内加设扩散体以获得均匀扩散的室内声场，扩散体与建筑构件之间要采取隔震措施，例如将扩散体安放在弹性垫上。

声源由白噪声发生器、1/3倍频程或倍频程滤波器、功率放大器和扬声器组成。声源辐射的声能应当稳定，要有足够强的声功率，使得受声室内任何频带的声压级都要比背景噪声相应频带的声压级高出10dB以上，否则在整理结果时要根据背景噪声加以修正。扬声器要装在音箱里，音箱的最大尺寸不宜超过0.7m，扬声器要放置在能使室内声场获得较大扩散效果的位置，并且和测试墙面保持足够的距离。

声音接受装置由精密声级计和1/3倍频程（或1倍频程）滤波器组成，传声器通过电缆连接到测试房间以外的声级计上。在声源室和接受室内，传声器要分别无规则地分布在6个测点上，各个测试与任何壁面或反射体的距离至少为0.5m。声源室和接受室的各个测点上要分别测量100、125、160、……2500和3150Hz中心频率的1/3倍频程带的声压级，如果只测量倍频程频带声压级，其中心的频率是：125、250、500、1000和2000Hz。

在测量过程中对于直立的墙体构件，扬声器应放在地上以45°角度对它入射，扬声器的轴线指向试件的中心，在所有的测点上都要分别测出每个频带的声压级，一般取5s内的平均值。由于声源系统是稳定的，只要用声级计的慢档测量读数即可。

发声室和接受室各测点的声压级测试完毕后，还要测量接受室的混响时间T_{60}，以便计算接受室的等效吸声面积A。

(2) 测量要求

如果是需要人进入室内进行测量时，应注意以下事项：

1) 测量时声场内不要超过二人，测量者持仪器不得背向声源，记录者应尽量位于测量者后方。

2) 传声器与声源之间不应有人或物遮挡，传声器不要正对声源。

3) 传声器放置高度应距地面1.2～1.4m，可用三脚架固定声级计。

4) 声级计在测量前应反复进行校准。

5) 测量时房间的门窗必须关闭。

(3) 测量结果的整理

为了评价隔声构件隔绝空气声的效果，要根据测量记录进行以下几个评估量的整理和计算，整理过程计算方法如下：

1) 受声室频带声压级L_p的修正

受声室（接受室）的总背景噪声频带声压级应比该室测量时相应频带声压级低10dB以上，否则就要在测试发声之前或以后，对环境声压级（背景噪声）进行测量，并从声源工作时测得的声压级读数中减去下表10-3中规定的修正项。

声压级读数的修正   表 10-3

声源工作时测得的声压级与背景噪声之间的差值（dB）	从声源工作时测得的声压级中减去的修正项（dB）
<3	测量无效
3	3
4～5	2
6～9	1
>10	0

2）声源室和受声室平均声压级 $\overline{L}_p$ 的计算

通过分别布置在声源室和受声室各个测点（不少于 6 点）上的传声器测得的声压级读数，要通过计算求得各室的平均声压级作为发声室和接受室的声压级估计量，室内平均声压级的计算公式是：

$$\overline{L}_p = 10\lg \frac{1}{n} \sum_{i=1}^{n} 10^{0.1 L_{pi}} \tag{10-29}$$

式中　$\overline{L}_p$——室内平均声压级（dB）；

　　　L_{pi}——室内第 i 个测点上的声压级（dB）；

　　　n——室内测点数。

如果该室中各个测点上的声压级的最大差值不超过 5dB，就可取算术平均值以代替由（10-29）式计算的能量平均值，算术平均值的计算公式为：

$$\overline{L}_p = \frac{1}{n} \sum_{i=1}^{n} L_{pi} \tag{10-30}$$

3）声压级差 D 的计算

当声源工作时接受室和声源室两室间产生的空间和时间平均的声压级差，是判断房间噪声降低的实际效果的最终指标，可由下式计算：

$$D = \overline{L}_{p1} - \overline{L}_{p2}$$

式中　D——声压级差（dB）；

　　　$\overline{L}_{p1}$——声源室的平均声压级（dB）；

　　　$\overline{L}_{p2}$——受声室的平均声压级（dB）。

4）标准声压级差 D_{nt} 的计算

标准声压级差是用来评价相邻房间隔声性能的量，对接受室的混响时间要规定一个基准作为对吸收情况不同的房间进行统一评价的基础，因此，标准声压级差是相应于接受室内某一混响时间基准的声压级差，可由下式计算：

$$D_{nt} = D + 10\lg \frac{T}{T_0} \tag{10-31}$$

式中　D_{nt}——标准声压级差（dB）；

　　　T——接受室的混响时间（s）；

　　　T_0——基准混响时间（s），对于住宅宜取 $T_0 = 0.5s$。

5) 表观隔声量 R' 的计算

表观隔声量，又称表观传递损失，它是一个用来评价建筑构件隔声性能的量。它与前面介绍的评价相邻房间隔声性能的标准声压级差 D_{nt} 有所不同，表观隔声量是指入射到声源室隔墙上的声功率与隔墙传递到接受室的全部声功率之比取常用对数乘 10，用 R' 表示。当两个房间都是扩散声场时，表观隔声量 R' 由下式计算：

$$R' = D + 10\lg \frac{S}{A} \tag{10-32}$$

式中　D——声源室与接受室的平均声压级差（dB）。
　　　S——隔墙试件的面积（m^2）；
　　　A——受声室的等效吸声量（m^2）。

受声室的等效吸声量 A 可通过测量受声室的混响时间 T_{60} 后，由式（10-27）计算求得。

10.7.4 构件隔声性能的单值评价

构件的隔声性能是频率的函数，在实验室测量时将得到 16 个中心频率的隔声量，绘制在图纸上是一条曲线，因此在不同的构件之间难以进行比较，故有必要将其各隔声量归一化，成为一个单值。这样不仅构件间隔声量易于进行比较，对于每一个构件也能简捷地以一个单值表示隔声性能。表征构件隔声性能的单值方法有以下几种：

(1) R_{500}

R_{500} 是以 500Hz 的隔声量代表整个构件的隔声量，500Hz 在 1/3 倍频程测量范围内是处于中间位置，但它不能真实反映构件在整个频率范围内的特性，现在已经很少使用。

(2) $L_c - L'_A$，$L_A - L'_A$

$L_c - L'_A$ 是入射声 C 声级和透射声的 A 声级之差，$L_A - L'_A$ 是构件两侧 A 声级之差。这两种单值评价方法和声源的频率特性密切相关，只有统一所使用的声源系统的频率特性，其结果之间才有可比性，这在使用上造成很大的局限性。

(3) $\overline{R}$

$\overline{R}$ 是 1/3 倍频程（现场测量可用倍频程）各频带隔声量总和的算术平均值。它虽然涉及到每个频带隔声量值，但却没有考虑整个隔声频率特性，因而 $\overline{R}$ 作为构件的单值评价量也不理想。

(4) 计权隔声量 R_w

计权隔声量 R_w 是国际标准化机构 ISO 规定的单值评价方法，它是把已测得的构件隔声频率特性曲线与规定的参考曲线族进行比较而

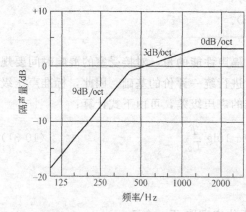

图 10-12　空气隔声参考曲线特性图

得到的计权隔声量。它的前身是隔声指数 I_a。参考曲线特性如图 10-12 所示。

曲线在 100～400Hz 之间每倍频程 9dB 的斜率上升，400～1250Hz 之间曲线以每倍频程 3dB 的斜率上升，1250～3150Hz 之间曲线是一段水平线。

确定构件计权隔声量的步骤如下：

按照上述斜率，在透明纸上绘制一条参考曲线，将它覆盖在已测得的构件隔声频率特性曲线图上（注意这两张曲线图的坐标比例应完全一致）。将参考曲线图在测得曲线图上上下平行移动，在满足下列条件时的最高读数为被测构件的计权隔声量。

1）达不到参考曲线的不利偏差的总和，在采用 1/3 倍频程是不得大于 32dB，在采用倍频程时不得大于 10dB。

2）任何一个频带内的不利偏差，在采用 1/3 倍频程是不得大于 8dB，在采用倍频程时不得大于 5dB。

3）当参考曲线移动到满足上述条件的最高位置时，参考曲线上 500Hz 对应的隔声量读数（以整数分贝数为准）就是该构件的计权隔声量 R_w。

10.8 楼板撞击声隔声测量

10.8.1 楼板撞击声及特性

撞击声是物体在建筑结构上撞击，使之产生振动，沿着结构传播并辐射到空中形成的噪声。

由于撞击产生的能量很大，而振动在结构中传播的衰减量很小，所以撞击产生的振动能沿着连续的结构传得很远。在建筑中，由于楼板的整体性能比较好，因此各种结构水平方向的声衰减量差异不大。由于结构的不同，垂直方向的衰减量差异很大，高频衰减量大，而低频衰减量小。轻薄墙衰减量大而厚重墙衰减量小。内墙衰减量大而外墙衰减量小。这些撞击声的衰减量的大小需要进行测量。最常进行的楼板撞击声隔声测量。

建筑隔声量测量就是对建筑构件空气声隔声性能的测量。

建筑空气声隔声量的测量可通过实验室测试或现场测试来确定。

10.8.2 测量原理和设备

撞击隔声测量时，传入受声室的噪声能量必须以撞击楼板的辐射声能为主，我国的国家标准 GBJ 75—84《建筑隔声测量规范》规定要采用撞击器提供的标准撞击声源，测试用设备装置应包括撞击器和测声装置。

撞击器是一个激发固体声的声源，利用撞击器撞击楼板源激发楼板振动，向受声室辐射噪声。对标准撞击器的要求是：撞击箱内装有五个金属锤，锤距为 100mm，每个锤子的有效重量为 0.5kg，呈直线布置当电动机带动传动杆使锤从 40mm 高处以无摩擦的自由落体方式下落时，顺次打击楼板，每锤与地面接触时间为 0.05s，击后即刻提起，造成每秒钟 10 次的撞击声。撞击器在楼板上至少放置在四个无规分布的地点，锤子的连线应与梁或肋的走向成 45°角，撞击器与楼板边界的距离至少为 0.5m。若撞击器放在一个具有弹性的面层上，则需要在

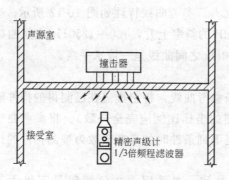

图 10-13 撞击声隔声测量装置示意图

撞击器的支脚下放一层硬垫以保证锤子下落距离不变。

测声装置由精密声级计和倍频程或 1/3 倍频程滤波器组成，声级计使用"慢档"测量，测试设备的布置框图见图 10-13。

楼板对撞击声的隔声特性不同于对空气声的隔声特性，因为受到撞击的楼板其本身就构成一个撞击声源，它向楼板下面的房间（受声室）辐射声能，因而不能说楼板本身对撞击声的隔声量，只能用标准撞击器打击楼板，在楼板下面的房间里测量若干个测点上的声压级，然后计算出受声室的平均声压级作为楼板撞击声隔绝的评价指标。测量工作要求在撞击器工作或不工作的情况下，测出受声室内各测点上的 1/3 倍频程或倍频程的声压级。为了计算规范化和标准化撞击声级的需要，还要求选择受声室内的三个测点；测量各频带的混响时间，每个测点要各测量 2 次，作为计算受声室等效吸声面积 A 的依据。

10.8.3 楼板撞击声隔声的实验室测量

（1）接收室应具备的条件

1）体积应大于 $50m^3$；

2）房间尺寸的比例应合理选择，诸尺寸中不应有两个是相等的，也不应成整数比；

3）接收室内环境噪声级应足够低，并应能测量出传来的撞击声；

4）接收室和声源室之间空气声隔声量应足够高，使接收室内测得的声场，仅由撞击击发楼板所产生。即从声源室到接收室内的空气传声的声级，应至少比撞击传声的声级在每个频带低于 10dB。

（2）试件洞口应具备的条件

1）楼板的试件洞口的面积应在 $10\sim20m^2$；

2）短边的长度不应小于 2.3m。

（3）测量方法

1）接收室内的撞击声压级应为空间和时间的平均值，这个平均值可采用多个固定传声器位置（对每个撞击器位置宜采用一个或一个以上的传声器位置）或一个具有 p^2 积分的连续移动传声器来获得。

2）在每个传声器位置上的每个频带用 5s 的平均时间读取平均值。

3）接收室内任一个频带的声压级高于环境噪声声压级不到 10dB 时，应立即测量声源正在发声时接收室的声压级及发声之前或之后的环境噪声级，并按表 10-3 进行修正。

10.8.4 楼板撞击声隔声的现场测量

撞击隔声的现场测量要选择上下相连的两个房间，上边一间为声源室，在房间的楼板上放置撞击器，下边一间为受声室。在现场测量中，试件面积和房间体积及形状可不加限制。

对撞击器的规格、接收系统、传声器应在的位置（均有一个受声室的测点与之对应。同时规定测点距房间的边界面应大于 0.7m）、测试方法等均与实验室测量方法相同。

10.8.5 测量结果的整理

楼板隔绝撞击声评价指标的表达式与隔墙隔绝空气声的表达形式有相似之处，其评价量和计算整理方法如下。

撞击声压级 L_{pi} 的计算：

1）室内平均声压级的计算按式（10-29）进行。

2）当楼板被标准撞击声源激发时，在受声室各测点上量得到的某一频带声压级的平均值，即受声室的平均声压级，叫做撞击声压级，用 $\overline{L}_{pi}$ 表示。$\overline{L}_{pi}$ 由下式计算：

$$\overline{L}_{pi} = 10\lg \frac{1}{n}(10^{0.1L_1} + 10^{0.1L_2} + \cdots\cdots + 10^{0.1L_n}) \tag{10-33}$$

式中　　$\overline{L}_{pi}$——撞击声压级（dB）；

L_1、$L_2\cdots L_n$——各个测点上频带声压级（dB）；

n——测点数。

测量中要求在接受室测得的任何一个频带的声压级都应当高出相应频谱环境噪声级 10dB，否则应按表 10-3 的要求进行声压级读数的修正。

如果受声室内各个测点上的声压级的最大相差值不超过 5dB，则可取算术平均值以代替能量平均值：

$$\overline{L}_{pi} = \frac{1}{n}(L_1 + L_2 + \cdots + L_n) \tag{10-34}$$

3）规范化撞击声压级 L_{pn} 的计算

考虑到受声室吸声条件的差别对撞击隔声效果的影响，在撞击声压级 $\overline{L}_{pi}$ 上再加上一个修正项，称为规范化撞击声压级 L_{pn}。修正项等于受声室的等效吸声面积 A 和标准受声室的参考吸声面积 A_0 的比值取常用对数乘 10，以此作为对楼板撞击声隔绝能力的评价量。L_{pn} 越大表示楼板隔绝撞击声的效果越差，反之就好，这个评价量与空气声的隔声量 R' 的评价正好相反。

规范化撞击声压级的计算公式如下：

$$L_{pn} = \overline{L}_{pi} + 10\lg \frac{A}{A_0} \tag{10-35}$$

式中　　L_{pn}——规范化撞击声压级（dB）；

$\overline{L}_{pi}$——接受室内平均撞击声压级（dB）；

A——接受室的等效吸声量（m²）；

A_0——参考吸声量，宜取 $A_0 = 10\text{m}^2$。

4）标准化撞击声压级 L'_{pnt} 的计算

标准化撞击声压级是测试者给建筑物使用者所提供的测试房间撞击声隔声效果的表达，应对所有测量频率按下式计算后提供：

$$L'_{\text{pnt}} = \overline{L}_{\text{pi}} - 10\lg \frac{T}{T_0} \tag{10-36}$$

式中 L'_{pnt}——标准化撞击声压级（dB）；

$\overline{L}_{\text{pi}}$——受声室的平均声压级（dB）；

T——受声室的混响时间（s）；

T_0——参考混响时间，对于住宅取 $T_0 = 0.5\text{s}$。

10.9 声源声功率测量

10.9.1 实验目的和内容

建筑环境中的绝大多数噪声均来源于各种工业机器和家用电器，有时噪声是从一个单独的机器设备发出的，有的则是多个或多种机器设备噪声源的同时共同作用。无论是对机器产品进行质量评定，或是进行工业噪声调查，都需要对噪声源的单个机器或电气设备进行噪声水平的测试分析。声源声压级虽然是一个广为采用的噪声水平评估量，它能够从一个侧面反映噪声能量的大小，但从声学原理可知，声压级的大小要随声源与测试点之间的距离改变而改变，它还跟测试环境的声学特点有关（例如，测试房间的总吸声量大小，附近有无反射物存在等等）。但是，当安装情况确定之后，测试环境对机器辐射声功率的影响就比较小，所以，国际标准化组织（ISO）推荐以声功率（或声功率级）作为机器噪声的评价量，并于1979年公布了关于测量机器和设备声功率级方法的国际标准 ISO 3741—3748。我国也编制出了测量噪声源声功率级的国家标准 GB 3767—83《噪声源声功率的测定—工程法及准工程法》、GB 3768—83《噪声源声功率的测定—简易法》、GB 6881—86《声学 声源声功率级的测定—混响室精密法和工程法》、GB 6882—86《声学 噪声源声功率级的测定—消声室和半消声室精密法》。采用噪声源的声功率级作为评价量可以对不同类型的机器声进行相互的定量比较。

除了声源辐射功率外，有时还要测量声源辐射的方向特性，即声源的指向性，以便知道各方向上的辐射强或弱，为控制噪声提供依据。声源的声功率级和指向性是噪声源本身所固有的，而不随测试条件变化而改变的量。通过测试获得这些参数对于了解噪声源的特性是十分必要的。

目前声源功率级的测试方法较多，可以在声学试验室进行，如在消声室中进行的自由声场测试法，在混响室中进行的扩散声场测试法，也可以在安静空旷的室外场地测量，或者在经过一些简单处理的车间现场测试机器的声功率级。考虑到我国目前多数工业企业没有专用的消声室或混响室这类声学实验室，所以这里仅介绍噪声源声功率级的简易法和准工程法测量方法。

10.9.2 声功率的测试原理

在消声室里的自由声场中测试机器的声功率是假定噪声源发出的声能向各个方向均匀辐射，在距离声源中心的距离为 r 处的声强为 I，则声源辐射的声功率 W 与声强 I 的关系为：

$$W = 4\pi r^2 I \tag{10-37}$$

如果向各个方向辐射的声强不相等，则 I 就代表以 r 为半径的整个球面上的平均声强。于是我们把处于自由声场之中，以距声源中心的距离 r 为半径的假想球面包围噪声源，测出假想球面上各点的声压级，根据球面上的平均声压级 L_p 来计算声源辐射的声功率 W。当以功率级表示声源功率时，声源声功率级 L_W 与假想球面上的声压级 L_p 的关系如下：

$$L_W = \overline{L}_p + 10\lg\left(\frac{S_m}{S_0}\right) + C_0 \tag{10-38}$$

式中　$\overline{L}_p$——测量球面上的平均声压级（dB）；

S_0——参考面积，取 $S_0 = 1 \mathrm{m}^2$；

S_m——为测试的假想球表面积（m^2）；对于自由声场：$S_m = 4\pi r^2$

C_0——与测量时的环境温度和气压有关的修正值

$$C_0 = -10\lg\left[\left(\frac{293}{273+\theta}\right)^{1/2} \frac{P}{1000}\right] \tag{10-39}$$

在接近于标准状态（$\theta = 20\mathrm{℃}$，$P = 10330\mathrm{Pa}$）环境下，修正项 $C_0 \approx 0$，此时公式（10-38）可简化为以下形式：

$$L_W = \overline{L}_p + 10\lg\left(\frac{S_m}{S_0}\right) \tag{10-40}$$

测试方法的选择取决于现场测试条件，采用工程法、准工程法或简易法测量噪声源的声功率级要分别满足以下测试环境的要求。

待测机器放在地面上，地面成为一个反射平面。测试环境应能提供一个反射平面上方近似为自由声场的户外宽阔场地，或提供一个满足一定要求的房间。测试场地应足够大，使测量表面位于被测声源的近场以外，在声源和测点附近不能有声反射体存在，现场内任何不合要求的环境影响必须通过环境修正值 K_2 加以修正，环境修正值可用混响时间测试后求得（计算方法详后）。

如在室内测试，测试房间的吸声量 A 与测量表面的面积 S_m 之比应足够大，工程法测量要求比值 A/S_m 应大于 6，此时环境修正值 K_2 小于 2.2dB；准工程法要求比值 A/S_m 应大于 4，则环境修正值 K_2 小于 3dB；简易法测量要求比值 A/S_m 要大于或等于 1，这时环境修正值 K_2 小于或等于 7dB，如果不能满足此要求，则需选择新的测量表面。

10.9.3　测量仪器

按工程法或准工程法测量噪声源声功率级的主要仪器为精密声级计、倍频程或 1/3 倍频程滤波器，传声器和前置放大器应通过电缆连到声级计上。简易法测量声源声功率级只作 A 声功率级的测量，故只需用声级计和传声器。

10.9.4　测量方法

（1）声源布置

一般情况下待测噪声源应布置在测试房间的中部，房间体积要大于 $50\mathrm{m}^3$，房间的地板可以是木地板、水泥地面或砂石地面，噪声源附近的测量面应不受房间其他反射面的干扰，并使测量面处于远声场条件之下。待测声源要放在反射平面（地面）上某个或几个常规使用的典型位置，声源距离其他壁面和房顶要足够远。声源辐射的声功率与它的安装方式和安装条件有关,一般应按设备制造厂的要求或常规要求进行安装。在测量过程中设备应保持在常规工作状态,例如额定负载、满载、空载、和辐射最大声功率的状态。

(2) 测量面上的测点布置

在包围声源的测量面上布置测点,测量面是一个假想的表面,一般是一个半球面、矩形体包围面或是圆棱角的矩形包围面。为了说明测点到声源的距离,《标准》定义了"基准面"(也称参照面)的概念,基准面是一个紧紧包围声源的假设面,一般取矩形,这个矩形的长、宽、高应与设备外形尺寸相同,但是对于基本上不辐射声波的突出部位(如设备上的手柄、吊环等)不计入设备外形尺寸。当测量环境许可时,优先选用半球测量表面。如不能满足半球测量表面要求时则使用矩形六面体测量表面。

测点的多少要视噪声源测量面上声压大小变化程度及测量方法而定。如测量面上各方向声压比较均匀,最少要测 6 个测点,声压变化大的要测 10 个基本测点和一些附加测点,测点分布可以按照球面上等面积分布。测点距噪声源表面距

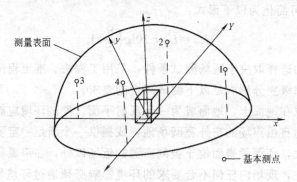

图 10-14 半球表面上测点位置

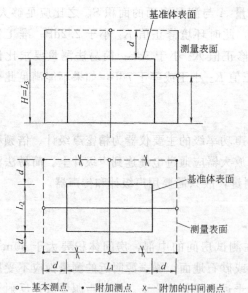

图 10-15 矩形六面体测量表面上的测点布置

离至少为 0.25m,一般要求为 1m,测量半球体的半径至少应为噪声源最大尺寸的 2 倍,同时还应不小于 1m。半球球心取在声源几何中心在地面上的投影位置。半球测量面或矩形体测量面上的测点分布参见图 10-14 和图 10-15。

(3) 声压级的测量

在测量面上对各测点进行声压级测量时使用声级计,用 A 声级"慢档"逐点量测。工程法要求测量频带声功率级要用倍频程各频率测量。开动噪声源进行机器噪声测量之前,要先测试环境背景噪声的声压级大小,工程法要求背景噪声至

少低于待测噪声 3dB。

为了准确控制测点位置，可在待测设备放置的地板上事先用粉笔标出各测点的水平投影位置，并注写该测点距地面的垂直高度，以便施测时找到测点位置。当测点靠近机器机身的反射面时，要在传声器上加盖防风罩加以保护。

10.9.5 记录与数据整理

（1）测量记录

将测量结果记入记录表。

（2）背景噪声的修正

如被测噪声源工作时测得的噪声声压级与背景噪声声压级之差小于 10dB，在进行测量表面平均声压级的计算之前要按下表（表 10-4、表 10-5）的要求，对已测得的噪声声压级进行修正，即从测量面上各测点的声压级（A 声级和频带声压级）中减去修正量 K_1。

背景噪声修正量表（按频带声压级测量）（dB）　　　　表 10-4

声源工作时测得声压级与背景噪声声压级之差	<6	6	7	8	9	10	>10
应减去的修正量 K_1	测量无效	1.0	1.0	1.0	0.5	0.5	0.0

背景噪声修正量表（按 A 声级测量）（dB(A)）　　　　表 10-5

声源工作时测得声压级与背景噪声声压级之差	3	4	5	6	7	8	9	10	>10
应减去的修正量 K_1	3.0	2.0	2.0	1.0	1.0	1.0	0.5	0.5	0.0

（3）测量表面上平均声压级 $\overline{L}_{pA}$（或 $\overline{L}_p$）的计算

当用 A 声级测量时，测量表面的平均声压级 $\overline{L}_{pA}$ 由下式计算。

$$\overline{L}_{pA} = 10\lg \frac{1}{n}\sum_{i=1}^{n} 10^{0.1(L_{pAi}-K_{1i})} \tag{10-41}$$

式中　$\overline{L}_{pA}$——测量表面平均 A 声级 [dB(A)]；

　　　L_{pAi}——第 i 点测量的 A 声级 [dB(A)]；

　　　K_{1i}——第 i 点的背景噪声修正值 [dB(A)]；

　　　n——测点总数。

当 $L_{pAi}-K_{1i}$ 的值的变动范围不超过 5.0dB（A）时，以上平均声压级的计算可以使用算术平均值代替能量平均值，其计算误差不大于 0.7dB（A），算术平均值的计算公式为：

$$\overline{L}_{pA} = \frac{1}{n}\sum_{i=1}^{n} L_{pAi} \tag{10-42}$$

工程法要求按频谱测量各测点的声压级时，测量表面平均声压级 $\overline{L}_p$ 由以下公式计算。当 $L_{pi}-K_{1i}$ 值的范围超过 5dB 时：

$$\overline{L}_p = 10\lg \frac{1}{n}\sum_{i=1}^{n} 10^{0.1(L_{pi}-K_{1i})} \tag{10-43}$$

当 $L_{pi}-K_{1i}$ 值的范围不超过 5dB；

$$\overline{L}_p = \frac{1}{n}\sum_{i=1}^{n} L_{pi} \tag{10-44}$$

以上两式中各符号的含义是：

$\overline{L}_p$——测量面上的平均声压级（dB）；

L_{pi}——第 i 点上测得的声压级（dB）；

K_{1i}——第 i 点的背景噪声修正值（dB）；

n——测点总数。

(4) 环境修正值 K_2 计算

在车间现场进行噪声源声功率级测量时，测试环境达不到消声室的要求，测试室的壁面、顶棚、地面等表面的吸声系数达不到 1，在车间内或多或少地存在着混响声。测量表面上除了有由噪声源发出的直达声外，还有混响声的作用，使得测量面上的声压级读数大于由噪声源直达声产生的声压级，因此，对测试现场内任何不合要求的环境影响必须进行修正。修正的办法是从测量表面的平均声压级中减去环境修正值 K_2（dB）。

环境修正值 K_2 是测试室的吸声量 A 与测试表面 S_m 的比值 A/S_m 的函数，由下式计算确定：

$$K_2 = 10\lg\left(1 + \frac{4}{A/S_m}\right) \tag{10-45}$$

式中 A——测试室的吸声量（m²）；

S_m——测量表面的面积（m²）；

对于半球体测量面：$S_m = 2\pi r^2$；

对于矩形体测量面：$S_m = 2ac + 2bc + ab$；

对于圆柱体测量面：$S_m = 2hl + \frac{\pi d}{2} \cdot l + 2dh + \frac{\pi}{2}d^2$。

由公式（10-45）描述的 K_2 值与 A/S_m 的函数关系可以作成 $K_2 - A/S_m$ 关系曲线图，当测试室的 A/S_m 值求出后，便可从曲线图中直接查出环境修正值 K_2（dB）。图 10-16 摘自国家标准 GB 3768—83，可供确定 K_2 值之用。

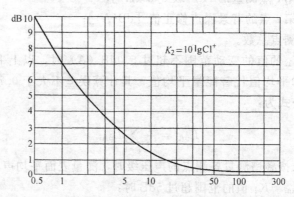

图 10-16 环境修正系数 K_2 曲线图

测试室的总吸声量 A 可以通过测定法或估算法求得。

测定吸声量 A 实际上是测定测试室的混响时间 T_{60}，测定混响时间用宽带噪声或脉冲声激发，用 A 计权接收（采用工程法测量噪声源声功率级时，要求测量频带混响时间），吸声量 A 可由下式给出：

$$A = 0.161 V / T_{60} \quad (10\text{-}46)$$

式中　V——测试室的体积（m^2）；

　　　T_{60}——测试室的混响时间（s）。

用估算法计算测试室的吸声量 A 是一种粗糙的估计方法，先计算出测试室的总表面积 S_v，再乘以估计的测试室表面平均吸声系数 $\bar{\alpha}$，即可求得：

$$A = \bar{\alpha} \cdot S_v \quad (10\text{-}47)$$

式中　A——测试室的吸声量（m^2）；

　　　S_v——测试室的总表面积（包括墙面、天棚和地板面积）（m^2）；

　　　$\bar{\alpha}$——平均吸声系数。

平均吸声系数 $\bar{\alpha}$ 的近似值可根据房间内表面饰面材料和室内陈设情况按下表中推荐的数值选用：

房间平均吸声系数的近似值　　　　表 10-6

平均吸声系数	房　间　描　述
0.05	由混凝土、砖、水泥、瓷砖制成的光硬墙壁的空房间。
0.10	光墙壁的部分空房间。
0.15	有家俱的房间、矩形的机械间、矩形的工业房间。
0.20	有家俱的非规则房间、非矩形的机械间或工业房间。
0.25	有家俱、机械或铺设少量声学材料的房间（如部分吸声天花板或墙壁）。
0.35	天花板或墙壁均铺有吸声材料。
0.50	天花板和墙壁铺有大量吸声材料。

（5）声功率级 L_ω 或 $L_{\omega A}$ 的计算

噪声源的频带声功率级 L_ω 用下式计算：

$$L_\omega = (\bar{L}_p - K_2 - K_3) + 10 \lg(S_m - S_0) \quad (10\text{-}48)$$

式中　L_ω——噪声源的声功率级（dB）；

　　　$\bar{L}_p$——测量表面的平均声压级（dB）；

　　　K_2——环境修正值（dB）；

　　　K_3——温度、气压修正值（dB）。

当测试环境的温度、气压偏离标准环境条件（温度 $t=20℃$，气压 $P_0=100\text{kPa}$）时引起的修正值等于或大于 0.5dB 时进行修正，修正值 K_3 的计算公式如下：

$$K_3 = 10\lg\left(\sqrt{\frac{293}{273+t}} \cdot \frac{p_0}{100}\right) \quad (10\text{-}49)$$

式中　t——测试环境的温度（℃）；

　　　p_0——测试环境的气压（kPa）；

　　　S_m——测量表面的面积（m^2）；

　　　S_0——基准面积，$S_0 = 1 m^2$。

噪声源的声功率级 $L_{\omega A}$ 用下式计算：

$$L_{\omega A}(\overline{L}_{pA}-K_2)+10\lg(S_m/S_0) \tag{10-50}$$

式中　$L_{\omega A}$——A 声功率级 [dB(A)]；

　　　$\overline{L}_{pA}$——测量表面平均 A 声级 [dB(A)]；

　　　K_2——环境修正值 [dB(A)]；

　　　S_m——测量表面面积（m^2）；

　　　S_0——基准面积，$S_0=1m^2$。